UMA SENHORA TOMA CHÁ...

david salsburg

UMA SENHORA TOMA CHÁ...
como a estatística revolucionou a ciência no século XX

Tradução:
José Maurício Gradel

Revisão técnica:
Suzana Herculano-Houzel
Instituto de Ciências Biomédicas/UFRJ

13ª reimpressão

Dedicado a Fran, minha querida esposa há 42 anos. Ao longo de minha carreira, enquanto eu acumulava histórias sobre homens e mulheres que fizeram a revolução estatística, ela insistia em que eu as reunisse num livro não matemático. Fran, que não tem treinamento matemático, ajudou-me nas várias revisões, indicando-me os pontos em que minhas explicações não estavam claras. Este livro, em especial as seções nitidamente compreensíveis, deve-se à sua persistência.

Copyright © 2001 by W.H. Freeman and Company

Tradução autorizada da edição norte-americana publicada em 2002 por Owl Books, um selo de Henry Holt and Company de Nova York, EUA.

Grafia atualizada segundo o Acordo Ortográfico da Língua Portuguesa de 1990, que entrou em vigor no Brasil em 2009.

Título original
The Lady Tasting Tea: How Statistics Revolutionized Science in the Twentieth Century

Projeto gráfico
Bruna Benvegnú

CIP-Brasil. Catalogação na fonte
Sindicato Nacional dos Editores de Livros, RJ

S17s	Salsburg, David, 1931- Uma senhora toma chá...: como a estatística revolucionou a ciência no século XX / David Salsburg; tradução José Maurício Gradel; revisão técnica Suzana Herculano-Houzel. − 1ª ed. − Rio de Janeiro: Zahar, 2009.
	Tradução de: The Lady Tasting Tea. Inclui bibliografia e índice ISBN 978-85-378-0116-1
	1. Ciência − Métodos estatísticos − História. I. Título.

CDD: 001.422
08-5192
CDU: 001.8

Todos os direitos desta edição reservados à
EDITORA SCHWARCZ S.A.
Praça Floriano, 19, sala 3001 − Cinelândia
20031-050 − Rio de Janeiro − RJ
Telefone: (21) 3993-7510
www.companhiadasletras.com.br
www.blogdacompanhia.com.br
facebook.com/editorazahar
instagram.com/editorazahar
twitter.com/editorazahar

Thou shalt not answer questionnaires
Or quizzes upon World Affairs,
Nor with compliance
Take any test. Thou shalt not sit
With statisticians nor commit
A social science.

W.H. AUDEN*

To understand God's thoughts, we must study
statistics, for these are the measure of His purpose.

FLORENCE NIGHTINGALE**

---

* Não responderás a questionários /ou arguição a respeito dos Negócios do Mundo /Não com aquiescência /Farás qualquer teste. Não sentarás /com estatísticos ou cometerás /uma ciência social.
** Para entender as ideias de Deus, precisamos estudar estatística, porque essa é a medida de Seu propósito.

sumário

Prefácio à edição brasileira 11
Prefácio 13

1. Uma senhora toma chá...
A natureza cooperativa da ciência 18 | O desenho experimental 19

2. As distribuições assimétricas
O laboratório biométrico de Galton 25 | Correlação e regressão 26 | Distribuições e parâmetros 27 | O plano da *Biometrika* 30

3. Querido senhor Gosset
O nascimento do "Student" 37 | O teste *t* de Student 39

4. Revolver um monte de estrume
Fisher *versus* Karl Pearson 44 | Fisher, "o fascista" 45 | Métodos estatísticos para pesquisadores 46 | Rothamsted e experimentos agrícolas 48

5. "Estudos da variação de safras"
"Estudos da variação de safras I" 50 | A generalização da regressão à média de Galton 51 | Experimentos randomizados controlados 53 | A análise da variância de Fisher 54 | Graus de liberdade 55 | "Estudos da variação de safras III" 56

6. "O dilúvio de 100 anos"
A distribuição de extremos 60 | Assassinato político 61

7. Fisher triunfante

A visão fisheriana *versus* a visão pearsoniana da estatística 66 | Os métodos de *probabilidade máxima* de Fisher 68 | Algoritmos iterativos 69

8. A dose letal

Análise de probit 74 | Bliss na Leningrado soviética durante o terror stalinista 76

9. A curva em forma de sino

O que é o teorema central do limite? 80 | *Viva la muerte!* 83 | De Lindeberg-Lévy para as estatísticas-U 85 | Hoeffding em Berlim 85 | Pesquisa operacional 87

10. Teste da adequação do ajuste

Teoria do caos e adequação do ajuste 90 | O teste de adequação do ajuste de Pearson 91 | Testar se a senhora pode sentir o gosto diferente do chá 92 | Uso dos valores de p de Fisher 93 | A educação matemática de Jerzy Neyman 95 | O estilo de matemática de Neyman 97

11. Testes de hipótese

O que é probabilidade? 101 | A definição frequentista de probabilidade 103

12. O golpe da confiança

A solução de Neyman 109 | Probabilidade *versus* grau de confiança 111

13. A heresia bayesiana

Questões relativas à "probabilidade inversa" 115 | O modelo hierárquico bayesiano 116 | Probabilidade pessoal 118

14. O Mozart da matemática

Kolmogorov, o homem 123 | O trabalho de Kolmogorov na estatística matemática 125 | O que é probabilidade na vida real? 127 | Comentário sobre os fracassos da estatística soviética 128

15. Como se fosse uma mosquinha

Trabalhando para K.P. 132 | Trabalho de guerra 134

16. Abolir os parâmetros

Desenvolvimentos posteriores 139 | Problemas não resolvidos 140

17. Quando a parte é melhor que o todo

O New Deal e a amostragem 146 | Jerome Cornfield 149 | Índices econômicos 151

18. Fumar causa câncer?

Existem causa e efeito? 154 | Implicação material 156 | A solução de Cornfield 157 |
O hábito de fumar e o câncer *versus* o agente laranja 160 | Viés de publicação 161 |
A solução de Fisher 162

19. Se você quiser a melhor pessoa...

As contribuições das mulheres 166 | O desenvolvimento de indicadores
econômicos 168 | As mulheres na estatística teórica 171

20. Apenas um peão de fazenda do Texas

Estatística em Princeton 175 | A estatística e o esforço de guerra 176 |
A estatística na abstração 178

21. Um gênio na família

I.J. Good 181 | Persi Diaconis 185

22. O Picasso da estatística

A versatilidade de Tukey 190

23. Lidando com a contaminação

Box torna-se estatístico 197 | Box nos Estados Unidos 199 | Box e Cox 201

24. O homem que refez a indústria

A mensagem de Deming à gerência sênior 204 |
A natureza do controle de qualidade 207 | Deming e os testes de hipótese 209

25. O conselho da senhora de preto

Estatística na Guinness 212 | Variabilidade inesperada 213 |
Matemática abstrata *versus* estatística útil 216

26. A marcha das acumuladas
Trabalho teórico inicial 220 | Acumuladas em estudos de insuficiência
cardíaca congestiva 221

27. A intenção de tratar
A formulação de Cox 226 | O enfoque de Box 226 | A visão de Deming 229 |
Os estudos observacionais de Cochran 228 | Os modelos de Rubin 229

28. O computador gira em torno de si mesmo
O lema de Glivenko-Cantelli 232 | O *bootstrap* de Efron 233 | Reamostragem e outros
métodos com uso intensivo do computador 234 | O triunfo dos modelos estatísticos 235

29. O ídolo com pés de barro
Os estatísticos perdem o controle 239 | A revolução estatística termina
seu trajeto? 240 | Os modelos estatísticos podem ser usados para tomar decisões? 241 |
Qual o significado de probabilidade quando aplicada à vida real? 243 | As pessoas
realmente entendem a probabilidade? 246 | A probabilidade é realmente necessária? 248 |
O que acontecerá no século XXI? 249

Epílogo 250
Linha do tempo 252
Notas 257
Referências bibliográficas 266
Índice remissivo 274

Prefácio à edição brasileira

É um prazer saudar os leitores brasileiros deste livro. Passaram-se sete anos desde a primeira edição em inglês. Durante esse tempo, continuaram os desenvolvimentos na estatística; a criação de grandes bases de dados exigiu novos métodos estatísticos. Como prognosticado no Capítulo 28, os métodos com uso intensivo do computador chegaram a dominar as publicações estatísticas.

Os estatísticos brasileiros tiveram relevante papel nesse fascinante mundo novo de enormes conjuntos de dados e complexos procedimentos estatísticos que só podem ser realizados em computadores ultrarrápidos, com memórias medidas em gigabytes. De Santos a São Paulo, do Rio de Janeiro a Brasília, mulheres e homens, nas universidades e nas indústrias, vêm propagando esses métodos com originalidade que rivaliza com o que se pode encontrar no hemisfério norte.

Um dos usos da estatística mais amplamente apreciados tem sido a pesquisa por amostragem. A maioria dos leitores estará familiarizada com a pesquisa de opinião, em que uma pequena amostra de pessoas escolhidas aleatoriamente é consultada para prognosticar as opiniões de uma população inteira. Escolha aleatória significa que cada pessoa na população teve igual probabilidade de ser escolhida. O que acontece se algumas das pessoas contatadas se recusam a responder ou se a pessoa escolhida não pode ser encontrada? A não resposta é falha séria na prática da pesquisa por amostragem. A princípio, admitia-se que a razão pela qual uma pessoa era um não respondedor nada tinha a ver com as perguntas feitas e que outra pessoa poderia ser escolhida em seu lugar. Isso, porém, talvez não seja verdade, sobretudo se as perguntas são sensíveis ou implicam comportamento socialmente inaceitável.

Damião N. da Silva, da Universidade Federal do Rio Grande do Norte, em Natal, tem pesquisado métodos com uso intensivo de computador que possam ser aplicados para determinar se a não resposta independe ou não das perguntas feitas.

Maria Eulália Vares, do Centro Brasileiro de Pesquisas Físicas (CBPF), no Rio de Janeiro, foi editora associada da prestigiosa revista *Annals of Probability* e agora é editora de *Ensaios Matemáticos*, da Sociedade Brasileira de Matemática. Em sua pesquisa, ela sondou áreas da física, como o fluxo turbulento, que já foram consideradas impossíveis de modelar, mas que estão sucumbindo ante as ferramentas dos mecânicos estatísticos.

No desenvolvimento da estatística descrito neste livro, a análise de regressão foi empregada para examinar a influência de fatores como o ato de fumar e o gênero sobre resultados como o câncer, ou os efeitos do vento e do sol sobre o envelhecimento da pintura. Esses métodos antigos, entretanto, demandavam o uso de fórmula única para cobrir todos os valores possíveis das variáveis. Gilberto A. Paula, da Universidade de São Paulo, investiga os modos pelos quais as fórmulas podem variar para diferentes valores possíveis dos fatores influentes. Por exemplo, é claro que o ato de fumar reduz a função pulmonar média e aumenta a probabilidade de doença do coração; no entanto, esses dois efeitos entrelaçados podem diferir, dependendo da idade ou do status socioeconômico do paciente. Gilberto Paula desenvolveu modelos para examinar as chamadas "influências locais" nas fórmulas gerais.

Pedro A. Morettin, também da Universidade de São Paulo, tem atuado na pesquisa do uso da análise *wavelet*. Neste livro, o leitor conhecerá R.A. Fisher e A.N. Kolmogorov, que desenvolveram os primeiros métodos para manipular uma sequência de observações, como padrões climáticos cambiantes, em que valores iniciais influenciam os posteriores. Seus modelos tinham de ser suficientemente simples para ser escritos como fórmulas matemáticas. Com métodos de uso intensivo do computador, como os *wavelets*, Morettin foi capaz de modelar efeitos sutis que estavam além do alcance de Fisher ou Kolmogorov.

A estatística revolucionou a ciência no século XX. Na primeira década do século XXI, ela continua a fornecer modelos úteis para as ciências mais novas. Essas inovações estatísticas não estão limitadas a um pequeno número de países desenvolvidos no hemisfério norte. Os leitores brasileiros só precisam procurá-las nas universidades e nos laboratórios de pesquisa de seu próprio país para comprovar que isso é verdade. Espero que este livro inspire alguns desses leitores a mergulhar mais profundamente nesse campo instigante.

DAVID SALSBURG, 2008

Prefácio

A ciência chegou ao século XIX com a firme visão filosófica de que o Universo funcionaria como o mecanismo de um imenso relógio. Acreditava-se que havia um pequeno número de fórmulas matemáticas (como as leis do movimento de Newton e as leis dos gases de Boyle) capazes de descrever a realidade e prever eventos futuros. Tudo de que se necessitava para tal predição era um conjunto completo dessas fórmulas e um grupo de medições a elas associadas, realizadas com suficiente precisão. A cultura popular levou mais de 40 anos para se pôr em dia com essa visão científica.

Típico desse atraso cultural é o diálogo entre o imperador Napoleão Bonaparte e Pierre Simon Laplace nos primeiros anos do século XIX. Laplace havia escrito um livro monumental e definitivo, no qual descreve como calcular as futuras posições de planetas e cometas com base em algumas observações feitas a partir da Terra. "Não encontro menção alguma a Deus em seu tratado, sr. Laplace", teria questionado Napoleão, ao que Laplace teria respondido: "Eu não tinha necessidade dessa hipótese."

Muitas pessoas ficaram horrorizadas com o conceito de um Universo mecânico, sem Deus, que funcionasse para sempre sem intervenção divina e com todos os eventos futuros determinados pelos que teriam ocorrido no passado. De certa forma, o movimento romântico do século XIX foi uma reação a esse frio e exato uso da razão. No entanto, uma prova dessa nova ciência apareceu na década de 1840 e deslumbrou a imaginação popular. As leis matemáticas de Newton foram usadas para prever a existência de mais um planeta – e Netuno foi descoberto no lugar que as leis previram. Quase todas as resistências ao Universo mecânico desmoronaram, e essa posição filosófica tornou-se parte essencial da cultura popular.

Embora Laplace não precisasse de Deus em sua formulação, ele necessitou de algo que denominou "função erro". A observação de planetas e cometas a partir da Terra não se ajustava com precisão às posições previstas, fato que Laplace e seus colegas cientistas atribuíram a erros nas observações, algumas vezes atribuíveis a alterações na atmosfera da Terra, outras vezes a falhas humanas. Laplace reuniu todos esses erros numa peça extra (a função erro), que atrelou a suas descrições matemáticas. Essa função erro absorveu as imprecisões e deixou apenas as puras leis do movimento para prever as verdadeiras posições dos corpos celestes. Acreditava-se que, com medições cada vez mais precisas, diminuiria a necessidade da função erro. Como ela dava conta de pequenas discrepâncias entre observado e previsto, a ciência do século XIX estava nas garras do determinismo filosófico – a crença de que tudo é determinado de antemão pelas condições iniciais do Universo e pelas fórmulas matemáticas que descrevem seus movimentos.

No final do século XIX, os erros haviam aumentado, em vez de diminuir. À proporção que as medições se tornavam mais precisas, novos erros se revelavam. O andar do Universo mecânico era trôpego. Falharam as tentativas de descobrir as leis da biologia e da sociologia. Nas antigas ciências, como física e química, as leis que Newton e Laplace tinham utilizado mostravam-se meras aproximações grosseiras. Gradualmente, a ciência começou a trabalhar com um novo paradigma, o modelo estatístico da realidade. No final do século XX, quase toda a ciência tinha passado a usar modelos estatísticos.

A cultura popular não conseguiu acompanhar essa revolução científica. Algumas ideias e expressões vagas (como "correlação", "probabilidades" e "risco") até entraram no vocabulário popular, e a maioria das pessoas está consciente das incertezas associadas a algumas áreas da ciência, como medicina e economia, mas poucos não cientistas têm algum entendimento da profunda mudança de visão filosófica que ocorreu. O que são esses modelos estatísticos? Como apareceram? O que significam na vida real? São descrições fidedignas da realidade? Este livro é uma tentativa de responder a essas perguntas. Ao longo da narrativa, também iremos abordar a vida de alguns homens e mulheres que se envolveram nessa revolução.

Ao lidar com essas questões, é necessário distinguir três ideias matemáticas: aleatoriedade, probabilidade e estatística. Para a maioria das pessoas, aleatoriedade é apenas sinônimo de imprevisibilidade. Um aforismo do Talmude transmite essa noção popular: "Não se devem procurar tesouros enterrados, porque tesouros enterrados são encontrados aleatoriamente, e, por definição, não se pode procurar o que é encontrado aleatoriamente." Para o cientista moderno, entretanto, existem muitos tipos diferentes de aleatoriedade. O conceito de distribuição probabilística (descrito no Capítulo 2) nos permite estabelecer limitações à aleatoriedade e nos dá limitada capacidade de prever eventos futuros aleatórios. Assim, para o cientista moderno, eventos aleatórios não são simplesmente indomados, inesperados e imprevisíveis – sua estrutura pode ser descrita matematicamente.

Probabilidade é uma palavra atual para um conceito muito antigo. Ele aparece em Aristóteles, que afirmou: "É da natureza da probabilidade que coisas improváveis aconteçam." De início, ela envolve a sensação de alguém a respeito do que se pode esperar. Nos séculos XVII e XVIII, um grupo de matemáticos, entre eles duas gerações dos Bernoulli, Fermat, De Moivre e Pascal, trabalhou numa teoria matemática da probabilidade que começou com jogos de azar. Eles desenvolveram alguns métodos muito sofisticados para contar eventos igualmente prováveis. De Moivre conseguiu inserir os métodos de cálculo nessas técnicas, e os Bernoulli foram capazes de estabelecer alguns profundos teoremas fundamentais, chamados "leis dos grandes números". No final do século XIX, a probabilidade matemática consistia essencialmente em sofisticados truques, mas lhe faltava uma sólida fundamentação teórica.

Apesar da natureza incompleta da teoria da probabilidade, ela se mostrou útil para a ideia, que então se desenvolvia, de distribuição estatística. Uma distribuição estatística ocorre quando consideramos um problema científico específico. Por exemplo, em 1971, foi publicado pela revista médica inglesa *Lancet* um artigo da Harvard School of Public Health que analisava se o consumo de café estaria relacionado ao câncer do trato urinário inferior. O estudo fora realizado com um grupo de pacientes, alguns dos quais haviam desenvolvido esse tipo de câncer, enquanto outros sofriam de outras doenças. Os autores do relatório coletaram dados adicionais sobre esses pacientes, tais como idade, sexo e história familiar de câncer. Nem todos que bebem café contraem câncer do trato urinário, e nem todos que apresentam câncer do trato urinário são bebedores de café – assim, alguns fatos contradiziam a hipótese dos pesquisadores. No entanto, 25% dos pacientes com esse tipo de câncer habitualmente tomavam quatro ou mais xícaras de café por dia. Apenas 10% dos pacientes sem câncer bebiam tanto café. Parecia haver alguma evidência a favor da hipótese.

Essa coleta de dados forneceu aos autores uma distribuição estatística. Usando as ferramentas da probabilidade matemática, eles construíram uma fórmula teórica para aquela distribuição, a "função de distribuição probabilística", ou simplesmente função de distribuição, que utilizaram para examinar a questão. Equivale à função erro de Laplace, mas muito mais complexa. A construção da função de distribuição teórica faz uso da teoria das probabilidades e é empregada para descrever o que se pode esperar de dados futuros tomados aleatoriamente do mesmo grupo de pessoas.

O assunto deste livro não é probabilidade e teoria da probabilidade – que são conceitos matemáticos abstratos. Aqui se trata da aplicação de alguns teoremas da probabilidade a problemas científicos, o mundo das distribuições estatísticas e funções de distribuição. A teoria da probabilidade sozinha é insuficiente para descrever os métodos estatísticos, e algumas vezes acontece de os métodos estatísticos na ciência violarem alguns dos teoremas da probabilidade. O leitor encontrará a probabilidade perambulando pelos capítulos, empregada, quando necessária, e ignorada, quando não.

Como os modelos estatísticos da realidade são matemáticos, só podem ser totalmente compreendidos em termos de fórmulas e símbolos matemáticos. Tentei aqui algo um pouco menos ambicioso: descrever a revolução estatística na ciência do século XX por intermédio de algumas das pessoas (muitas delas ainda vivas) que nela estiveram envolvidas. Tratei muito superficialmente o trabalho que elas criaram, só para provar como suas descobertas individuais se encaixaram no quadro geral.

O leitor deste livro não aprenderá o suficiente para se lançar à análise estatística de dados científicos – isso exigiria vários anos de estudos universitários –, mas espero que ele compreenda algo da profunda mudança da filosofia básica representada pela visão estatística da ciência. A quem um não matemático procura para entender essa revolução na ciência? Acho que, para começar, é recomendável uma senhora provando chá...

1. Uma senhora toma chá...

Era uma tarde de verão em Cambridge, Inglaterra, no final dos anos 1920. Um grupo de professores universitários, suas esposas e alguns convidados tomara lugar a uma mesa no jardim para o chá da tarde. Uma das mulheres insistia em afirmar que o chá servido sobre o leite parecia ficar com gosto diferente do que apresentava ao receber o leite sobre ele. As cabeças científicas dos homens zombaram do disparate. Qual seria a diferença? Não podiam conceber diferença alguma na química da mistura. Um homem de estatura baixa, magro, de óculos grossos e cavanhaque começando a ficar grisalho interessou-se pelo problema.

"Vamos testar a proposição", animou-se. Começou a esboçar um experimento no qual a senhora que insistira haver diferença seria servida com uma sequência de xícaras, algumas com o leite servido sobre o chá, e outras com o chá servido sobre o leite.

Quase posso ouvir alguns leitores menosprezando esse esforço como momento menor de uma conversa em tarde de verão. "Que diferença faz se a senhora consegue distinguir uma infusão da outra?", perguntarão. "Nada existe de importante ou de grande mérito científico nesse problema", argumentarão com desprezo. "Essas cabeças privilegiadas deveriam usar sua poderosa capacidade cerebral para algo que beneficiasse a humanidade."

Lamento, mas, apesar do que os não cientistas possam pensar sobre a ciência e sua importância, minha experiência leva-me a acreditar que a maioria dos cientistas se empenha em suas pesquisas porque está interessada nos resultados e porque obtém estímulo intelectual com suas tarefas. Raras vezes os bons cientistas pensam a respeito da importância de seu trabalho. Assim foi naquela ensolarada tarde em Cambridge. A senhora poderia ou não estar certa sobre o paladar do chá. A graça estava em encontrar um modo de afirmar se estava certa, e, sob a direção do homem de cavanhaque, começaram a discutir como poderiam fazer isso.

Entusiasmados, vários deles se envolveram no experimento e em poucos minutos estavam servindo diferentes padrões de infusão sem que a senhora os pudesse ver. Então, com ar de objetividade, o homem de cavanhaque ofereceu-lhe a primeira xícara. Ela tomou um pequeno gole e declarou que, naquela, o leite fora colocado sobre o chá. Ele anotou a resposta sem comentários e lhe passou a segunda xícara...

A natureza cooperativa da ciência

Ouvi essa história no final dos anos 1960, contada por um homem que lá estivera naquela tarde, Hugh Smith, cujos trabalhos científicos eram publicados sob o nome de H. Fairfield Smith. Quando o conheci, era professor de estatística na Universidade de Connecticut, na cidade de Storrs, onde eu completara meu doutorado em estatística dois anos antes. Depois de lecionar na Universidade da Pensilvânia, eu ingressara no Departamento de Pesquisa Clínica da Pfizer, Inc., uma grande empresa farmacêutica, cujo campus de pesquisa em Groton, Connecticut, estava a uma hora de carro de Storrs. Na Pfizer, eu lidava com muitos problemas matemáticos difíceis; na época, era o único estatístico, e precisava discutir esses problemas e minhas "soluções" para eles.

Trabalhando na Pfizer, eu me dera conta de que poucas pesquisas científicas podem ser desenvolvidas por uma só pessoa; habitualmente elas exigem a combinação de algumas cabeças pensantes, porque é muito fácil cometer erros. Quando eu propunha uma fórmula matemática como meio de resolver um problema, o modelo podia ser inadequado, ou talvez eu tivesse introduzido uma premissa incorreta sobre a situação, ou a "solução" que eu encontrara poderia ter sido derivada do ramo errado de uma equação, ou eu poderia ter cometido um mero erro de cálculo.

Sempre que visitava a universidade em Storrs, para falar com o professor Smith, ou quando discutia problemas com os cientistas e farmacologistas da Pfizer, as questões que eu trazia em geral eram bem recebidas. Eles participavam dessas discussões com entusiasmo e interesse. O que faz a maioria dos cientistas se interessar por seu trabalho é, quase sempre, o desafio do problema: a expectativa da interação com outros os alimenta enquanto examinam uma questão e tentam entendê-la.

O desenho experimental

E assim foi naquela tarde de verão em Cambridge. O homem de cavanhaque era Ronald Aylmer Fisher, na época com 30 e tantos anos, que posteriormente receberia o título de sir Ronald Fisher. Em 1935, publicou *The Design of Experiments*, em cujo segundo capítulo descreveu o experimento da senhora provando chá. Nesse livro, Fisher analisa a senhora e sua crença como um problema hipotético e considera os vários experimentos que podem ser planejados para determinar se era possível a ela notar a diferença. O problema do desenho experimental é que, se lhe for dada uma única xícara de chá, ela tem 50% de chance de acertar a ordem da mistura, ainda que não possa apontar a diferença. Se lhe forem dadas duas xícaras, ela ainda pode acertar – de fato, se ela souber que as duas xícaras de chá foram servidas com ordens de mistura diferentes, sua resposta poderia ser completamente certa (ou completamente errada).

De modo similar, ainda que ela pudesse notar a diferença, haveria a chance de ela ter se enganado, de uma xícara não estar bem misturada, ou de a mistura ter sido feita com o chá não suficientemente quente. Ela poderia ter sido apresentada a uma série de dez xícaras e identificado corretamente apenas nove delas, mesmo que fosse capaz de acusar a diferença.

No livro, Fisher discute os vários resultados possíveis de tal experimento. Descreve como decidir quantas xícaras devem ser apresentadas e em que ordem, e o quanto revelar à senhora sobre a ordem da apresentação. Formula as probabilidades de diferentes resultados, dependendo de a senhora estar certa ou não. Em nenhum ponto dessa discussão ele indica se o experimento de fato ocorreu nem descreve o resultado de um experimento real.

O livro sobre desenho experimental de Fisher foi um elemento importante na revolução que atravessou todos os campos da ciência na primeira metade do século XX. Bem antes de Fisher entrar em cena, experimentos científicos já vinham sendo realizados havia centenas de anos. Na última parte do século XVI, o médico inglês William Harvey fez experiências com animais, bloqueando o fluxo de sangue em diferentes veias e artérias, tentando traçar o caminho da circulação do sangue enquanto fluía do coração para os pulmões, de volta ao coração, para o corpo e de novo para o coração.

Fisher não descobriu a experimentação como meio de aumentar o conhecimento. Até então, os experimentos eram idiossincráticos a cada cientista. Bons cientistas seriam capazes de elaborar experimentos que produzissem novos conhecimentos. Cientistas menores com frequência se empenhariam em "experimentações" que, embora acumulassem muitos dados, não contribuíam para aumentar o conhecimento, como, por exemplo, as muitas tentativas inconclusivas feitas durante o final do século XIX para medir a velocidade da luz. Só depois que o físico norte-americano Albert Michelson construiu uma série altamente sofisticada de experimentos com luz e espelhos é que foram feitas as primeiras boas estimativas.

No século XIX, os cientistas raramente publicavam o resultado de seus experimentos. Em vez disso, descreviam suas conclusões, cuja veracidade "demonstravam" com os dados obtidos. Gregor Mendel não apresentou os resultados de todas as suas experiências a respeito do cultivo de ervilhas. Descreveu a sequência de experimentos e acrescentou: "Os primeiros dez membros de ambas as séries de experiências podem servir de ilustração..." (Nos anos 1940, Ronald Fisher examinou as "ilustrações" de dados de Mendel e descobriu que os dados eram bons demais para ser verdade. Eles não apresentavam o grau de aleatoriedade que teria ocorrido de fato.)

Apesar de a ciência ter sido desenvolvida com base em pensamentos, observações e experimentos cuidadosos, nunca ficara completamente esclarecido como os experimentos deveriam ser desenvolvidos, nem os resultados completos das experiências eram habitualmente apresentados ao leitor.

Isso era particularmente verdadeiro para a pesquisa agrícola no final do século XIX e começo do XX. A Estação Agrícola Experimental Rothamsted vinha fazendo experiências com diferentes compostos de fertilizantes (chamados de "estrumes artificiais") havia quase 90 anos quando contratou Fisher, nos primeiros anos do século XX. Em um experimento típico, os trabalhadores espalhavam uma mistura de sais de fosfato e nitrogênio sobre um determinado campo, plantavam grãos e mediam o tamanho da colheita, com a quantidade de chuva durante aquele verão. Havia fórmulas elaboradas para "ajustar" a produção de um ano ou de um campo, para compará-la com a produção de outro campo ou do mesmo campo em outro ano – eram chamadas de "índices de fertilidade", e cada estação agrícola experimental tinha seu próprio índice de fertilidade, que acreditava ser mais exato que qualquer outro.

O resultado desses noventa anos de experiências consistia em ampla confusão e grandes pilhas de dados não publicados e inúteis. Aparentemente, algumas linhagens de trigo respondiam melhor que outras a um fertilizante, mas só nos anos de chuvas excessivas. Outras experiências pareciam mostrar que o uso de sulfato de potássio em um ano, seguido de sulfato de sódio no próximo, produzia aumento em algumas variedades de batatas, mas não em outras. O máximo que se podia afirmar a respeito desses adubos artificiais é que alguns às vezes funcionavam, ou não.

Fisher, um matemático perfeito, examinou o índice de fertilidade que os cientistas agrícolas de Rothamsted usavam para corrigir os resultados das experiências levando em conta as diferenças atribuíveis ao clima, de ano para ano. Examinou também os índices concorrentes empregados por outras estações agrícolas experimentais – reduzidos à álgebra elementar, eram, todos eles, versões da mesma fórmula. Em outras palavras, dois índices, cujos proponentes defendiam com vigor, na verdade faziam exatamente a mesma correção. Em 1921, ele publicou um artigo na principal revista agrícola, *Annals of Applied Biology*, no qual demonstra não fazer qualquer diferença se um índice ou outro fosse utilizado. O artigo também mostrava que os dois eram inadequados para compensar as disparidades de fertilidade em campos diferentes. Esse notável artigo encerrou mais de 20 anos de disputa científica.

Fisher examinou então os dados pluviométricos e de produção de grãos nos 90 anos anteriores e concluiu que os efeitos das diferenças de clima, de ano a ano, eram muito maiores que qualquer efeito dos diferentes fertilizantes. Para usar uma palavra que Fisher desenvolveu mais tarde, em sua teoria de desenho experimental, as diferenças ano a ano de clima e as diferenças ano a ano de adubos artificiais estavam "confundidas". Isso significava que não havia forma de separá-las usando dados dessas experiências. O esforço de 90 anos de experimentação e mais de 20 anos de disputa científica representava um desperdício quase completo!

Isso levou Fisher a pensar sobre experimentos e desenho experimental. Ele concluiu que o cientista precisa começar com um modelo matemático do resultado do experimento potencial. Modelo matemático é um conjunto de equações nas quais alguns símbolos substituem os números que serão coletados como dados dos experimentos, e outros símbolos substituem os resultados gerais do experimento. O cientista começa com os dados do experimento e avalia os resultados apropriados para a questão científica com que está lidando.

Considere o exemplo simples do experimento que envolve um professor e um aluno específico. Interessado em encontrar alguma medida de quanto o aluno aprendeu, o professor "experimenta", dando à criança um conjunto de testes que valem de 0 a 100. Cada um desses testes fornece uma estimativa fraca de quanto a criança sabe. Ela pode não ter estudado os poucos itens que constavam de um teste, mas saber muito sobre outras partes da matéria que ali não foram contempladas; pode ter sentido dor de cabeça no dia de algum desses testes; ou ter discutido com os pais na manhã de outro. Por muitas razões, um teste não permite boa estimativa do conhecimento. Assim, o professor aplica uma série de testes; a pontuação média de todos esses testes é tomada como a melhor estimativa do conhecimento do aluno. Quanto a criança sabe é o resultado. Os pontos em cada teste são os dados.

Como o professor deveria estruturar esses testes? Numa sequência que cobrisse apenas a matéria ensinada nos últimos dois dias? Cada um deles contendo aspectos de toda a matéria ensinada até então? Aplicados semanalmente? Diariamente? Ou ao final de cada unidade ensinada? Todas essas questões dizem respeito ao desenho experimental.

Quando o cientista agrícola quer conhecer o efeito de um fertilizante artificial particular sobre o crescimento do trigo, deve elaborar um experimento que lhe forneça os dados para estimar tal efeito. Fisher mostrou que o primeiro passo no planejamento desse experimento é estabelecer uma série de equações matemáticas que descreva a relação entre os dados que serão coletados e os resultados que estão sendo estimados. O experimento será útil se permitir a estimativa desses resultados. Para tanto, deve ser específico e permitir ao cientista determinar a diferença no resultado atribuível ao clima *versus* a diferença resultante do uso de diferentes fertilizantes. Em particular, é necessário incluir todos os tratamentos que estão sendo comparados no mesmo experimento, algo que veio a ser denominado "controles".

Em *Design of Experiments*, Fisher forneceu alguns exemplos de bom desenho experimental, e deduziu regras gerais para eles. No entanto, a matemática dos métodos de Fisher era muito sofisticada, e a maioria dos cientistas não era capaz de gerar seus próprios planejamentos a não ser que seguisse o padrão de algum dos que Fisher apresentara em seu livro.

Os cientistas agrícolas reconheceram o grande valor do trabalho de Fisher sobre o planejamento de experimentos, e os métodos fisherianos logo dominaram as escolas de agricultura na maior parte do mundo de língua inglesa. A partir do trabalho inicial de Fisher, um bloco de bibliografia científica se desenvolveu para descrever diferentes desenhos experimentais que foram aplicados a outros campos além da agricultura, incluindo medicina, química e controle de qualidade industrial. Em muitos casos, a matemática utilizada é requintadíssima. Por enquanto, porém, fiquemos com a ideia de que ao cientista não basta lançar-se em experimentos – é preciso também reflexão cuidadosa e, frequentemente, uma dose generosa de matemática complexa.

E quanto à senhora provando o chá? O que lhe aconteceu? Fisher não descreve o resultado do experimento naquela ensolarada tarde de verão em Cambridge; o professor Smith, entretanto, contou-me que ela identificou com precisão cada uma das xícaras.

2. As distribuições assimétricas

Como em tantas revoluções no pensamento humano, é difícil definir o momento exato em que a ideia de um modelo estatístico tornou-se parte da ciência. Podemos encontrar possíveis exemplos específicos no trabalho dos matemáticos alemães e franceses do começo do século XIX, e disso existe algum indício até nos trabalhos de Johannes Kepler, o grande astrônomo do século XVII. Como mencionado no Prefácio deste livro, Laplace inventou o que chamou de função erro para lidar com problemas estatísticos em astronomia. Prefiro situar a revolução estatística na década de 1890 com o trabalho de Karl Pearson. Charles Darwin reconheceu na variação biológica um dos aspectos fundamentais da vida e dela fez a base de sua teoria da sobrevivência do mais apto. Foi contudo seu colega inglês Karl Pearson quem primeiro observou a natureza subjacente dos modelos estatísticos e como eles ofereciam algo diferente da visão determinista da ciência do século XIX.

Quando comecei o estudo da estatística matemática nos anos 1960, Pearson era raramente mencionado nas aulas a que eu assistia, e quando eu conversava com as maiores personalidades da área, não ouvia referências a ele ou a seu trabalho. Pearson era ignorado ou tratado como figura menor, cujas atividades havia muito se tinham tornado obsoletas. Churchill Eisenhart, do U.S. National Bureau of Standards,* por exemplo, que estudava no University College, em Londres, durante os últimos anos da vida de Karl Pearson, lembra-se dele como um ancião desanimado. O avanço da pesquisa estatística deixou-o de lado, jogando-o, e à maior parte de seu trabalho, na lata de lixo do passado. Os jovens e brilhantes alunos do University College reuniam-se aos pés dos mais novos grandes homens para estudar – um deles era o próprio filho de Karl Pearson –,

---

* Bureau Nacional de Normas dos EUA, desde 1989 chamado de National Institute of Standards and Technology. (N.T.)

e ninguém procuraria o velho Karl em seu solitário escritório, longe do alvoroço das novas e estimulantes pesquisas.

Não fora sempre assim, contudo. Na década de 1870, o jovem "Carl" Pearson deixara a Inglaterra para fazer seus estudos de graduação em ciência política na Alemanha. Ali, foi seduzido pelo trabalho de Karl Marx, em cuja homenagem trocou a grafia de seu nome para Karl. Retornou a Londres com um doutorado em ciência política, tendo escrito dois respeitáveis livros nessa área. Em pleno coração da enfadonha Inglaterra vitoriana, ele teve a audácia de organizar um Clube de Discussão para Homens e Mulheres Jovens. No clube, jovens se reuniam (sem acompanhantes), numa igualdade de sexos cujo modelo fora buscado nos salões da elite das sociedades alemã e francesa, e ali discutiam os grandes problemas políticos e filosóficos universais. O fato de Pearson ter conhecido sua esposa nesse ambiente sugere que talvez possa ter havido mais de um motivo para fundar o clube. Esse pequeno empreendimento social fornece alguma luz sobre a mente original de Karl Pearson e seu total menosprezo pela tradição estabelecida.

Apesar de ter feito doutorado em ciência política, seus principais interesses estavam na filosofia da ciência e na natureza dos modelos matemáticos. Na década de 1880, ele publicou *The Grammar of Science*, que teve várias edições. Na maior parte do período anterior à Primeira Guerra Mundial, era considerado um dos grandes livros sobre a natureza da ciência e da matemática. Cheio de ideias originais e brilhantes, que fazem dele obra importante na filosofia da ciência, tem estilo claro e linguagem simples que o tornam acessível a qualquer um. Não é preciso saber matemática para ler e compreender *The Grammar of Science*. Embora o livro tenha mais de 100 anos, as ideias e perspectivas nele encontradas são pertinentes à maioria das pesquisas matemáticas do século XXI e fornecem uma compreensão da natureza da ciência que ainda se mantém válida.

O laboratório biométrico de Galton

Nessa época de sua vida, Pearson recebeu a influência do cientista inglês sir Francis Galton. A maioria das pessoas que ouviu falar de Galton conhece-o como o "descobridor" das impressões digitais. A compreensão de que as impressões digitais são únicas em cada indivíduo, bem como os métodos usualmente empregados para classificá-las e identificá-las, é obra dele. A qualidade singular de uma impressão digital reside na ocorrência de marcas e cortes irregulares nos padrões dos dedos, as chamadas "marcas de Galton". Mas ele fez muito mais do que isso. Rico e independente, era cientista diletante que desejava trazer o rigor matemático para a biologia por meio do estudo de padrões de números. Uma de suas primeiras investigações tratava do caráter hereditário da inteligência. Coletou informações sobre pares de pais e filhos considerados altamente inteligentes. No entanto, considerando o problema muito difícil, porque não havia nenhuma boa medida da inteligência naquela época, decidiu examinar a herança de traços mais facilmente mensuráveis, como a altura.

Galton instalou um laboratório biométrico (*bio* de biologia, *métrico* de medida) em Londres e divulgou-o, convidando as famílias a comparecer e submeter-se à medição. Coletou altura, peso, medidas de ossos específicos e outras características de membros dessas famílias; com seus assistentes, tabulou esses dados, examinou-os e reexaminou-os, à procura de algum modo que lhe permitisse prever as medidas transmitidas de pais para filhos. Era óbvio, por exemplo, que pais altos tendiam a ter filhos altos. Haveria, porém, alguma fórmula matemática com que pudesse prever qual seria a altura do filho usando como base apenas a altura dos pais?

Correlação e regressão

Assim Galton descobriu um fenômeno que chamou de "regressão à média". Acontece que os filhos de pais muito altos tendem a ser mais baixos que seus pais, e os filhos de pais muito baixos tendem a ser mais altos que seus pais. É como se uma misteriosa força fizesse a estatura humana se afastar dos extremos e se aproximar da média de todos os homens. O fenômeno da regressão à média não é válido só para a altura humana; quase todas as observações científicas apresentam regressão à média. Veremos nos Capítulos 5 e 7 como R.A. Fisher foi capaz de transformar a regressão à média de Galton em modelos estatísticos que agora dominam a economia, a pesquisa médica e a maior parte da engenharia.

Galton refletiu sobre esse notável achado e compreendeu que tinha de ser verdadeiro, que poderia ter sido previsto antes de se realizarem todas as observações. Suponhamos, ele propôs, que a regressão à média não ocorra. Então, em média, os filhos de pais altos seriam tão altos quanto seus pais. Nesse caso, alguns dos filhos teriam de ser mais altos que seus pais (para contrabalançar, na média, os que fossem mais baixos). Os filhos dessa geração de homens mais altos, então, determinariam a média de suas alturas, de modo que alguns filhos seriam ainda mais altos. Isso prosseguiria, de geração em geração. Similarmente, haveria alguns filhos mais baixos que seus pais, e alguns netos ainda mais baixos, e assim por diante. Depois de não muitas gerações, a raça humana consistiria em pessoas cada vez mais altas, em um extremo, e cada vez mais baixas, em outro.

Isso não acontece. A altura dos homens tende a permanecer estável, em média. Isso só pode acontecer se os filhos de pais muito altos forem, em média, mais baixos e os filhos de pais muito baixos forem, em média, mais altos. A regressão à média é fenômeno que mantém a estabilidade e conserva uma espécie bastante "igual" de geração em geração.

Galton descobriu uma medida matemática dessa relação. Ele a chamou de "coeficiente de correlação". Elaborou uma fórmula específica para calcular esse número com base nos dados que coletava no laboratório biométrico. Trata-se de uma fórmula altamente específica para medir um aspecto da regressão à média, mas nada informa sobre a causa do fenômeno. Foi nesse sentido que Galton usou primeiramente a palavra *correlação*, que desde então foi incorporada à linguagem popular. Com frequência empregada para significar algo muito mais vago que o coeficiente de correlação de Galton, "correlação" tem timbre científico, e os não cientistas costumam utilizá-la como se ela descrevesse a forma pela qual duas coisas estão relacionadas. No entanto, a não ser que nos refiramos à medida matemática de Galton, não seremos muito precisos nem científicos ao usar a palavra correlação – que Galton empregava com esse objetivo específico.

Distribuições e parâmetros

Com a fórmula da correlação, Galton se aproximava muito da nova ideia revolucionária que iria modificar quase toda a ciência no século XX, mas foi seu discípulo Karl Pearson quem primeiro a elaborou em sua forma mais completa.

Para entender essa ideia revolucionária, é preciso abandonar todas as noções preconcebidas sobre a ciência. Ciência é medição, sempre nos ensinam. Fazemos medições cuidadosas e as usamos para encontrar fórmulas matemáticas que descrevam a natureza. Na física do ensino médio, aprendemos que a distância que um corpo que cai percorrerá em dado tempo é definida por uma fórmula envolvendo o símbolo g, a constante de aceleração. Aprendemos que experimentos podem ser feitos para determinar o valor de g. No entanto, quando os estudantes do ensino médio realizam uma série de experimentos para determinar o valor de g fazendo rolar pequenas bilhas ao longo de um plano inclinado e medindo quanto tempo elas levam para chegar a diferentes lugares na rampa, o que acontece? Raramente dá certo. Quanto mais vezes os estudantes fazem o experimento, mais confusão ocorre, pois diferentes valores de g aparecem nos diversos experimentos. Do alto de seu conhecimento, o professor olha para seus alunos e lhes assegura que não obtiveram a resposta certa porque observaram superficialmente, foram pouco cuidadosos ou anotaram números errados.

O que ele não lhes diz é que todos os experimentos são superficiais, e que muito raramente até o mais cuidadoso dos cientistas obtém o número certo. Pequenas falhas imprevistas e inobserváveis ocorrem em todos os experimentos. O ar da sala pode estar demasiado quente, e o peso que desliza pode ficar preso um microssegundo antes de começar a deslizar. A imperceptível brisa provocada pela passagem de uma borboleta pode causar um efeito. O que de fato se costuma obter com um experimento é uma dispersão de números, nenhum dos quais é certo, embora todos possam ser usados para se chegar a uma estimativa próxima do valor correto.

Munidos da ideia revolucionária de Pearson, não consideramos os resultados de um experimento números cuidadosamente medidos em si. Eles são, antes, exemplos de números dispersos; uma *distribuição* de números, para usar a expressão mais aceita. Essa distribuição de números pode ser escrita como fórmula matemática que nos informa sobre a probabilidade de um número observado assumir um dado valor. O valor que aquele número na verdade assume em um experimento específico é, porém, imprevisível. Podemos falar apenas sobre probabilidades de valores, e não sobre certezas de valores. Os resultados de experimentos individuais são aleatórios, no sentido de que são imprevisíveis. Os modelos estatísticos de distribuições, no entanto, nos permitem descrever a natureza matemática dessa aleatoriedade.

Levou algum tempo para que a ciência entendesse a aleatoriedade inerente das observações. Nos séculos XVIII e XIX, astrônomos e físicos criaram fórmulas matemáticas que descreviam suas observações com um grau de precisão que era aceitável. Esperava-se que houvesse desvios entre valores observados e previstos atribuíveis à imprecisão básica dos instrumentos de medição, e esses desvios eram ignorados. Assumia-se que os planetas e outros corpos astronômicos seguiam rotas precisas, determinadas pelas equações fundamentais do movimento. A incerteza não era inerente à natureza, mas se devia à instrumentação precária.

Com o desenvolvimento de instrumentos de medição ainda mais precisos na física, e com as tentativas de estender essa ciência da medição à biologia e à

As distribuições assimétricas   29

sociologia, a aleatoriedade inerente da natureza tornou-se cada vez mais clara. Como se poderia lidar com isso? Uma forma era manter as precisas fórmulas matemáticas e tratar os desvios entre os valores observados e previstos como um erro pequeno e pouco importante. De fato, já em 1820, artigos matemáticos de Laplace descreviam a primeira distribuição probabilística, a distribuição do erro, que é uma formulação matemática das probabilidades associadas a esses pequenos erros sem importância. Essa distribuição do erro chegou aos ouvidos do leigo como "a curva em forma de sino", ou distribuição normal.[1]

Foi preciso esperar Pearson para se dar um passo adiante na distribuição normal ou de erro. Observando os dados acumulados em biologia, ele entendeu que as próprias medidas, mais que erros nas medições, teriam uma distribuição probabilística. Tudo que medimos é na realidade parte de uma dispersão aleatória, cujas probabilidades são descritas por uma função matemática, a função de distribuição. Pearson descobriu uma família de funções de distribuição que chamou de *skew distributions* (distribuições assimétricas). Segundo ele, elas descreveriam qualquer tipo de dispersão que um cientista pudesse perceber nos dados. Cada uma das distribuições nessa família é identificada por quatro números.

Os números que identificam a função de distribuição não são os números medidos experimentalmente. Eles não podem ser observados, embora possam ser inferidos pelo modo como as medições se dispersam, e posteriormente foram chamados de parâmetros – do grego "quase medições". Os quatro parâmetros que descrevem completamente um membro do sistema de Pearson são:

1. **a média** – o valor central a partir do qual as medições se dispersam;
2. **o desvio padrão** – o quanto a maioria das medições se dispersa em torno da média;
3. **simetria** – o grau em que as medições se acumulam em apenas um lado da média;
4. **curtose** – o quanto as medições raras se afastam da média.

Há uma mudança sutil na maneira de pensar com o sistema das distribuições assimétricas de Pearson, antes de quem a ciência lidava com "coisas" reais e palpáveis. Kepler tentou descobrir as leis matemáticas que descreviam o movimento dos planetas no espaço. As experiências de William Harvey tentaram determinar como o sangue percorre as veias e artérias de um animal específico. A química lida com elementos e compostos feitos de elementos. No entanto, os "planetas" que Kepler tentou conhecer eram na verdade um conjunto de números identificando as posições celestes em que luzes bruxuleantes eram vistas por observadores na Terra. O curso exato do sangue através das veias de um determinado cavalo era diferente daquele que poderia ser observado em outro cavalo ou em um ser humano específico. Ninguém foi capaz de produzir uma amostra pura de ferro, apesar de ele ser conhecido como elemento.

Pearson propôs que esses fenômenos observáveis fossem considerados meros reflexos aleatórios – real era a distribuição probabilística. As "coisas" reais da ciência não eram observáveis e palpáveis, mas funções matemáticas que descreviam a aleatoriedade do que podemos observar. Os quatro parâmetros de uma distribuição são o que de fato queremos determinar em uma investigação científica. De certa forma, nunca podemos determinar realmente esses quatro parâmetros; podemos apenas estimá-los, por meio dos dados.

Pearson não reconheceu esta última distinção. Ele acreditava que, se coletássemos dados suficientes, as estimativas dos parâmetros nos forneceriam valores verdadeiros para eles. Foi seu rival mais jovem, Ronald Fisher, quem mostrou que muitos dos métodos de estimativa de Pearson eram menos que ótimos. No final da década de 1930, quando Karl Pearson chegava ao fim de sua longa vida, um brilhante jovem matemático polonês, Jerzy Neyman, mostrou que o sistema de distribuições assimétricas de Pearson não cobria o universo das possíveis distribuições e que muitos problemas relevantes não poderiam ser solucionados com ele.

Deixemos, porém, o velho e abandonado Karl Pearson de 1934 e voltemos ao vigoroso homem de 30 e poucos anos, entusiasmado quanto a sua descoberta das distribuições assimétricas. Em 1897, ele assumiu o laboratório biométrico de Galton em Londres e reuniu legiões de jovens mulheres (chamadas de "calculadoras") para calcular os parâmetros de distribuições associados aos dados que Galton vinha acumulando sobre as medições humanas. Na passagem do novo século, Galton, Pearson e Raphael Weldon combinaram seus esforços para fundar uma revista científica que aplicaria as ideias de Pearson aos dados biológicos. Galton usou sua fortuna para criar um fundo que mantivesse a publicação, em cujo primeiro número os editores lançaram um plano ambicioso.

O plano da *Biometrika*

Galton, Pearson e Weldon faziam parte de um dinâmico quadro de cientistas britânicos que exploravam as ideias de um de seus membros mais preeminentes, Charles Darwin, cujas teorias sobre a evolução postulavam que as formas de vida mudam em resposta à tensão do ambiente. De acordo com Darwin, ambientes mutantes ofereciam uma pequena vantagem àquelas modificações aleatórias que se acomodavam melhor ao novo ambiente. Gradualmente, enquanto o ambiente mudava e as formas de vida continuavam a sofrer mutações aleatórias, uma nova espécie emergia, mais bem adaptada para viver e procriar no novo ambiente. A essa ideia foi dada a designação taquigráfica de "sobrevivência do mais apto". Ela teve um desafortunado efeito sobre a sociedade, quando arrogantes cientistas políticos a adaptaram à vida social, declarando que aqueles que emergiam triunfantes do embate econômico, os mais ricos, eram mais adaptados que aqueles que a pobreza subjugava. A sobrevivência do mais apto passou a justificar o capitalismo em ascensão, e, de acordo com ela, os ricos teriam autoridade moral para ignorar os pobres.

Nas ciências biológicas, as ideias de Darwin pareciam ter grande validade. Ele podia apontar as semelhanças entre espécies relacionadas, sugerindo que uma espécie primitiva as teria gerado. Mostrou como pequenos pássaros de espécies levemente diferentes, vivendo em ilhas isoladas, tinham muitas partes anatômicas comuns. Indicou as semelhanças entre embriões de espécies diferentes, incluindo o humano, que tem uma cauda no começo da vida.

A única coisa que Darwin não foi capaz de mostrar foi um exemplo de nova espécie surgindo no marco de tempo da história humana. Embora postulasse que novas espécies surgem pela sobrevivência do mais apto, não tinha provas disso. Tudo que ele podia apresentar eram espécies modernas que pareciam "adaptar-se" bem ao seu ambiente. As propostas de Darwin pareciam explicar o já conhecido e tinham estrutura lógica atraente, mas, traduzindo uma antiga expressão em iídiche, "exemplo não é prova".

Pearson, Galton e Weldon utilizaram sua nova revista para retificar essa situação. Na visão de Pearson sobre a realidade como distribuições de probabilidade, os tentilhões de Darwin (significativo exemplo que usava em seu livro) não eram os objetos de investigação científica. A distribuição aleatória de todos os tentilhões de uma espécie era esse objeto. Caso se pudesse medir o comprimento dos bicos de todos os tentilhões de uma espécie dada, a função de distribuição desses comprimentos de bico teria seus próprios quatro parâmetros, e esses quatro parâmetros *seriam* o comprimento de bico da espécie.

Suponhamos, propôs Pearson, que haja uma força ambiental transformando uma espécie dada, garantindo sobrevivência superior a certas mutações aleatórias específicas. Talvez não sejamos capazes de viver o suficiente para ver uma nova espécie emergir, mas poderemos ver uma mudança nos quatro parâmetros da distribuição. No primeiro número da revista, os três editores declaravam que a nova publicação coletaria dados de todo o mundo e determinaria os parâmetros de suas distribuições, na esperança de mostrar exemplos de mudança em parâmetros associada à transformação ambiental.

Eles chamaram a nova revista de *Biometrika*. Fundada generosamente pelo Biometrika Trust, que Galton estabelecera, era tão bem amparada que foi a primeira revista a publicar fotografias coloridas e folhas dobráveis de pergaminho com intricados desenhos. Era impressa em papel de alta qualidade e exibia as mais complicadas fórmulas matemáticas, mesmo que isso significasse composição tipográfica extremamente complexa e cara.

Nos 25 anos seguintes, a *Biometrika* publicou dados de correspondentes que mergulhavam nas selvas da África para medir a tíbia e a fíbula dos nativos; que enviavam medidas de comprimentos dos bicos de exóticos pássaros tropicais capturados nas florestas equatoriais da América Central; ou que invadiam antigos cemitérios para desenterrar crânios humanos e enchê-los com chumbo grosso a fim de mensurar a capacidade craniana. Em 1910, a revista publicou várias páginas de fotografias coloridas de pênis flácidos de pigmeus, estendidos em uma superfície plana ao lado de réguas.

Em 1921, uma jovem correspondente, Julia Bell, relatou os problemas por que passou quando tentava obter medidas antropomórficas de recrutas do Exército da Albânia. Ela saiu de Viena para um remoto posto avançado na Albânia, certa de que encontraria oficiais que falassem alemão para ajudá-la. Quando chegou, havia apenas um sargento que falava três palavras de alemão. Indômita, ela pegou as réguas de medição de bronze e conseguiu que os jovens entendessem o que queria fazendo-lhes cócegas até que levantassem os braços ou as pernas.

Para cada um desses conjuntos de dados, Pearson e suas "calculadoras" avaliavam os quatro parâmetros das distribuições. Os artigos apresentavam uma versão gráfica da melhor distribuição e alguns comentários sobre como esta diferia das distribuições de outros dados relacionados. Da perspectiva atual, é difícil entender como essa atividade ajudou a provar as teorias de Darwin. Lendo esses exemplares de *Biometrika*, tenho a impressão de que logo se tornou um esforço estéril, sem nenhum objetivo real além de estimar parâmetros para um conjunto específico de dados.

Outros artigos distribuíam-se pela revista, alguns envolvendo matemática teórica, lidando com problemas que surgem com o desenvolvimento de distribuições de probabilidade. Em 1908, por exemplo, um autor desconhecido, que

As distribuições assimétricas 33

publicava sob o pseudônimo de "Student" (Estudante), produziu um resultado que desempenha seu papel em quase todo trabalho científico moderno, o teste *t* de Student. Encontraremos esse anônimo autor em capítulos posteriores e discutiremos seu desafortunado papel ao tentar fazer a mediação entre Karl Pearson e Ronald Fisher.

Galton faleceu em 1911, e antes disso Weldon tinha morrido em um acidente de esqui nos Alpes. Pearson tornou-se o único editor da publicação e o único administrador do dinheiro do fundo. Nos 20 anos seguintes, *Biometrika* foi a revista pessoal de Pearson, que publicava o que ele considerava importante, deixando de lado o que lhe parecia irrelevante. Era recheada de editoriais escritos por ele, nos quais sua fértil imaginação abordava todo tipo de questão. A restauração de uma antiga igreja irlandesa descobrira ossos nas paredes, e Pearson usou raciocínio matemático e medições feitas na ossada para determinar se pertenciam de fato a um determinado santo medieval. Um crânio foi encontrado, e deram a entender que seria o de Oliver Cromwell. Pearson o investigou em um fascinante artigo que descreve o paradeiro conhecido do corpo de Cromwell e depois compara medições feitas em retratos pintados do ditador com as medições feitas no crânio.[2] Em outros artigos, Pearson examinou as durações dos reinos e o declínio da classe patrícia na Roma Antiga, e fez outras incursões em sociologia, ciência política e botânica, todas com elaborado verniz matemático.

Pouco antes de morrer, Karl Pearson publicou um pequeno artigo intitulado "On Jewish-Gentile Relationships", no qual analisava antropomorficamente dados sobre judeus e não judeus de várias partes do mundo, concluindo que as teorias raciais dos nacional-socialistas, nome oficial dos nazistas, eram pura besteira; que não existia uma raça judaica, nem mesmo uma raça ariana. Esse texto final adequava-se bem à clara, lógica e cuidadosamente pensada tradição de seu trabalho anterior.

Pearson usou a matemática para investigar muitas áreas do pensamento humano que poucos considerariam ser o campo normal da ciência. Ler seus editoriais na *Biometrika* é conhecer um homem com um leque universal de interesses, uma fascinante capacidade de chegar à essência de cada problema e encontrar um modelo matemático com que o atacar. Ler seus editoriais é também encontrar um homem resoluto e altamente dogmático, que considerava os subordinados e os alunos extensões de sua própria vontade. Acho que eu teria gostado de passar um dia com Karl Pearson – desde que não tivesse que discordar dele.

Eles provaram a teoria da evolução de Darwin através da sobrevivência do mais apto? Talvez sim. Comparando as distribuições de volume de crânios de cemitérios antigos com crânios de homens e mulheres atuais, eles conseguiram mostrar que a espécie humana tem sido notavelmente estável ao longo de muitos milhares de anos. Ao mostrar que as medições antropomórficas feitas em aborígenes têm a mesma distribuição que as medições de europeus, refutaram as pretensões de certos australianos, que consideravam os aborígenes não humanos. A partir desse trabalho, Pearson desenvolveu uma ferramenta estatística básica conhecida como teste da "adequação do ajuste", indispensável para a ciência moderna. Ela permite ao cientista determinar se um dado conjunto de observações é bem descrito por uma função de distribuição matemática específica. No Capítulo 10 veremos como o próprio filho de Pearson usou esse teste para solapar muito do que seu pai havia conseguido fazer.

À medida que o século XX avançava, cada vez mais os artigos da *Biometrika* lidavam com problemas teóricos em estatística matemática, e poucos tratavam de distribuições de dados específicos. Quando Egon Pearson, filho de Karl Pearson, assumiu a função de editor, a passagem para a matemática teórica foi completa, e hoje *Biometrika* é publicação eminente nesse campo.

Mas eles provaram a sobrevivência do mais apto? O mais perto que chegaram ocorreu no começo do século XX. Raphael Weldon pensou em um grande experimento. O desenvolvimento de fábricas de porcelana no sul da Inglaterra no século XVIII provocara o assoreamento de vários rios com argila, de modo que as enseadas de Plymouth e Dartmouth se haviam transformado – das quais as regiões interiores eram mais assoreadas ainda que aquelas situadas perto do mar. Weldon coletou várias centenas de caranguejos dessas enseadas e os colocou em recipientes de vidro individuais, metade dos recipientes com água assoreada das regiões internas, metade com a água mais clara das enseadas externas. Então mediu as carapaças dos caranguejos que sobreviveram depois de um período de tempo e determinou os parâmetros das duas distribuições de caranguejos: aqueles que sobreviveram em água clara e aqueles que sobreviveram em água assoreada.

Tal como Darwin previra, os caranguejos que sobreviveram nos recipientes assoreados mostraram uma mudança nos parâmetros de distribuição! Isso provou a teoria da evolução? Lamentavelmente Weldon morreu antes de descrever os resultados do experimento. Pearson relatou o experimento e seus resultados em uma análise preliminar dos dados, mas uma análise conclusiva nunca foi feita. O governo britânico, que fornecera os recursos para o experimento, exigiu um relatório final que nunca apareceu. Weldon estava morto e o experimento, encerrado.

Afinal, as teorias de Darwin mostraram-se verdadeiras para espécies de vida curta como as bactérias e as moscas-das-frutas. Usando essas espécies, o cientista pode fazer experimentos com milhares de gerações em um curto intervalo de tempo. As modernas investigações de DNA, os blocos de construção da hereditariedade, forneceram evidência ainda maior das relações entre espécies. Se assumirmos que a taxa de mutação se manteve constante nos dez milhões de anos ou mais passados, estudos de DNA podem ser usados para estimar quando surgiram espécies de primatas e outros mamíferos. No mínimo, isso ocorreu há centenas de milhares de anos. A maioria dos cientistas hoje aceita o mecanismo de evolução de Darwin. Nenhum outro mecanismo teórico proposto explica tão bem todos os dados conhecidos. A ciência está satisfeita, e a ideia de que é necessário determinar a mudança nos parâmetros de distribuição para mostrar a evolução em uma curta escala de tempo foi abandonada.

O que permanece da revolução pearsoniana é a ideia de que as observáveis não são "coisas" da ciência, mas sim as funções de distribuição matemática que descrevem as probabilidades associadas com as observações. Hoje, as investigações médicas usam sutis modelos matemáticos de distribuições para determinar os possíveis efeitos de tratamentos sobre a sobrevivência a longo prazo. Sociólogos e economistas empregam distribuições matemáticas para descrever o comportamento da sociedade humana. Em mecânica quântica, os físicos utilizam as distribuições matemáticas para descrever as partículas subatômicas. Nenhum aspecto da ciência escapou dessa revolução. Alguns cientistas alegam que o uso de distribuições de probabilidade é um substituto temporário, e que, por fim, seremos capazes de encontrar uma forma de retornar ao determinismo da ciência do século XIX. A famosa frase de Einstein, de que não acreditava que o Todo-Poderoso jogasse dados com o Universo, é um exemplo daquela visão. Outros acreditam que a natureza é fundamentalmente aleatória e que a única realidade reside nas funções de distribuição. Independentemente da filosofia subjacente de cada um, permanece o fato de que as ideias de Pearson sobre funções de distribuição e parâmetros chegaram a dominar a ciência do século XX e encontram-se, triunfantes, no limiar do século XXI.

3. Querido senhor Gosset

A Guinness Brewing Company of Dublin,* antiga e honorável empresa de bebidas alcoólicas da Irlanda, entrou no século XX fazendo um investimento em ciência. O jovem lorde Guinness acabara de herdar a empresa e decidira introduzir técnicas científicas modernas no negócio, contratando os melhores graduados em química das universidades de Oxford e Cambridge. Em 1899, ele recrutou William Sealy Gosset, recém-formado em Oxford, com 23 anos e um título que combinava química e matemática. Os conhecimentos matemáticos de Gosset eram os tradicionais daquela época, incluindo cálculo, equações diferenciais, astronomia e outros aspectos da visão mecânica do Universo própria da ciência. As inovações de Karl Pearson e as primeiras luzes do que se tornaria a mecânica quântica ainda não faziam parte do currículo universitário. Gosset foi contratado por seus conhecimentos de química. Que uso uma cervejaria poderia fazer de um matemático?

Gosset revelou-se um bom investimento para a Guinness. Mostrou-se um administrador muito capaz e ascendeu na companhia até se tornar encarregado de todas as operações na Grande Londres. Foi como matemático, de fato, que deu sua primeira contribuição importante à arte de fazer cerveja. Alguns anos antes, a companhia telefônica dinamarquesa fora uma das primeiras companhias industriais a contratar um matemático; mas seus diretores tinham um problema específico: de que tamanho fazer o painel de controle de uma mesa telefônica central. Onde, na fabricação de cerveja, haveria problema matemático a ser resolvido?

O primeiro trabalho publicado por Gosset, em 1904, trata desse problema. Quando o malte moído era preparado para a fermentação, uma quantidade cuidadosamente medida de levedura era usada. Leveduras são organismos

---

* Cervejaria Guinness. (N.T.)

vivos, e culturas de levedura eram mantidas vivas multiplicando-se em recipientes com líquido antes de serem colocadas no malte moído. Os técnicos tinham de medir quanta levedura havia em um dado recipiente para determinar a quantidade de cultura a ser usada. Faziam isso pegando uma amostra da cultura que examinavam ao microscópio, contando o número de células de levedura que viam. Quão exata era aquela medida? Era importante saber, porque a quantidade de levedura usada no malte moído tinha de ser cuidadosamente controlada – pouca produziria fermentação incompleta; muita deixaria a cerveja amarga.

Vejam como isso se equipara à visão de Pearson da ciência. A medição era a contagem de células de levedura na amostra, mas a "coisa" real que se buscava era a concentração de células de levedura em todo o recipiente. Como a levedura estava viva, e as células constantemente se multiplicam e se dividem, essa "coisa" na verdade não existia. O que existia, em certo sentido, era a distribuição de probabilidade de células de levedura por unidade de volume. Gosset examinou os dados e determinou que a contagem de células de levedura poderia ser modelada com uma distribuição probabilística conhecida como a "distribuição de Poisson".[1] Essa não é uma das famílias de distribuições assimétricas de Pearson. Na verdade, é uma distribuição peculiar que tem apenas um parâmetro (em vez de quatro).

Tendo determinado que o número de células vivas de levedura em uma amostra segue a distribuição de Poisson, Gosset foi capaz de criar regras e métodos de medição que levaram a taxas de concentração de células de levedura mais exatas. Usando os métodos de Gosset, a Guinness passou a fabricar um produto muito mais consistente.

O nascimento do "Student"

Gosset queria publicar esse resultado em uma revista apropriada. A distribuição de Poisson (ou a fórmula para ela) era conhecida havia mais de 100 anos, e no passado tinham sido feitas tentativas de encontrar exemplos dela na vida real. Uma dessas tentativas envolvia contar quantos soldados do Exército prussiano morriam por levar coices de cavalos. Em sua contagem de células de levedura, Gosset tinha um exemplo claro e também uma importante aplicação da nova ideia de distribuições estatísticas. Publicações de funcionários, no entanto, contrariavam a política da Guinness. Alguns anos antes, um mestre cervejeiro da empresa escrevera um artigo em que revelava os componentes secretos de um dos processos de fazer cerveja. Para evitar a perda adicional dessa valiosa propriedade da companhia, a Guinness proibira os funcionários de publicar qualquer coisa sobre o tema.

Gosset estabelecera uma boa relação com Karl Pearson, um dos editores da *Biometrika* na época, e este estava impressionado com a grande capacidade matemática de Gosset – que em 1906 convenceu seus empregadores de que as novas ideias matemáticas eram úteis para uma companhia cervejeira e pediu licença de um ano para estudar com Pearson no laboratório biométrico de Galton. Dois anos antes, quando Gosset descrevera seus resultados com a levedura, Pearson ficara ansioso por divulgá-los na revista. Decidiram então publicar o artigo usando um pseudônimo. Essa primeira descoberta de Gosset foi publicada por um autor identificado somente como Student.

Durante os 30 anos seguintes, Student escreveu uma série de textos extremamente importantes, a maioria deles publicada na *Biometrika*. Em certo momento, a família Guinness descobriu que seu "querido senhor Gosset" vinha secretamente escrevendo e publicando textos científicos, contrariando a política da companhia. A maior parte da atividade matemática do Student era desenvolvida em casa, depois de seu horário de trabalho, e sua ascensão na companhia a posições de maior responsabilidade mostrava que a Guinness não era prejudicada pela produção extracurricular de Gosset. Segundo uma história apócrifa, a família Guinness tomou conhecimento desse fato quando Gosset sucumbiu a súbito e fatal infarto, em 1937, e seus amigos matemáticos contataram a empresa para ajudar a pagar os custos de impressão de seus artigos reunidos em um único volume. Seja isso verdade ou não, fica evidente nas memórias do estatístico norte-americano Harold Hotelling – que no final dos anos 1930 queria falar com Student – que foram arranjados os encontros secretos, dignos de mistérios de espionagem. Isso sugere que a verdadeira identidade de Student ainda era segredo para a companhia Guinness. Os textos do Student publicados em *Biometrika* estavam na interseção entre teoria e aplicação, pois Gosset ia de problemas altamente práticos a difíceis formulações matemáticas, e de volta à realidade prática, sugerindo soluções que outros seguiriam.

Apesar de suas grandes realizações, Gosset era um homem despretensioso. Em suas cartas encontram-se com frequência expressões como "minhas próprias investigações [fornecem] apenas uma ideia geral sobre a coisa", ou protestos de que ele dera crédito excessivo a alguma descoberta quando "Fisher na verdade resolveu todos os cálculos". Gosset é lembrado como um colega amável e pensativo, sensível aos problemas emocionais dos outros. Quando morreu, aos 61 anos, deixou sua esposa, Marjory (uma atleta vigorosa que foi capitã do time feminino inglês de hóquei), um filho, duas filhas e um neto. Seus pais ainda estavam vivos.

O teste *t* de Student

No pior dos casos, todos os cientistas já estariam em dívida com Gosset por um pequeno e notável texto intitulado "The Probable Error of the Mean", publicado em *Biometrika* em 1908. Foi Ronald Aylmer Fisher quem apontou as implicações gerais desse artigo notável. Para Gosset, houve um problema específico a resolver, e ele o enfrentava à noite, em sua casa, com cuidado e a habitual paciência. Tendo descoberto uma solução, submeteu-a a outros dados, reexaminou os resultados, verificou se teria deixado escapar qualquer diferença sutil, considerou quais suposições teria de fazer, calculou e recalculou sua descoberta. Gosset se antecipou às modernas técnicas computadorizadas de Monte Carlo, em que um modelo matemático é simulado diversas vezes para determinar as distribuições de probabilidades a ele associadas. No entanto, Gosset não tinha computador; somava os números, tirando médias de centenas de exemplos e anotando as frequências resultantes – tudo a mão.

O problema específico que Gosset enfrentou tratava de amostras pequenas. Karl Pearson calculara os quatro parâmetros de uma distribuição acumulando milhares de medições de uma só distribuição e presumia que as estimativas resultantes dos parâmetros eram corretas em função das grandes amostras que usara. Fisher iria provar que Pearson estava errado. Na experiência de Gosset, o cientista raramente poderia contar com grandes amostras. Mais típico era um experimento com cerca de 10 a 20 observações. Além disso, ele reconhecia isso como algo rotineiro em todas as ciências. Em uma de suas cartas a Pearson, ele escreveu: "Se sou a única pessoa que você conheceu que trabalha com amostras bastante pequenas, então você é muito singular. Foi sobre esse assunto que tratei com Stratton [um colega da Universidade de Cambridge, onde] ele tinha utilizado como exemplo uma amostra de quatro!"

Todo o trabalho de Pearson presumia que a amostra de dados era tão grande que os parâmetros podiam ser determinados sem erro. Gosset perguntou o que aconteceria se as amostras fossem pequenas. Como podemos lidar com o erro aleatório que está destinado a se imiscuir em nossos cálculos?

40 Uma senhora toma chá...

Sentado em sua cozinha à noite, Gosset tomava pequenos conjuntos de números, encontrava a média e o desvio padrão estimado, dividia um pelo outro e anotava os resultados em papel quadriculado. Encontrou os quatro parâmetros associados a essa razão e os comparou com uma das distribuições assimétricas de Pearson. Sua grande descoberta foi que não é preciso conhecer os valores exatos dos quatro parâmetros da distribuição original. As razões dos valores estimados dos dois primeiros parâmetros (média e desvio padrão) têm uma distribuição de probabilidade que pode ser tabulada. Independentemente de onde vinham os dados ou do valor verdadeiro do desvio padrão, tomar a razão dessas duas estimativas de amostras leva a uma distribuição conhecida.

Como apontaram Frederick Mosteller e John Tukey, sem essa descoberta a análise estatística estaria condenada a usar uma regressão infinita de procedimentos. Sem o t de Student,[2] como a descoberta ficou conhecida, o analista teria de estimar os quatro parâmetros dos dados observados, depois estimar os quatro parâmetros das estimativas dos quatro parâmetros, depois estimar os quatro parâmetros de cada um deles, e assim sucessivamente, sem chance de chegar a um cálculo final. Gosset mostrou que o analista poderia parar no primeiro passo.

A premissa fundamental no trabalho de Gosset foi que o conjunto inicial de medições tinha distribuição normal.* Com o passar dos anos, à medida que os cientistas usavam o t de Student, muitos chegaram a acreditar que essa suposição não era necessária. Eles frequentemente concluíam que o t de Student tinha distribuição igual independentemente de as medições iniciais terem uma distribuição normal ou não. Em 1967, Bradley Efron, da Universidade de Stanford, provou que isso era verdade. Para ser mais exato, ele descobriu as condições gerais em que a premissa da normalidade não se fazia necessária.

Com o desenvolvimento do t de Student, chegamos a uma utilização da teoria da distribuição estatística amplamente difundida nas ciências, mas na qual há profundos problemas filosóficos. É o uso dos chamados "testes de hipótese" ou "testes de significância". Analisaremos isso adiante. Por enquanto, basta-nos observar que Student forneceu uma ferramenta científica que quase todo mundo usa – mesmo que só uns poucos de fato a entendam.

Enquanto isso, o "querido senhor Gosset" tornou-se o intermediário entre dois gênios gigantescos e inimigos, Karl Pearson e Ronald Aylmer Fisher; man-

---

* Uma distribuição normal é aquela simétrica em torno da média, cujo valor representa o ponto central da distribuição. (N.R.T.)

teve relação de amizade com ambos, apesar de frequentemente queixar-se a Pearson de que não entendia o que Fisher lhe escrevia. Sua amizade com Fisher começou quando este ainda era estudante na Universidade de Cambridge. O tutor de Fisher[3] em astronomia os apresentou em 1912, quando Fisher acabara de se tornar *wrangler** (a mais alta honra matemática) em Cambridge. Ele trabalhava em um problema de astronomia e escreveu um artigo no qual redescobriu os resultados do Student, de 1908 – o jovem Fisher obviamente não estava a par do trabalho anterior de Gosset.

Nesse artigo, que Fisher mostrou a Gosset, havia um pequeno erro, que Gosset apontou. Quando voltou para casa, encontrou duas páginas de cálculos detalhados escritas por Fisher. O jovem refizera o trabalho original, ampliando-o e identificando um erro que Gosset cometera. Gosset escreveu a Pearson: "Estou enviando uma carta anexa que fornece uma prova da minha fórmula para a distribuição de frequência do [t de Student] ... Poderia verificá-la para mim? Não me sinto à vontade com mais de três dimensões, mesmo que eu as pudesse entender." Fisher tinha provado os resultados de Gosset usando geometria multidimensional.

Na carta, Gosset explicava que tinha ido a Cambridge encontrar-se com um amigo, também tutor de Fisher no Gonville and Caius College, e fora apresentado ao estudante de 22 anos. Ele observara: "Esse cara, Fisher, apresentou um artigo que fornecia 'um novo critério de probabilidade', ou algo assim. Uma maneira interessante de olhar as coisas, mas, tanto quanto pude compreender, bem impraticável e inaproveitável."

Depois de descrever sua discussão com Fisher em Cambridge, Gosset escreve:

> A isso ele respondeu com duas páginas inteiras cobertas com a mais profunda matemática, nas quais provou [isso é seguido por um grupo de fórmulas matemáticas] ... Não pude entender a coisa e escrevi dizendo que iria estudá-la quando tivesse tempo. Na verdade eu levei as páginas comigo para os Lagos – e as perdi!
>
> Agora ele manda isso para mim. Se estiver tudo certo, talvez você queira colocar a prova em uma nota. É tão agradável e matemático que pode agradar a algumas pessoas...

---

* *Wrangler*: estudante que completou o terceiro ano de matemática com as mais destacadas honras. (N.T.)

Assim, um dos grandes gênios do século XX entrou em cena. Pearson publicou a nota do jovem em *Biometrika*. Três anos mais tarde, depois de uma série de cartas muito condescendentes, Pearson publicou um segundo artigo de Fisher, mas só depois de se assegurar de que seria considerado um pequeno acréscimo a um trabalho feito por um dos colaboradores de Pearson, que nunca mais admitiu em sua revista outro texto de Fisher. Este continuou a encontrar erros em muitas das realizações de Pearson, o que lhe trazia mais orgulho, enquanto os editoriais de Pearson em números posteriores de *Biometrika* frequentemente se referiam a erros cometidos pelo "sr. Fisher" ou por "um aluno do sr. Fisher" em artigos de outras revistas. Tudo isso é matéria para o próximo capítulo. Gosset também reaparecerá adiante. Mentor genial, ele introduziu homens e mulheres mais jovens no novo mundo da distribuição estatística, e muitos de seus alunos e colaboradores foram responsáveis por importantes contribuições para a nova matemática. Apesar de seus modestos protestos, o próprio Gosset forneceu muitas contribuições duradouras à matéria.

4. Revolver um monte de estrume

Ronald Aylmer Fisher tinha 29 anos quando se mudou, com a mulher, três filhos e a cunhada, para uma velha casa de fazenda perto da Estação Agrícola Experimental Rothamsted, ao norte de Londres, na primavera de 1919. Sob muitos aspectos, poderia ser considerado um fracassado. Fora uma criança enferma e solitária, com grave deficiência visual. Para proteger seus olhos míopes, os médicos lhe proibiram de ler com luz artificial. Desde cedo gostava de matemática e aos seis anos fascinou-se com a astronomia. Aos sete já frequentava palestras populares do famoso astrônomo sir Robert Ball.

Fisher matriculou-se em Harrow, renomada "escola pública"[1] onde se destacou em matemática. Como não lhe era permitido usar luz elétrica, seu tutor de matemática lhe dava aulas à noite sem uso de lápis, papel ou qualquer outro recurso visual. Em consequência, Fisher desenvolveu profundo sentido geométrico. Nos anos seguintes, suas perspectivas geométricas excepcionais capacitaram-no a resolver muitos problemas difíceis em estatística matemática. Essas perspectivas lhe eram tão óbvias que muitas vezes falhava em torná-las compreensíveis para os outros. Alguns matemáticos poderiam passar meses ou anos tentando provar algo que Fisher considerava óbvio.

Ingressou em Cambridge em 1909, obtendo o prestigioso título de *wrangler* em 1912. Um estudante de Cambridge transforma-se em *wrangler* depois de passar por uma série de exames extremamente difíceis de matemática, tanto orais como escritos. Essa proeza, alcançada por não mais de um ou dois alunos por ano, não ocorria necessariamente todos os anos. Antes mesmo de se formar, Fisher publicou seu primeiro artigo científico, interpretando complicadas fórmulas iterativas em termos de espaço geométrico multidimensional. Nesse artigo, o que até então fora método de cálculo excessivamente complexo revelava-se simples consequência desse tipo de geometria. Depois de graduado, ele ficou em Cambridge mais um ano, a fim de estudar mecânica estatística e teoria quântica. Por volta de 1913, a revolução estatística chegara à física, e estas eram duas áreas em que as novas ideias estavam suficientemente bem formuladas para gerar trabalhos formais.

O primeiro emprego de Fisher foi no escritório de estatística de uma companhia de investimentos, que ele abandonou subitamente para trabalhar em uma fazenda no Canadá, e então o abandonou de repente para regressar à Inglaterra, no começo da Primeira Guerra Mundial. Apesar de se oferecer para o serviço ativo no Exército, sua visão precária o manteve afastado. Passou os anos de guerra ensinando matemática em uma série de escolas públicas, e cada experiência foi pior que a anterior; não tinha paciência com os alunos que não conseguiam entender o que para ele era óbvio.

Fisher *versus* Karl Pearson

Antes de se formar, Fisher já tivera uma nota publicada na *Biometrika*, como já foi mencionado. Em consequência disso, encontrou Karl Pearson, que o apresentou ao difícil problema de determinar a distribuição estatística do coeficiente de correlação de Galton. Fisher pensou sobre o problema, colocou-o em formulação geométrica e em uma semana tinha a resposta completa. Submeteu-a a Pearson, para publicação em *Biometrika*; Pearson não pôde entender a matemática e enviou o artigo para William Sealy Gosset, que também teve dificuldades em compreendê-lo. Pearson sabia como conseguir soluções parciais para o problema, para casos específicos. Seu método envolvia monumentais quantidades de cálculos, e ele colocava as calculadoras de seu laboratório biométrico para calcular aquelas respostas específicas. Em todo caso, ambos concordaram com a solução mais geral de Fisher.

Ainda assim, Pearson não publicou o artigo de Fisher – pediu-lhe que fizesse algumas alterações e diminuir a generalidade do trabalho; e deixou-o à espera por mais de um ano, enquanto mantinha suas assistentes (as "calculadoras") computando uma longa e extensa tabela de distribuição para valores selecionados de parâmetros. Finalmente publicou o trabalho de Fisher, mas como nota de rodapé de um artigo maior, no qual ele e um de seus assistentes apresentavam essas tabelas. Por conseguinte, para o leitor desavisado, as manipulações matemáticas de Fisher eram mero apêndice ao trabalho computacional mais importante e completo feito por Pearson e seus colaboradores.

Fisher nunca publicou outro artigo em *Biometrika*, embora a revista fosse bem conceituada em seu campo de atuação. Nos anos seguintes, seus artigos apareceram em *Journal of Agricultural Science, The Quarterly Journal of the*

Royal Meteorological Society, The Proceedings of the Royal Society of Edinburgh e *Proceedings of the Society of Psychical Research*, todas publicações não habitualmente associadas à pesquisa matemática. De acordo com algumas pessoas que conheceram Fisher, tais escolhas foram feitas em função de Pearson e seus amigos terem efetivamente mantido Fisher fora da corrente principal da pesquisa matemática e estatística. De acordo com outras, ele se teria sentido rejeitado pela atitude soberba de Pearson e pelo fracasso na tentativa de publicar um artigo semelhante no *Journal of the Royal Statistical Society* (a prestigiada concorrente de *Biometrika*), e começou a procurar aquelas publicações, algumas vezes pagando-lhes para que o artigo fosse aceito.

Fisher, "o fascista"

Alguns desses primeiros artigos de R.A. Fisher são altamente matemáticos. O texto sobre coeficiente de correlação que Pearson finalmente publicou é denso, com muitas notações matemáticas. Uma página típica tem mais da metade coberta de fórmulas matemáticas. Também há artigos em que a matemática não aparece. Em um deles, Fisher discute como a teoria de Darwin de adaptação randômica é adequada para explicar as estruturas anatômicas mais sofisticadas. Em outro, especula sobre a evolução da preferência sexual. Uniu-se ao movimento eugênico e, em 1917, publicou um editorial na *Eugenics Review*, pedindo uma política nacional de planejamento para "aumentar a taxa de nascimento nas classes profissionais e entre os artesãos mais habilidosos" e desencorajar os nascimentos entre as classes inferiores. Argumenta nesse texto que as políticas governamentais de previdência social para os pobres os encoraja a procriar e passar seus genes para a próxima geração, enquanto as preocupações da classe média com a segurança econômica levam ao adiamento de casamentos e a famílias de tamanho limitado.

Fisher temia que a nação selecionasse os genes "mais pobres" para futuras gerações e dispensasse os "melhores". A questão da eugenia – movimento para melhorar o estoque genético humano pela criação seletiva – iria dominar as opiniões políticas de Fisher. Durante a Segunda Guerra Mundial, ele seria falsamente acusado de fascista e afastado de qualquer trabalho relacionado à guerra.

A política de Fisher contrasta com as visões políticas de Karl Pearson, que flertou com o socialismo e o marxismo, cujas simpatias voltavam-se para os oprimidos e que amava desafiar as entrincheiradas classes "superiores". Enquanto as visões políticas de Pearson tiveram pouco efeito óbvio em seu trabalho científico, a preocupação de Fisher com a eugenia levou-o a colocar ênfase na matemática genética. Começando com as (então) novas ideias de que as características específicas de uma planta ou animal podem ser atribuídas a um único gene, que existiria em duas formas possíveis, Fisher foi muito além do trabalho de Gregor Mendel,[2] mostrando como estimar os efeitos de genes vizinhos, uns sobre os outros.

A ideia de que existem genes que governam a natureza da vida é parte da revolução estatística na ciência. Observamos características de plantas e animais que são chamadas de "fenótipos", mas postulamos que esses fenótipos são o resultado de interações entre genes com diferentes probabilidades de interação. Procuramos descrever a distribuição de fenótipos em termos desses genes subjacentes e invisíveis. No final do século XX, os biólogos identificaram a natureza física desses genes como segmentos da molécula hereditária, o DNA. Podemos ler esses genes para determinar que proteínas eles instruem as células a produzir, e falamos disso como eventos reais. Mas o que observamos é ainda uma distribuição de possibilidades, e os segmentos de DNA que chamamos de genes são imputados a partir dessa distribuição.

Este livro lida com a revolução estatística geral, na qual R.A. Fisher teve importante papel. Ele se orgulhava de suas realizações como geneticista, e cerca de metade de sua produção lida com a genética. Neste momento abandonamos Fisher, o geneticista, e passamos a observar Fisher em termos do desenvolvimento de técnicas e ideias estatísticas gerais. Os germes dessas ideias podem ser encontrados em seus primeiros artigos, mas foram mais completamente desenvolvidos enquanto ele trabalhava em Rothamsted, durante os anos 1920 e início dos anos 1930.

Métodos estatísticos para pesquisadores

Apesar de ignorado pela comunidade matemática naquela época, Fisher produziu artigos e livros que influenciaram enormemente os cientistas que trabalhavam com agricultura e biologia. Em 1925, publicou a primeira das 14 edições em língua inglesa de *Statistical Methods for Research Workers*, que também foi traduzido para o francês, alemão, italiano, japonês, espanhol e russo.

Statistical Methods for Research Workers era diferente de qualquer livro de matemática anterior. Habitualmente nos livros de matemática há teoremas e provas desses teoremas, ideias abstratas são desenvolvidas, generalizadas e relacionadas com outras ideias abstratas. Se existem aplicações nesses livros, elas só aparecem depois que a matemática tenha sido totalmente descrita e provada. *Statistical Methods for Research Workers* começa com a discussão sobre como criar um gráfico a partir de números e como interpretar esse gráfico. O primeiro exemplo, que aparece na terceira página, mostra o peso de um bebê, semana a semana, durante as 13 primeiras semanas de vida. O bebê era George, o primogênito de Fisher.

Os capítulos seguintes descrevem como analisar dados, apresentando fórmulas, exemplos, interpretando os resultados desses exemplos e avançando para outras fórmulas. Nenhuma das fórmulas é desenvolvida matematicamente. Todas aparecem sem justificativa ou prova. Frequentemente são apresentadas com detalhes técnicos de como as implementar com uma calculadora mecânica, mas não se fornece prova alguma.

Apesar da falta de matemática teórica, ou talvez por causa disso, o livro rapidamente foi adotado pela comunidade científica e supriu uma séria necessidade. Podia ser entregue a um técnico de laboratório com um mínimo de treino matemático, e esse técnico saberia usá-lo. Os cientistas que dele lançaram mão consideraram corretas as afirmações de Fisher. Os matemáticos que o examinavam olhavam de soslaio para as audaciosas afirmações sem prova, e muitos se perguntavam como ele teria chegado àquelas conclusões.

Durante a Segunda Guerra Mundial, o matemático sueco Harald Cramér, isolado da comunidade científica pelo conflito, passou semanas examinando esse livro e os artigos publicados por Fisher, preenchendo os espaços vazios de provas e demonstrando provas quando nenhuma era indicada. Em 1945, ele escreveu um livro chamado *Mathematical Methods of Statistics*, apresentando provas formais para a maior parte do que Fisher escrevera. Cramér teve de escolher entre as várias vertentes daquele gênio fértil, e grande parte da produção de Fisher não estava incluída no livro. O texto de Cramér foi utilizado para formar uma geração de novos matemáticos e estatísticos, e sua versão do livro de Fisher tornou-se o padrão na área. Nos anos 1970, L.J. Savage, na Universidade Yale, retornou aos artigos originais de Fisher e descobriu quanto Cramér deixara de abordar; ele ficou surpreso ao verificar que Fisher antecipara trabalhos posteriores de outros matemáticos e resolvera problemas julgados sem solução nos anos 1970.

Tudo isso, porém, ainda era futuro em 1919, quando Fisher abandonou sua fracassada carreira de professor de escola pública. Ele acabara de concluir uma obra monumental, combinando o coeficiente de correlação de Galton e a teoria genética da hereditariedade mendeliana. O artigo fora rejeitado pela Royal Statistical Society e por Pearson, em *Biometrika*. Fisher soube que a Royal Society de Edimburgo procurava textos para publicar na revista *Transactions*, mas que os autores deveriam arcar com o custo de publicação. Assim, teve de pagar para ver seu próximo grande trabalho matemático publicado em uma revista obscura.

Nesse momento, ainda impressionado pelo jovem Fisher, Karl Pearson ofereceu-lhe a contratação como estatístico-chefe no laboratório biométrico de Galton. A correspondência entre os dois era cordial, embora fosse óbvio para Fisher o fato de Pearson ser enérgico e dominador: seu estatístico-chefe estaria, no máximo, empenhado em cálculos detalhados ditados por Pearson.

Rothamsted e experimentos agrícolas

Fisher também fora contatado por sir John Russell, chefe da Estação Experimental Agrícola de Rothamsted, criada por um fabricante britânico de fertilizantes, em uma velha fazenda que pertencera aos donos originais da empresa. O solo argiloso não era particularmente adequado para o crescimento de nenhuma cultura, mas os donos tinham descoberto como combinar pedras esmagadas com ácido para produzir o que se conhecia como Superfosfato. Os lucros da produção de Superfosfato foram utilizados para montar uma estação experimental a fim de desenvolver novos fertilizantes artificiais.

Durante 90 anos a estação fez "experimentos", testando diferentes combinações de sais minerais e linhagens de trigo, centeio, cevada e batata. Isso criara um enorme depósito de dados, registros diários exatos de chuva e temperatura, registros semanais de preparações de fertilizantes, medidas do solo e registros anuais de colheitas – tudo isso preservado em diários de anotações encadernados em couro. A maioria desses experimentos não produziu resultados consistentes, mas as anotações tinham sido cuidadosamente armazenadas nos arquivos da Estação.

Diante daquela vasta coleção de dados, sir John decidiu que talvez pudesse contratar alguém para ver o que havia ali, fazendo uma análise estatística daqueles registros. Pediu informações, e alguém recomendou Ronald Aylmer Fisher. Não podendo pagar mais nem garantir que o emprego durasse mais de um ano, sir John ofereceu a Fisher um contrato de um ano por mil libras.

Fisher aceitou a oferta de Russell e levou sua esposa, os três filhos e a cunhada para a área rural ao norte de Londres. Alugou uma fazenda ao lado da Estação Experimental, onde sua mulher e a cunhada cuidavam de uma horta e da casa. Calçou suas botas e caminhou, pelos campos, até a estação e seus 90 anos de dados, a fim de empenhar-se no que chamaria mais tarde de "revolver um monte de estrume".

5. "Estudos da variação de safras"

No começo de minha carreira como bioestatístico, em uma de minhas viagens à Universidade de Connecticut, em Storrs, para discutir minhas dificuldades, o professor Hugh Smith me deu um presente: a cópia de um artigo intitulado "Estudos da variação de safras III. A influência da precipitação pluviométrica na produção de trigo em Rothamsted". O artigo tinha 53 páginas e era o terceiro de uma série de notáveis textos matemáticos, o primeiro dos quais apareceu no *Journal of Agricultural Science*, vol.XI, em 1921. A variação de resultados é a maldição do cientista experimental e também o material básico para os métodos estatísticos. A palavra *variação* raramente é usada na moderna literatura científica, tendo sido substituída por outros termos – como, por exemplo, "variância" – que se referem a parâmetros específicos de distribuições.

Variação é um termo muito vago para o uso científico comum, mas foi apropriado nessa série de artigos porque o autor usou a variação no rendimento das safras de ano a ano e de campo a campo como ponto de partida do qual derivar novos métodos de análise.

A maioria dos artigos científicos tem longas listas de referências no final, identificando textos anteriores tratando dos problemas discutidos. "Estudos da variação de safras I", o primeiro dessa série, tinha apenas três referências: a primeira indicava uma tentativa fracassada, feita em 1907, para correlacionar a precipitação da chuva e o crescimento do trigo; a segunda, em alemão, de 1909, descrevia um método de calcular o valor mínimo de uma complicada fórmula matemática; e a terceira era um conjunto de tabelas publicado por Karl Pearson. Não havia artigos prévios lidando com a maioria dos tópicos incluídos nessa notável série. Os "Estudos da variação das safras" eram *sui generis*. Os créditos diziam: R.A. Fisher, M.A., Laboratório Estatístico, Estação Agrícola Experimental Rothamsted, Harpenden.

Em 1950, o editor John Wiley perguntou a Fisher se ele poderia fazer uma coletânea de seus mais importantes artigos publicados. O livro, intitulado *Contributions to Mathematical Statistics*, começa com uma foto de Fisher à época, de cabelos brancos, lábios firmemente fechados, gravata levemente torta, barba branca não muito bem aparada, identificado como R.A. Fisher, Departamento de Genética, Universidade de Cambridge. "Estudos da variação das safras I" é o terceiro artigo do livro, precedido por pequena nota do autor, acentuando sua importância e seu lugar nos trabalhos que escrevera:

> Quando o autor iniciou seu trabalho em Rothamsted, dava-se muita atenção aos registros de clima, rendimentos de safras, análise de safras etc. que se haviam acumulado durante a longa história daquela estação de pesquisa. O material era obviamente de valor único para tais problemas, assim como para verificar em que extensão as leituras meteorológicas eram capazes de fornecer uma previsão de rendimento das safras seguintes. O presente artigo é o primeiro de uma série devotada a esse fim.

Havia no máximo seis artigos na "série devotada a esse fim". "Estudos da variação de safras II" foi publicado em 1923; o artigo que o professor Smith me deu, intitulado "III A influência da precipitação sobre o rendimento do trigo em Rothamsted", é de 1924. "Estudos da variação das safras IV" surgiu em 1927, e "Estudos da variação das safras VI" foi publicado em 1929. O estudo número V não aparece nos trabalhos selecionados de Fisher. Raramente na história da ciência um conjunto de títulos foi tão pobremente descritivo a respeito da importância do material que continha. Nesses artigos, Fisher desenvolve ferramentas originais para a análise de dados, deriva os fundamentos matemáticos dessas ferramentas, descreve suas extensões a outros campos e as aplica ao "estrume" que encontrou em Rothamsted. Eles mostram brilhante originalidade e estão repletos de fascinantes implicações que mantiveram os teóricos ocupados pelo restante do século XX – e provavelmente continuarão a inspirar outros trabalhos no futuro.

"Estudos da variação de safras I"

Houve outros autores em dois dos últimos artigos na série de Fisher. Em "Estudos da variação de safras I", que exigiu uma quantidade prodigiosa de cálculos, ele trabalhou sozinho; sua única ajuda foi uma máquina de calcular chamada Milionária, primitiva calculadora mecânica, a manivela. Para multiplicar, por exemplo, 3.342 por 27, colocava-se o rolo na posição das unidades, marcava-se o número 3.342 e girava-se a manivela sete vezes. Depois, colocava-se o rolo na posição das dezenas, marcava-se o número 3.342 e girava-se a manivela duas vezes. Chamava-se Milionária porque o rolo era suficientemente grande para acomodar números na casa dos milhões.

Para se ter uma leve ideia do esforço físico envolvido, consideremos a Tabela VII, que aparece na página 123 de "Estudos da variação de safras I". Se levasse um minuto para completar uma simples multiplicação de muitos algarismos, estimo que Fisher necessitou de aproximadamente 185 horas de trabalho para gerar essa tabela. Existem 15 tabelas de complexidade similar e quatro grandes e complicados gráficos no artigo. Só em termos de trabalho físico, deve ter levado pelo menos oito meses com carga horária de 12 horas por dia para preparar as tabelas. Isso não inclui as horas necessárias para elaborar a matemática teórica, organizar os dados, planejar a análise e corrigir os inevitáveis erros.

A generalização da regressão à média de Galton

Lembremos da descoberta de Galton da regressão à média e sua tentativa de encontrar uma fórmula matemática que atrelasse eventos aleatórios uns aos outros. Fisher tomou de Galton a palavra *regressão* e estabeleceu uma relação matemática geral entre o ano e a produção de trigo de um dado campo. A ideia de Pearson da distribuição de probabilidades tornou-se então uma fórmula, relacionando o ano à produção. Os parâmetros dessa distribuição mais complexa descreviam diferentes aspectos da mudança na produção de trigo. Para chegar ao fim da matemática de Fisher é preciso sólido conhecimento de cálculo, bom entendimento da teoria das distribuições de probabilidades e noções de geometria multidimensional. Mas não é muito difícil entender suas conclusões.

Ele dividiu a variação da produção de trigo ao longo do tempo em várias partes. Uma representava a decisiva diminuição geral da produção pela deterioração do solo. Outra, uma mudança lenta, a longo prazo, que levava vários anos em cada fase. A terceira era um conjunto de mudanças mais ágeis levando em conta variações de clima ano a ano. Desde as primeiras tentativas pioneiras de Fisher, a análise estatística de séries temporais tinha adotado suas ideias e métodos. Agora temos computadores que podem fazer os imensos cálculos com algoritmos inteligentes, mas a ideia básica e os métodos permanecem. Dado um conjunto de números ao longo do tempo, podemos separá-lo em efeitos causados por diferentes fontes. A análise de séries temporais tem sido usada para examinar a frequência de ondas nas costas do Pacífico, nos Estados Unidos, e assim identificar tempestades no oceano Índico. Esses métodos capacitaram os pesquisadores para distinguir entre explosões nucleares subterrâneas e terremotos, apontar aspectos patológicos de batidas do coração, quantificar o efeito das regulamentações ambientais na qualidade do ar – e seus usos continuam a se multiplicar.

Fisher estava intrigado com sua análise de grãos colhidos de um campo chamado Broadbalk, no qual só fora usado estrume animal natural, e assim a variação de rendimento de ano a ano não era resultado de fertilizantes experimentais. A deterioração a longo prazo fazia sentido, porque conforme se esgotavam os nutrientes do estrume, ele pôde identificar os efeitos de diferentes padrões pluviométricos nas mudanças de ano a ano. Qual era a fonte das mudanças lentas? Seu padrão sugeria que em 1876 a produção tinha começado a se deteriorar mais do que era de esperar, considerando os outros aspectos, e se tornara ainda mais rápida depois de 1880. Houve melhora a partir de 1894 até 1901, seguida de queda.

Fisher encontrou outro registro também com mudança lenta, mas com padrão invertido. Era a infestação por ervas daninhas no campo de trigo. Depois de 1876, ela tornou-se ainda mais intensa, com o estabelecimento de novas variedades de espécies perenes. Então, em 1894, as ervas daninhas começaram subitamente a diminuir e só voltaram a florescer outra vez em 1901.

Acontece que, antes de 1876, costumava-se empregar garotos para arrancar as ervas daninhas dos campos. Era comum naquela época ver, nos campos da Inglaterra, durante o período da tarde, crianças cansadas em meio ao trigo e a outros grãos, arrancando regularmente as ervas daninhas. Em 1876, a Lei da Educação (Education Act) tornou o comparecimento à escola compulsório, e as legiões de meninos começaram a desaparecer dos campos. Em 1880, uma segunda Lei da Educação previa penalidades para as famílias que mantivessem suas crianças fora da escola, e os últimos garotos abandonaram os campos. Sem os pequenos dedos para arrancá-las, as ervas daninhas começaram a florescer.

O que aconteceu em 1894 para reverter essa tendência? Havia um colégio interno para meninas na vizinhança de Rothamsted. O novo diretor, sir John Lawes, acreditava na atividade física ao ar livre para melhorar a saúde de suas jovens pupilas. E fez com o diretor da Estação Agrícola Experimental o acordo de levar as meninas aos campos para arrancar as ervas daninhas aos sábados e durante as tardes. Depois da morte de sir John, em 1901, as meninas retornaram às atividades sedentárias e em ambientes fechados, e as ervas daninhas voltaram a crescer em Broadbalk.

Experimentos randomizados controlados

O segundo estudo sobre variação de safras também apareceu em *Journal of Agricultural Science*, em 1923. Esse não lida com dados acumulados de experiências passadas em Rothamsted; em vez disso, descreve um conjunto de experimentos a respeito dos efeitos de diferentes misturas de fertilizantes sobre diferentes variedades de batata. Algo notável acontecera com os experimentos em Rothamsted desde a chegada de Fisher. Não se aplicava mais um único experimento em um campo inteiro. Agora separava-se o campo em pequenos lotes; cada lote era subdividido em fileiras de plantas, e cada fileira recebia um tratamento diferente.

A ideia básica era simples – isto é, simples depois que foi proposta por Fisher. Ninguém pensara nisso antes. É óbvio para qualquer um que observe um campo de grãos que algumas partes são melhores que outras. Em alguns locais, as plantas crescem altas e carregadas de grãos. Em outros, são fracas e irregulares. Isso pode ser atribuído à forma como a água é drenada, a mudanças no tipo de solo, à presença de nutrientes desconhecidos, a blocos de ervas perenes ou a alguma outra força não prevista. Se o cientista agrícola quer testar a diferença entre dois componentes de fertilizante, ele pode colocar um componente em um lugar do campo e outro em outra parte. Isso confundirá os efeitos dos fertilizantes com os efeitos atribuídos às propriedades do solo ou da drenagem. Se os testes são feitos nos mesmos campos, mas em diferentes anos, os efeitos dos fertilizantes são confundidos com mudanças de clima de ano a ano.

Se os fertilizantes são comparados um ao lado do outro e no mesmo ano, então as diferenças de solo serão minimizadas. Elas ainda estarão ali, já que as plantas tratadas não estão exatamente no mesmo solo. Se usarmos muitos desses pares, as diferenças do solo se anularão em certo sentido. Suponhamos que queiramos comparar dois fertilizantes, um com o dobro de fósforo do outro. Dividimos o campo em pequenos lotes, cada um com duas fileiras de plantas. Sempre colocamos o fósforo extra na fileira norte de plantas e tratamos a fileira sul com a outra mistura. Posso ouvir alguém dizer que eles não se "anularão" se o gradiente de fertilidade do solo corre de norte a sul, pois a fileira norte em cada bloco terá um solo ligeiramente melhor que a fileira sul.

Nós alternaremos então. No primeiro bloco, o fósforo extra estará na fileira norte. No segundo bloco, na fileira sul, e assim sucessivamente. Se um de meus leitores desenhar um mapa do campo e colocar a letra X para indicar as fileiras com fósforo extra, vai concluir que se o gradiente de fertilidade corre de noroeste a sudeste as fileiras com fósforo extra terão melhor solo que as outras. Outra pessoa dirá que se o gradiente correr de nordeste a sudoeste o oposto é válido. Bem, perguntará outro leitor, como ficamos? Como corre o gradiente de fertilidade? Respondemos que ninguém sabe. O conceito de gradiente de fertilidade é abstrato. O padrão real de fertilidade pode correr para cima e para baixo de modo complexo à medida que vamos de norte a sul e de leste a oeste.

Posso imaginar essas discussões entre os cientistas de Rothamsted, uma vez que Fisher assinalou que estabelecer os tratamentos dentro de blocos pequenos permitiria uma experimentação mais cuidadosa. Posso imaginar as discussões sobre como determinar o gradiente de fertilidade, enquanto Fisher se senta e sorri, deixando-os se embrenhar cada vez mais em complicadas construções. Ele já havia considerado essas questões e tinha uma resposta simples. Ele tira o cachimbo da boca – quem o conheceu o descreve sentado, silenciosamente tirando baforadas de seu cachimbo, enquanto os argumentos esquentavam à sua volta, esperando o momento em que pudesse introduzir sua resposta – e diz: "randomização".

A análise da variância de Fisher

É simples. O cientista designa os tratamentos de modo aleatório, randômico, a diferentes filas dentro de um bloco. Já que a ordenação aleatória não segue um padrão fixo, qualquer estrutura possível de gradiente de fertilidade vai se anular, na média. Fisher se levanta e começa a escrever rapidamente no quadro-negro, enchendo-o com símbolos matemáticos, os braços em meio a colunas de cálculos, riscando fatores que se cancelam em ambos os lados da equação, e aparecendo com o que provavelmente iria tornar-se a única e mais importante ferramenta da ciência biológica: um método para separar os efeitos de diferentes tratamentos em um experimento científico bem planejado, que Fisher chamou de "análise da variância". Em "Estudos da variação de safras II", a análise da variância aparece pela primeira vez.

As fórmulas para alguns exemplos de análise de variância aparecem em *Statistical Methods for Research Workers*, mas nesse artigo elas são derivadas matematicamente. Não estão trabalhadas com detalhe suficiente para satisfazer um estudioso da matemática. A álgebra exposta é específica para a comparação de três tipos de fertilizantes (estrume), dez variedades de batata e quatro blocos de solo. Algumas horas de trabalho esmerado são necessárias para entender como a álgebra pode ser adaptada para dois fertilizantes e cinco variedades ou para seis fertilizantes e apenas uma variedade. É preciso suar ainda mais matematicamente para entender as fórmulas gerais que funcionariam em todos os casos. Fisher, claro, conhecia as fórmulas gerais; elas lhe eram tão óbvias que ele nem sequer considerava a necessidade de as apresentar.

Não é de admirar que seus contemporâneos ficassem encantados com o trabalho do jovem Fisher!

"Estudos da variação de safras IV" introduz o que Fisher chamou de "análise da covariância". Trata-se de método para eliminar, por fatoração, os efeitos das condições que não são parte do projeto do experimento, mas que estão ali e podem ser medidos. Quando um artigo em uma revista médica descreve o efeito de um tratamento que foi "ajustado para sexo e peso", ele está usando os métodos que Fisher enunciou pela primeira vez nesse texto. "Estudo IV" produz refinamentos na teoria de planejamento de experimentos. "Estudo III", ao qual o professor Smith me apresentou, será discutido mais adiante.

Graus de liberdade

Em 1922, Fisher finalmente teve seu primeiro artigo publicado em *Journal of the Royal Statistical Society*: uma pequena nota provando modestamente que uma das fórmulas de Karl Pearson estava errada. Ao escrever sobre o artigo muitos anos depois, Fisher observou:

> Esse pequeno artigo, apesar de todas as suas inadequações juvenis, mesmo assim fez algo para quebrar o gelo. Qualquer leitor que se sinta exasperado pelo seu caráter tentativo e gradual deve lembrar que, para ser publicado, ele teve de passar por críticos que, em primeiro lugar, não acreditavam que o trabalho de Pearson precisasse de correção, e que, se isso tivesse de ser admitido, estavam certos de que eles mesmos o haviam corrigido.

Em 1924, ele pôde publicar um artigo mais longo e mais geral no *Journal of the Royal Statistical Society*. Posteriormente ele comentaria, sobre esse artigo e outro a ele relacionado, em uma revista de economia: "[Aqueles artigos] são tentativas de conciliar, com a ajuda do novo conceito de graus de liberdade, os resultados discrepantes e anômalos observados por diferentes autores."

O "novo conceito de graus de liberdade" era descoberta de Fisher e estava diretamente relacionado com suas visões geométricas e sua capacidade de projetar os problemas matemáticos em termos de geometria multidimensional. Os "resultados anômalos" estavam em obscuro livro publicado em Nova York por alguém de nome T.L. Kelley, que havia encontrado dados para os quais algumas das fórmulas de Pearson não pareciam produzir respostas corretas. Tudo indica que só Fisher teria lido o livro de Kelley, cujos resultados anômalos foram usados como mero trampolim do qual Fisher demoliu inteiramente outra das realizações que mais orgulho davam a Pearson.

"Estudos da variação de safras III"

O terceiro dos estudos de variação de safras apareceu em 1924 em *Philosophical Transactions of the Royal Society of London* e assim começava:

> Na época atual, muito pouco se pode pretender conhecer a respeito dos efeitos do clima sobre a safra das fazendas. A obscuridade do assunto, a despeito de sua imensa importância para uma grande indústria nacional, pode ser atribuída em parte à inerente complexidade do problema ... e ... à falta de dados quantitativos relativos a condições experimentais ou industriais.

Segue-se, então, um magistral artigo de 53 páginas que contém as fundações dos métodos modernos de estatística usados em economia, medicina, química, ciência da computação, sociologia, astronomia, farmacologia – qualquer campo em que se precise estabelecer os efeitos relativos de um grande número de causas interconectadas. Ele contém métodos de cálculo altamente engenhosos (cabe lembrar que Fisher só contava com a Milionária manual para trabalhar) e muitas sugestões inteligentes sobre como organizar os dados para uma análise estatística. Sou eternamente grato ao professor Smith, que me apresentou esse artigo, o qual leio repetidamente e que a cada leitura me ensina algo novo.

O primeiro volume (dos cinco) de *Collected Papers of R.A. Fisher* termina com os artigos que ele publicou em 1924. Quase no final do volume há uma fotografia de Fisher, então com 34 anos: seus braços estão dobrados; a barba bem aparada; os óculos não parecem tão grossos como em fotos anteriores; seu olhar é confiante e seguro. Nos cinco anos anteriores, ele construíra um notável Departamento de Estatística em Rothamsted. Contratou colegas como Frank Yates, que iria, com o estímulo de Fisher, dar importantes contribuições à teoria e à prática da análise estatística. Com algumas poucas exceções, os alunos de Karl Pearson tinham desaparecido. Enquanto trabalhavam no laboratório biométrico, eles ajudavam Pearson sem ser mais do que extensões suas. Com poucas exceções, os alunos de Fisher respondiam ao seu estímulo e abriam, eles mesmos, caminhos brilhantes e originais.

Em 1947, Fisher foi convidado a apresentar uma série de conferências na rádio BBC sobre a natureza da ciência e da investigação científica. Em uma delas, disse:

> Uma carreira científica é peculiar de certas maneiras. Sua razão de ser é o aumento do conhecimento natural. Ocasionalmente, portanto, um aumento do conhecimento natural ocorre. Isso, porém, não demanda tato, e sentimentos podem ser feridos. Pois em algum grau é inevitável que visões previamente expostas se mostrem obsoletas ou falsas. Acho que a maioria das pessoas pode reconhecer isso e aceitar que aquilo que elas vêm ensinando há dez anos ou mais precisa de uma pequena revisão; contudo, alguns sem dúvida acharão difícil aceitar, como um golpe em seu amor-próprio, ou mesmo como uma invasão do território que julgavam ser exclusivamente seu, e devem reagir com a mesma ferocidade que vemos nos papos-roxos e tentilhões-de-peito-rosa, nesses dias de primavera, quando sentem uma intrusão em seus pequenos territórios. Acho que não se pode fazer nada a esse respeito; é inerente à natureza de nossa profissão. Mas deve-se aconselhar e avisar o jovem cientista de que, quando tiver uma joia a oferecer para o enriquecimento da humanidade, alguns certamente desejarão cercá-lo e despedaçá-lo.

6. "O dilúvio de 100 anos"

O que pode ser mais imprevisível que o "dilúvio de 100 anos", a enchente que desce um rio com tamanha ferocidade que só acontece uma vez em cada século? Quem se pode preparar para tal evento? Como estimar a altura das águas de uma enchente que acontece com tão pouca frequência? Se os modelos estatísticos da ciência moderna lidam com a distribuição de muitas informações, o que eles podem fazer pelo problema do dilúvio que nunca foi visto ou que, se ocorreu, foi visto apenas uma vez? L.H.C. Tippett encontrou a solução.

Leonard Henry Caleb Tippett nasceu em 1902, em Londres, e estudou física no Imperial College, formando-se em 1923. Declarou ter sido atraído pela física em razão da "insistência dessa ciência em medições exatas ... e seu enfoque disciplinado sobre as controvérsias científicas atuais". Lembrando seu entusiasmo juvenil, continuou: "Nós tendíamos a pensar que uma hipótese podia ser certa ou errada, e considerávamos o experimento crucial o principal instrumento para fazer avançar o conhecimento." Quando teve oportunidade de fazer experimentos, descobriu que os resultados das experiências nunca concordavam exatamente com o que a teoria havia previsto. Segundo sua própria experiência, "achou melhor aprimorar a técnica de amostragem [aqui ele se refere às distribuições estatísticas] do que descartar a teoria". Tippett entendeu que sua bem-amada teoria só fornecia informação sobre parâmetros, e não sobre observações individuais.

Dessa forma, L.H.C. Tippett (como é identificado nos artigos que publicou) ligou-se à revolução estatística por seu próprio entendimento da experimentação. Depois da graduação, empregou-se como estatístico na Associação de Pesquisa da Indústria Inglesa do Algodão, conhecida como Instituto Shirley, onde se tentava melhorar a manufatura do fio de algodão e do tecido pelo uso de métodos científicos modernos. Um dos problemas mais difíceis lidava com a força de um fio de algodão recém-fiado. A tensão necessária para romper o fio diferia enormemente de um fio para outro, mesmo quando fiados em circunstâncias idênticas. Tippett fez algumas experiências cuidadosas, examinando fios ao microscópio depois de submetê-los a diferentes níveis de tensão. Ele descobriu que o corte do fio dependia da força de sua fibra mais fraca.

A fibra mais fraca? Como se modelaria a matemática da força da fibra mais fraca? Incapaz de resolver o problema, Tippett pediu, e lhe foi concedido, um ano de licença em 1924, para estudar sob a orientação de Karl Pearson, no laboratório biométrico de Galton, no University College, em Londres. A respeito dessa experiência, Tippett escreveu:

> A temporada no University College foi emocionante. Karl Pearson era um grande homem, e nós sentíamos sua grandeza. Ele era trabalhador e entusiasta, inspirava sua equipe e seus alunos. Quando estive ali, ele ainda fazia pesquisa e chegava para as conferências cheio de ânimo e entusiasmo, trazendo resultados quentes de sua mesa de trabalho. O fato de que naqueles anos suas linhas de pesquisa estivessem um pouco antiquadas não tornava as conferências menos estimulantes. ... Típico da amplitude de seus interesses era que um dos cursos fosse sobre "A história da estatística nos séculos XVII e XVIII". ... Ele era vigorosamente controvertido, ... e uma série de publicações que distribuía se chamava "Perguntas do dia e da briga". ... A influência do vigoroso e controvertido passado estava no ambiente. As paredes do departamento eram adornadas com lemas e charges. ... Havia uma ... charge de "Spy", que era uma caricatura de "Soapy Sam" – o bispo Wilberforce que tivera o famoso duelo verbal com T.H. Huxley sobre darwinismo na reunião da Associação Britânica, em 1860. Havia uma exposição de publicações feitas nas últimas décadas, e uma ideia dos interesses do departamento transparecia em títulos como "Treasury of Human Inheritance (Pedigrees of Physical, Psychical and Pathological Characters in Man)" e "Darwinism, Medical Progress and Eugenics". K.P. nos lembrou sua ligação próxima com Galton no jantar anual do departamento, quando fez uma descrição do trabalho do ano sob a forma de relatório que teria entregue a Galton se ele estivesse vivo. E nós brindamos ao "biométrico morto".

Esse era Karl Pearson nos anos finais de sua vida ativa, antes que o trabalho de R.A. Fisher e do próprio filho de Pearson lançasse a maior parte de seu esforço científico na lata de lixo das ideias esquecidas.

Apesar da animação do laboratório de Pearson e de todo o conhecimento matemático que Tippett desenvolveu enquanto ali esteve, o problema da distribuição da força para a fibra mais fraca permaneceu sem solução. Depois que regressou ao Instituto Shirley, Tippett encontrou uma dessas simples verdades lógicas que jazem sob algumas das grandes descobertas matemáticas: descobriu uma equação aparentemente simples que iria conectar a distribuição de valores extremos à distribuição de dados da amostra.

Ser capaz de escrever uma equação e conseguir resolvê-la são questões bem diferentes. Ele consultou Pearson, que não pôde ajudá-lo. Nos 75 anos anteriores, a engenharia tinha desenvolvido uma grande coleção de equações e suas soluções, disponíveis nos grandes compêndios. Em nenhum deles Tippett achou sua equação.

Ele fez o que faria um estudante de álgebra fraco do ensino médio. Chutou uma resposta – e ela resolveu a equação. Seria a única solução? Seria de fato a resposta "correta" para seu problema? Ele consultou R.A. Fisher, que foi capaz de desenvolver o palpite de Tippett, forneceu duas outras soluções e demonstrou que essas eram as únicas; elas são conhecidas como as "três assíntotas do extremo de Tippett".

A distribuição de extremos

Para que serve conhecer a distribuição de extremos? Ao sabermos como a distribuição de valores extremos se relaciona com a distribuição de valores ordinários, podemos manter um registro da altura das enchentes anuais e prever a altura mais provável do dilúvio de 100 anos. É possível fazer isso porque as medições das enchentes anuais nos dão informação suficiente para estimar os parâmetros das distribuições de Tippett. Assim, o Corpo de Engenheiros do Exército pode calcular a altura dos diques a construir nos rios, e a Agência de Proteção Ambiental pode estabelecer padrões para emissões que controlarão os valores extremos de súbitas nuvens de gases que saem das chaminés industriais. A indústria do algodão foi capaz de determinar aqueles fatores da produção de fio que influenciavam os parâmetros de distribuição de forças para a fibra mais fraca.

Em 1958, Emil J. Gumbel, então professor de engenharia na Universidade de Columbia, publicou o texto definitivo sobre o assunto, chamado *Statistics of Extremes*. Houve algumas contribuições menores à teoria desde então, estendendo os conceitos de situações correlatas, mas o texto de Gumbel oferece a cobertura de tudo que um estatístico precisa saber para lidar com esse assunto. O livro inclui não apenas o trabalho original de Tippett, mas aprimoramentos posteriores feitos na teoria, muitos dos quais trabalho do próprio Gumbel.

Assassinato político

Gumbel tem interessante biografia. No final dos anos 1920 e começo dos 1930, era membro novato de uma universidade alemã. Seus primeiros artigos indicavam tratar-se de homem de grande potencial, mas que ainda não tinha alcançado uma estima elevada. Assim, seu emprego estava longe de ser seguro, e sua capacidade para manter a mulher e os filhos, sujeita ao capricho das autoridades governamentais. Os nazistas comportavam-se agressivamente na Alemanha daquela época. Apesar de oficialmente um partido político, o Nacional-Socialista era na verdade um partido de bandidos. Os camisas-pardas eram uma organização de assassinos que impunham a vontade do partido com ameaças, surras e matanças. Qualquer um que criticasse os nazistas estava sujeito a violento ataque, frequentemente ao ar livre, nas ruas da cidade, para intimidar a população. Um amigo de Gumbel foi assim atacado e morto. Havia muitas testemunhas do assassinato que poderiam supostamente identificar os matadores. No entanto, o tribunal achou que não havia evidência para condená-los, e os camisas-pardas envolvidos foram libertados.

Gumbel estava horrorizado. Compareceu ao julgamento e viu a maneira como o juiz rejeitou todas as evidências e deu seu veredicto arbitrariamente, enquanto os nazistas, na sala do tribunal, soltavam vivas. E começou a examinar outros casos em que os assassinatos tinham sido cometidos abertamente e não se achara culpado, chegando à conclusão de que o Ministério da Justiça fora subvertido pelos nazistas e que muitos juízes eram simpatizantes deles ou estavam em sua folha de pagamento.

Gumbel colecionou uma série de casos, entrevistando as testemunhas e documentando as mentirosas absolvições dos culpados. Em 1922, publicou seus descobrimentos em *Four Years of Political Murder*. Teve de distribuir seu próprio livro, pois muitas livrarias tinham medo de vendê-lo. Enquanto isso, continuava colecionando casos, e em 1928 publicou *Causes of Political Murder*. Tentou criar um grupo político de oposição aos nazistas, mas a maioria de seus colegas universitários estava assustada demais. Até seus amigos judeus tinham medo de unir-se a ele.

Quando os nazistas chegaram ao poder, em 1933, Gumbel estava participando de uma conferência matemática na Suíça; quis voltar imediatamente para a Alemanha a fim de lutar contra o novo governo, mas seus amigos o dissuadiram, provando que ele seria preso e morto logo que cruzasse a fronteira. Nos primeiros dias do regime nazista, antes que o governo fosse capaz de controlar todas as fronteiras, um pequeno número de professores judeus escapou, entre eles o principal probabilista alemão, Richard von Mises, que previra o que estava por acontecer. Os amigos de Gumbel se aproveitaram desse tempo de confusão e também tiraram a família dele da Alemanha. Eles se estabeleceram brevemente na França, mas em 1940 os nazistas ocuparam o país.

Gumbel e sua família fugiram para o sul, para a parte não ocupada da França, administrada por um governo títere instalado pelos nazistas, subserviente às exigências alemãs. Ele estava entre os muitos democratas alemães cujas vidas corriam perigo, já que faziam parte de uma lista de inimigos de Estado a respeito dos quais havia pedidos de extradição nazistas. Entre esses outros refugiados alemães cercados em Marselha estavam Heinrich Mann, o irmão do escritor Thomas Mann, e Lion Feuchtwanger. Violando as regulamentações do Departamento de Estado dos Estados Unidos, o cônsul norte-americano em Marselha, Hiram Bingham IV, começou a emitir vistos de saída para esses refugiados alemães. Apesar de ter sofrido reprimendas de Washington e finalmente ser removido do posto por suas atividades, Bingham conseguiu salvar muitos que certamente enfrentariam a morte se os nazistas tivessem conseguido o que queriam. Gumbel e sua família foram para os Estados Unidos,[1] onde lhe ofereceram emprego na Universidade de Columbia.

Existem diferentes tipos de escritos matemáticos. Alguns textos definitivos são frios e esparsos, apresentando uma sequência de teoremas e provas com pouca ou nenhuma motivação. Em alguns textos, as provas são duras e difíceis, avançando com determinação das hipóteses à conclusão. Existem textos definitivos que estão cheios de provas elegantes, em que o curso da matemática foi reduzido a passos aparentemente simples que se movem sem esforço em direção às conclusões finais. Existe também um número muito pequeno de textos definitivos nos quais os autores tentam fornecer o ambiente e as ideias por trás dos problemas, e nos quais a história do sujeito é descrita, e os exemplos são tirados de situações interessantes da vida real.

Estas últimas características descrevem o livro *Statistics of Extremes*, de Gumbel – apresentação magnificamente lúcida de um assunto difícil, cheia de referências ao desenvolvimento da questão. O primeiro capítulo, intitulado "Aims and Tools", apresenta o assunto e desenvolve a matemática necessária para entender o restante do livro. Só esse capítulo já é uma excelente introdução à matemática da teoria da distribuição estatística. Escrito para ser entendido por alguém sem outra base além do cálculo do primeiro ano do ensino médio, eu o li pela primeira vez depois que fiz doutorado em estatística matemática e muito aprendi com aquele primeiro capítulo. No prefácio, o autor afirma modestamente: "Este livro foi escrito com a esperança, contrária às expectativas, de que a humanidade possa se beneficiar de uma pequena contribuição para o progresso da ciência."

Sua contribuição, entretanto, dificilmente pode ser chamada de "pequena". Ela representa um monumento a um dos grandes professores do século XX. Emil Gumbel foi um desses raros indivíduos que combinam extraordinária coragem à capacidade de comunicar algumas das ideias mais difíceis de forma clara e concisa.

7. Fisher triunfante

A Royal Statistic Society da Inglaterra publica artigos em três revistas e patrocina encontros durante o ano todo, convidando conferencistas para apresentar seus últimos trabalhos. É difícil ter um artigo publicado em uma das revistas: ele deve ser lido no mínimo por dois consultores que o aprovem; o editor associado e o editor principal precisam concordar que o texto representa contribuição significativa para o conhecimento. É ainda mais difícil ser convidado para falar em um encontro, honra reservada às mais eminentes figuras da área.

É costume dessa sociedade promover um debate com a audiência depois das palestras. Membros seletos recebem antecipadamente cópias do artigo a ser apresentado, e assim suas contribuições para a discussão são frequentemente detalhadas e incisivas. *The Journal of the Royal Statistical Society* publica tanto o artigo quanto os comentários dos debatedores. A discussão, como aparece na revista, tem tom muito formal e britânico. O presidente do encontro (ou alguém assim designado) se levanta para fazer uma moção como voto de agradecimento ao conferencista, seguida de comentários. Um membro sênior da sociedade levanta-se então para secundar a moção de agradecimento, e acrescenta seus comentários. Então, um por um, alguns dos mais famosos associados acrescentam os seus comentários. Muitas vezes convidam-se visitantes dos Estados Unidos, da Comunidade Britânica e de outros países, seus comentários são incluídos, e o conferencista responde a eles. Tanto os debatedores quanto o conferencista podem editar suas palavras antes de serem publicadas na revista.

No dia 18 de dezembro de 1934, a honra singular de apresentar um artigo foi concedida ao professor R.A. Fisher, doutor em ciência, F.R.S.* Depois de seu isolamento nos anos 1920, Fisher finalmente tinha sua genialidade reconhecida. Quando o vimos pela última vez (nos capítulos anteriores), seu maior título

---

* Fellow of the Royal Society. (N.T.)

acadêmico era mestre em ciência, e sua "universidade" era uma remota estação experimental nos arredores de Londres. Por volta de 1934, ele acumulara o título adicional de doutor em ciência, e passara a integrar a prestigiosa Royal Society. Agora, finalmente, a Royal Statistical Society concedia-lhe lugar em meio aos líderes da área. Para essa honra, Fisher apresentou um artigo intitulado "The Logic of Inductive Inference". O presidente da sociedade, o professor M. Greenwood, F.R.S., presidia a mesa. O artigo impresso tinha 16 páginas e apresentava sumário muito claro e cuidadosamente construído dos trabalhos mais recentes de Fisher. O primeiro debatedor foi o professor A.L. Bowley, que se levantou para propor um voto de agradecimento. Seus comentários foram:

> Estou contente de ter essa oportunidade para agradecer ao professor Fisher não só o artigo que leu para nós, mas suas contribuições à estatística em geral. Essa é uma ocasião apropriada para dizer que eu e todos os estatísticos com quem me associo apreciamos a enorme quantidade de zelo que ele trouxe para o estudo da estatística, o poder do instrumental matemático, a extensão de sua influência aqui, nos Estados Unidos e em toda parte, e o estímulo que deu ao que acredita ser a correta aplicação da matemática.

Karl Pearson não estava entre os debatedores. Três anos antes, ele se aposentara de seu cargo na Universidade de Londres. Depois da aposentadoria, o laboratório biométrico de Galton, que sob sua liderança se transformara no departamento oficial de biometria da universidade, foi dividido em dois. Ronald Aylmer Fisher foi indicado para presidir o novo Departamento de Eugenia. O filho de Karl Pearson, Egon Pearson, foi nomeado presidente do pequeno Departamento Biométrico, além de encarregado do laboratório biométrico de Galton e editor da revista *Biometrika*. Fisher e o jovem Pearson não tinham bom relacionamento – por culpa de Fisher, que tratava Egon Pearson com óbvia hostilidade. Esse homem gentil sofreu com a antipatia de Fisher por seu pai e pela posterior antipatia de Fisher por Jerzy Neyman, cuja colaboração com Egon Pearson será descrita no Capítulo 10. No entanto, o jovem Pearson era muito respeitoso e tinha alto apreço pelo trabalho de Fisher. Anos mais tarde, ele declarava que se acostumara havia muito tempo com o fato de Fisher nunca mencionar seu nome em publicações. Apesar dessas tensões e de algumas disputas jurídicas entre os dois departamentos, Fisher e Egon Pearson mandavam seus alunos assistirem às conferências um do outro, e se abstiveram de disputas públicas.

Karl Pearson, a essa altura conhecido pelos estudantes como "o velho", tinha um único assistente de pós-graduação, e permitiram-lhe manter um escritório em edifício longe daquele que acomodava os dois departamentos e o Laboratório Biométrico. Churchill Eisenhart, que viera dos Estados Unidos para estudar durante um ano com Fisher e Egon Pearson, quis conhecer Karl Pearson, mas seus colegas estudantes e os membros da faculdade o desencorajaram. Por que, eles perguntavam, alguém desejaria conhecer Karl Pearson? O que ele tinha a oferecer às estimulantes novas ideias e aos métodos que fluíam da prolífica mente de R.A. Fisher? Para seu pesar, Eisenhart nunca visitou Karl Pearson durante sua estada em Londres. Pearson morreria naquele ano.

A visão fisheriana *versus* a visão pearsoniana da estatística

Uma diferença filosófica separava os enfoques de Karl Pearson e Fisher sobre as distribuições. Para Pearson, as distribuições estatísticas descreviam as verdadeiras coleções de dados que ele iria analisar. Para Fisher, a verdadeira distribuição é fórmula matemática abstrata, e os dados coletados só podem ser usados para estimar os parâmetros da verdadeira distribuição. Já que todas essas estimativas incluirão um erro, Fisher propôs ferramentas de análise que minimizassem o grau de erro ou que produzissem respostas mais próximas da verdade com frequência superior a qualquer outra ferramenta. Nos anos 1930, Fisher parecia ter vencido o debate. Nos anos 1970, a visão pearsoniana ressurgiu. Na época em que escrevo, a comunidade estatística está dividida sobre a questão, ainda que Pearson dificilmente reconheceria os argumentos de seus herdeiros intelectuais. A cabeça matemática de Fisher fizera desaparecer muitos dos vestígios de confusão que impediam Pearson de ver a natureza subjacente de suas perspectivas, e os posteriores renascimentos do enfoque de Pearson tiveram de lidar com o trabalho teórico de Fisher. Em vários pontos deste livro examino essas questões filosóficas, porque existem alguns problemas sérios na aplicação de modelos estatísticos à realidade. Este é um desses pontos.

Pearson considerava a distribuição de medições algo real. Em seu enfoque, havia um número grande, porém finito, de medições necessárias para uma dada situação. Idealmente, o cientista iria coletar todas essas medições e determinar os parâmetros de sua distribuição. Se isso não fosse possível, coletava-se um subconjunto delas, bastante grande e representativo. Os parâmetros computados com base naquele grande e representativo subconjunto seriam os mesmos que os da coleção inteira. Além disso, os métodos matemáticos usados para computar os valores dos parâmetros para a coleção inteira poderiam ser aplicados ao subconjunto representativo para calcular os parâmetros sem erro sério.

Para Fisher, as medições eram uma amostra aleatória do conjunto de todas as medições possíveis. Por conseguinte, qualquer estimativa de um parâmetro baseada naquela amostra aleatória seria ela mesma aleatória e teria distribuição de probabilidade. Para manter essa ideia separada da noção de parâmetro subjacente, Fisher chamou essa estimativa de "estatística". A terminologia moderna frequentemente chama-a de "estimador". Suponhamos que temos dois métodos de derivar uma estatística que estima um dado parâmetro. Por exemplo, o professor que quer determinar quanto conhecimento um aluno tem (o parâmetro) aplica um grupo de testes (medições) e faz a média (estatística). Seria "melhor" tomar a mediana como estatística, ou tomar a média das notas mais alta e mais baixa do grupo de testes, ou, "melhor" ainda, deixar de fora as notas mais alta e mais baixa e usar a média dos outros testes?

Já que a estatística é aleatória, não faz sentido falar sobre quão exato é um único valor que ela assume. É a mesma razão pela qual não faz sentido falar sobre uma única medição e perguntar quão exata ela é. É preciso um critério que dependa da distribuição probabilística da estatística – exatamente como Pearson propôs que as medições em um conjunto deveriam ser avaliadas em termos de sua distribuição de probabilidade, e não dos valores individualmente observados. Fisher propôs vários critérios para uma boa estatística:

Consistência – Quanto mais dados houver, maior a probabilidade de que a estatística calculada esteja perto do valor real do parâmetro.

Ausência de viés – Se usarmos uma estatística particular muitas vezes sobre diferentes conjuntos de dados, a média desses valores da estatística deverá chegar perto do verdadeiro valor do parâmetro.

Eficiência – Os valores da estatística não serão exatamente iguais ao verdadeiro valor do parâmetro, mas a maioria de um grande número de estatísticas que estimem um parâmetro não deve estar longe do valor verdadeiro.

Essas descrições são um pouco vagas porque tentei traduzir as formulações matemáticas específicas para linguagem simples. Na prática, os critérios de Fisher podem ser avaliados pelo uso apropriado da matemática.

Estatísticos que vieram depois de Fisher propuseram outros critérios. O próprio Fisher sugeriu alguns critérios secundários em trabalhos posteriores.

Tirando a confusão de todos esses critérios, o elemento importante é que se considera a estatística aleatória em si mesma, e que a boa estatística tem boas propriedades probabilísticas. Nunca saberemos se o valor de uma estatística para um conjunto particular de dados é correto. Podemos dizer apenas que usamos um procedimento que gera uma estatística seguindo esses critérios.

Dos três critérios fundamentais que Fisher propôs, o da ausência de viés chamou a atenção do público. Isso aconteceu provavelmente porque a palavra *viés* tem algumas conotações inaceitáveis. A estatística que tem viés parece ser algo que ninguém quer. Pautas oficiais da U.S. Food and Drug Administration advertem que devem ser usados métodos que "evitem o viés". Um método de análise muito estranho (que será discutido em detalhe no Capítulo 27), chamado "intenção de tratar", chegou a dominar muitos ensaios médicos porque garante que o resultado não terá viés, embora ignore o critério da eficiência.

Na realidade, estatísticas com viés são usadas frequentemente e com grande efetividade. Seguindo alguns dos trabalhos de Fisher, o método-padrão de determinar a concentração de cloro necessária para purificar um depósito municipal de água depende de uma estatística com viés (mas consistente e eficaz). Tudo isso é uma espécie de lição da sociologia da ciência: como uma palavra criada para definir claramente um conceito trouxe sua bagagem emocional para a ciência e influenciou o que as pessoas fazem.

Os métodos de *probabilidade máxima* de Fisher

Enquanto resolvia a matemática, Fisher entendeu que os métodos que Karl Pearson vinha usando para computar os parâmetros de suas distribuições produziam estatísticas que não eram necessariamente consistentes, que muitas vezes apresentavam viés, e que havia estatísticas muito mais eficientes à disposição. Para produzir estatísticas consistentes e eficazes (mas não necessariamente sem viés), Fisher propôs algo que chamou de "estimador de probabilidade máxima" (em inglês, Maximum Likelihood Estimator, MLE).

Provou então que o MLE era sempre consistente e que (se admitimos algumas suposições conhecidas como "condições de regularidade") era a mais eficiente das estatísticas. Além disso, provou que o viés do MLE pode ser calculado e subtraído do MLE, produzindo uma estatística modificada que é consistente, eficiente e sem viés.[1]

A função de probabilidade de Fisher alastrou-se pela comunidade de estatística matemática e logo se tornou o principal método para estimar parâmetros. Só havia um porém com a estimação de probabilidade máxima: os problemas matemáticos necessários à resolução dos MLEs eram formidáveis. Os artigos de Fisher estão cheios de linhas e linhas de álgebra complicada, mostrando a derivação do MLE para diferentes distribuições. Seus algoritmos para análise da variância e da covariância são magníficos feitos matemáticos, nos quais ele conseguiu fazer uso de engenhosas substituições e transformações no espaço multidimensional para produzir fórmulas que davam ao usuário os MLEs necessários.

Apesar da engenhosidade de Fisher, a maioria das situações apresentava matemática impossível para o usuário potencial do MLE. A literatura estatística da última metade do século XX contém muitos artigos brilhantes que fazem uso de simplificações da matemática a fim de conseguir boas aproximações do MLE para certos casos. Em minha tese de doutorado (por volta de 1966), tive de me contentar com uma solução para meu problema que só era boa se houvesse um grande número de dados. Assumir que eu tivesse essa grande quantidade de dados me permitia simplificar a função de probabilidade até um ponto em que eu podia computar um MLE aproximado.

Então chegou o computador, que não é concorrente do cérebro humano. Ele é apenas um grande e paciente mastigador de números. Não se aborrece, não fica sonolento nem comete erros. Fará o mesmo cálculo complicado milhões de vezes seguidas. E pode encontrar MLEs por métodos conhecidos como "algoritmos iterativos".

Algoritmos iterativos

Um dos primeiros métodos matemáticos iterativos parece ter aparecido durante o Renascimento (embora David Smith, em *History of Mathematics*, de 1923, afirme ter encontrado exemplos desse método em antigos registros egípcios e chineses). As companhias bancárias ou casas de contabilidade que se organizavam no norte da Itália durante os primeiros momentos do capitalismo tinham um problema básico. Cada pequena cidade-Estado tinha sua própria moeda. A casa de contabilidade devia ser capaz de descobrir como converter o valor, digamos, de uma carga de madeira que tinha sido comprada por 127 ducados venezianos para o seu valor em dracmas atenienses, se a taxa de câmbio fosse

14 dracmas por ducado. Hoje temos o poder da notação algébrica para obter uma solução. Lembram-se da álgebra do colégio? Se x é igual ao valor em dracmas, então...

Ainda que os matemáticos estivessem começando a desenvolver a álgebra naquela época, essa facilidade de computação não estava disponível para a maioria das pessoas. Os banqueiros usavam um método de calcular chamado "regra da posição falsa". Cada casa de contabilidade tinha sua própria versão da regra, que era ensinada a seus empregados sob um véu de segredo, porque cada casa acreditava que sua versão da regra era a "melhor". Robert Recorde, matemático inglês do século XVI, se destacou por popularizar a nova notação algébrica. Para contrastar o poder da álgebra com o da regra da posição falsa, ele fornecia a seguinte versão da regra em *The Grovnd of Arts*, livro que escreveu em 1542:

> Gesse at this woorke as happe doth leade.
> By chaunce to truthe you may procede.
> And firste woorke by the question,
> Although no truthe therein be don.
> Suche falsehode is so good a grounde,
> That truthe by it will soone be founde.
> From many bate to many more,
> From to fewe take to fewe also.
> With to much ioyne to fewe againe,
> To to fewe adde to manye plaine.
> In crossewaies multiplye contrary kinde,
> All truthe by falsehode for to fynde.*

O que o inglês do século XVI de Robert Recorde diz é que primeiro você estima a resposta e a aplica ao problema. Existirá uma discrepância entre o resultado obtido ao usar essa estimativa e o resultado que você quer. Você pega essa discrepância e a utiliza para conseguir uma estimativa melhor. Aplica essa

---

* Considerando essa tarefa como uma /possibilidade de chegar à verdade, /primeiro trabalhe com a pergunta, /apesar de não haver verdade nela. /Tal falsidade é um terreno tão bom /que, por ela, a verdade logo será descoberta. / De muitos diminuir muitos mais, / a poucos somar outros poucos. /Unir os muitos aos poucos novamente, /para aos poucos adicionar os muitos, diretamente. /Multiplicar, de forma cruzada, os de tipo contrário, /para encontrar toda a verdade, por meio da falsidade. (N.T.)

nova estimativa e encontra uma nova discrepância, que levará a nova estimativa. Se você for esperto na forma de computar a discrepância, a sequência de estimativas chegará afinal à resposta correta. Usando a regra da posição falsa, basta apenas uma iteração. A segunda estimativa é sempre correta. Usando a probabilidade máxima de Fisher, podem ser necessários milhares ou até milhões de iterações para se conseguir uma boa resposta.

O que são para um computador paciente uns meros milhões de iterações? No mundo de hoje, nada mais que um piscar de olhos. Há pouco tempo, os computadores eram menos poderosos e mais lentos. No final dos anos 1960, eu tinha uma calculadora de mesa programável. Era um instrumento eletrônico primitivo que somava, subtraía, multiplicava e dividia. Mas também tinha uma pequena memória, onde se podia colocar um programa que lhe dizia para cumprir uma sequência de operações aritméticas. Uma dessas operações também podia mudar linhas do seu programa. Assim, tornou-se possível fazer um cálculo iterativo nessa calculadora programável. Só levava muito tempo. Uma tarde, eu programei a máquina, verifiquei os primeiros passos para estar seguro de não ter cometido nenhum erro em meu programa, apaguei a luz do escritório e fui para casa. Enquanto isso, a calculadora programável somava, subtraía, multiplicava e dividia silenciosamente, murmurando em suas entranhas eletrônicas. A cada tanto estava programada para imprimir um resultado. A impressora da máquina era um barulhento aparelho de impacto que fazia um som alto parecido com "BRRRAAAK".

A equipe de limpeza noturna entrou no edifício e um dos homens chegou com sua vassoura e lixeira ao meu escritório. Na escuridão, ele podia ouvir um zumbido. Podia ver a luz azul do olho único da calculadora aumentar e diminuir enquanto ela somava e subtraía uma e outra vez. De repente, a máquina acordou: "BRRRRRAAK", ela fez e, depois, "BRRAAK, BRRAAK, BRRAAK, BRRRRAAAAK!" Ele me contou mais tarde que foi uma experiência aterrorizante, e me pediu que deixasse algum cartaz da próxima vez, avisando que calculadoras estava trabalhando.

Os computadores de hoje trabalham muito mais depressa, e coisas muito mais complicadas estão sendo analisadas. Os professores Nan Laird e James Ware, da Universidade Harvard, inventaram um procedimento iterativo notavelmente flexível e poderoso conhecido como "algoritmo EM". Cada nova edição das revistas de estatística que leio descreve como alguém adaptou o algoritmo EM para algo que já foi considerado problema insolúvel. Outros algoritmos foram aparecendo na literatura específica, usando nomes extravagantes como "têmperas simuladas" ou *kriging*. Existe o algoritmo Metrópolis e o algoritmo Marquardt, e outros conhecidos pelos nomes de seus descobridores. Existem pacotes de programas complicados com centenas de milhares de linhas de código que tornaram esses cálculos iterativos de fácil operação.

O enfoque de Fisher sobre a estimativa estatística triunfou. A probabilidade máxima governa o mundo, e os métodos de Pearson jazem na poeira da história, descartados. Naquela época, porém, nos anos 1930, quando Fisher, com cerca de 40 anos e na plenitude de sua força, foi finalmente reconhecido por suas contribuições à teoria da estatística matemática, um jovem matemático polonês chamado Jerzy Neyman fazia perguntas sobre alguns problemas que Fisher tinha varrido para debaixo do tapete.

8. A dose letal

Todo mês de março a Sociedade Biométrica promove uma conferência de primavera em alguma cidade do sul dos Estados Unidos. Nós que vivemos e trabalhamos no norte temos a oportunidade de descer até Louisville, Memphis, Atlanta ou Nova Orleans, respirar o novo ar da primavera e ver as flores e árvores frutíferas florescendo algumas semanas antes que isso aconteça em nossas casas. Como em outras reuniões científicas, três a cinco conferencistas apresentam seus artigos em cada sessão, os debatedores e a audiência criticam esses artigos, questionando os desenvolvimentos ou mencionando enfoques alternativos. Habitualmente há dois grupos de sessões paralelas durante a manhã, uma breve pausa para o almoço, seguida de dois grupos de sessões à tarde. As últimas sessões terminam geralmente por volta das cinco horas. Os participantes regressam a seus quartos de hotel, mas se reúnem em grupos uma hora ou uma hora e meia depois. Esses pequenos grupos vão jantar, experimentando os restaurantes da cidade.

Em geral encontram-se amigos nas sessões e combina-se o jantar durante o dia. Uma vez não consegui fazer isso. Tinha entrado em longa e interessante discussão com um dos conferencistas da tarde. Ele morava perto e estava indo para casa, então não marquei um jantar com ele. Quando terminamos nossa conversa, o saguão estava vazio e não havia mais ninguém com quem conversar. Voltei a meu quarto, telefonei para minha mulher, falei com as crianças e retornei ao saguão do hotel. Talvez encontrasse um grupo de pessoas ao qual pudesse me juntar.

O saguão estava vazio, exceto por um homem alto, de cabelos brancos, sentado em uma das poltronas de couro. Reconheci Chester Bliss. Eu já sabia quem ele era, o inventor dos modelos estatísticos básicos usados para determinar as relações de resposta a doses de drogas e venenos. Naquela manhã eu comparecera a uma sessão em que ele apresentara um artigo. Caminhei até ele, apresentei-me e o cumprimentei pela conferência. Ele me convidou para sentar e ficamos ali por um tempo, falando sobre estatística e matemática. Sim, é possível falar sobre essas coisas e até fazer piadas a respeito delas. Ficou óbvio que nenhum dos dois tinha planos, e decidimos jantar juntos. Ele foi uma boa companhia, com uma riqueza de histórias que era fruto de sua experiência. Em encontros posteriores, ao longo dos anos, às vezes jantávamos juntos novamente, e eu o via com frequência quando comparecia a conferências patrocinadas pelo Departamento de Estatística da Universidade Yale, onde ele lecionava.

Bliss vinha de um sólido lar de classe média do Meio-Oeste. Seu pai era médico, sua mãe, dona de casa; tinha vários irmãos e irmãs. Seus primeiros interesses foram pela biologia, e estudou entomologia no ensino médio. No final dos anos 1920, quando se formou, obteve emprego no Departamento de Agricultura dos Estados Unidos como entomologista e imediatamente se envolveu com o desenvolvimento de inseticidas. Logo se deu conta de que os experimentos de campo com inseticidas envolviam muitas variáveis incontroláveis e eram de difícil interpretação. Levou seus insetos porta adentro e criou uma série de experimentos de laboratório. Alguém o apresentou ao livro de R.A. Fisher *Statistical Methods for Research Workers*. A partir disso, começou a ler os artigos mais matemáticos de Fisher enquanto tratava de entender o que havia por trás dos métodos que o autor mostrava no livro.

Análise de probit*

Logo, seguindo a indicação de Fisher, Bliss estava criando experimentos de laboratório em que grupos de insetos eram colocados em jarras de vidro e sujeitos a diferentes combinações e doses de inseticidas. Enquanto fazia esses experimentos, começou a observar um fenômeno interessante. Não importava quão concentrado fosse o inseticida, sempre havia um ou dois espécimes vivos depois da exposição. E não importava quão fraco fosse o pesticida, ou mesmo que se tivesse usado apenas o veículo líquido, haveria alguns insetos mortos depois da exposição.

Com essa variação óbvia, seria útil modelar os efeitos dos inseticidas em termos das distribuições estatísticas de Pearson. Mas como? O leitor deve lem-

---

* Probit (*probability unit*) é uma unidade que descreve a percentagem acumulada de insetos que morrem com uma dose de inseticida e todas as doses menores que ela. (N.R.T.)

brar desses terríveis momentos no ensino médio quando o livro passava para problemas em que se devia interpretar o enunciado. O senhor A e o senhor B estavam remando em águas paradas ou contra forte correnteza, ou então eles misturavam água e óleo, ou lançavam uma bola para diante e para trás. O que quer que fosse, o enunciado proporia alguns números e faria uma pergunta, e o pobre estudante teria de colocar as palavras em uma fórmula e resolver quanto valia x. O leitor talvez se lembre de ter voltado a páginas anteriores do livro-texto, procurando desesperadamente como exemplo um problema similar que tivesse solucionado, para tentar colocar os novos números nas fórmulas usadas no exemplo.

Na álgebra do ensino médio, alguém já tinha resolvido as fórmulas; o professor as conhecia ou podia achá-las no manual do professor daquele livro didático. Imaginem um problema de interpretação de enunciado que ninguém saiba transformar em fórmula, em que algumas das informações sejam redundantes e não devem ser usadas, em que faltam informações cruciais e do qual não exista exemplo similar resolvido no livro didático. Isso é o que acontece quando se tenta aplicar modelos estatísticos a problemas da vida real. Essa era a situação quando Chester Bliss buscou adaptar as novas ideias matemáticas de distribuições probabilísticas a seus experimentos com inseticidas.

Bliss inventou um procedimento que chamou de "análise de probit". Sua invenção exigiu notáveis saltos de pensamento. Nada havia nos trabalhos de Fisher, do Student ou de qualquer outro que pelo menos sugerisse como ele devia proceder. Bliss usou a palavra "probit" porque seu modelo relacionava a dose à probabilidade de que um inseto morresse com ela. O parâmetro mais importante que seu modelo gerou é chamado de "dose letal 50%", habitualmente conhecido como "LD-50" (da sigla em inglês para *lethal dose*). Essa é a dose de inseticida que apresenta 50% de probabilidade de matar. Se o inseticida for aplicado a um grande número de insetos, 50% deles serão mortos pelo LD-50. Outra consequência do modelo de Bliss é que é impossível determinar que dose mataria um indivíduo específico.

A análise de probit de Bliss tem sido aplicada com sucesso a problemas de toxicologia. De alguma forma, os conhecimentos adquiridos pela análise de probit formam a base da maior parte da ciência da toxicologia. A análise de probit fornece fundamento matemático para a doutrina primeiramente estabelecida por Paracelsus, médico do século XVI: "Somente a dose faz algo não ser um veneno." De acordo com a doutrina de Paracelsus, todas as coisas são potencialmente venenosas se ingeridas em dose suficientemente alta, e não são venenosas se ingeridas em dose suficientemente baixa. A essa doutrina Bliss adicionou a incerteza associada a resultados individuais.

Uma das razões pelas quais muitos insensatos usuários de drogas morrem ou ficam muito doentes com cocaína, heroína ou anfetaminas é que eles veem os outros usarem essas drogas sem morrer. Eles são como os insetos de Bliss. Olham em volta e veem alguns de seus colegas insetos ainda vivos. No entanto, saber que alguns indivíduos ainda estão vivos não garante que um dado indivíduo sobreviverá. Não existe forma de prever a resposta para um único indivíduo. Como as observações individuais no modelo estatístico de Pearson, essas não são as "coisas" em que a ciência esteja interessada. Só podem ser estimados a distribuição probabilística abstrata e seus parâmetros (como o LD-50).

Uma vez que Bliss propôs a análise de probit,[1] outros pesquisadores propuseram diferentes distribuições matemáticas. Programas modernos de computação para calcular a LD-50 habitualmente oferecem ao usuário uma seleção de vários modelos diferentes, propostos como aprimoramentos do trabalho de Bliss. Estudos usando dados verdadeiros indicam que todas essas alternativas produzem estimativas muito similares de LD-50, apesar de diferirem em suas estimativas de dose associadas a probabilidades bem mais baixas, como a LD-10.

É possível, usando a análise de probit ou qualquer dos modelos alternativos, estimar uma dose letal diferente, tais como a LD-25 ou a LD-80, que matarão 25% ou 80%, respectivamente. Quanto mais você se afasta do ponto de 50%, o experimento precisa ser mais abrangente para obter boa estimativa. Certa vez me envolvi em um experimento para determinar a LD-01 de um composto que causa câncer em camundongos. O estudo utilizou 65 mil camundongos, e nossa análise dos resultados finais indicou que ainda não tínhamos uma boa estimativa da dose que produziria câncer em 1% dos camundongos. Cálculos baseados nos dados daquele estudo mostraram que precisaríamos de várias centenas de milhões de camundongos para ter uma estimativa aceitável da LD-01.

Bliss na Leningrado soviética durante o terror stalinista

O trabalho inicial de Chester Bliss sobre análise de probit foi interrompido em 1933. Franklin D. Roosevelt tinha sido eleito presidente dos Estados Unidos. Em sua campanha presidencial, Roosevelt deixara claro que o déficit federal era responsável pela Depressão e prometeu cortá-lo e reduzir o tamanho do governo. Isso não foi o que o New Deal acabou fazendo, mas era a promessa de campanha. Para cumpri-la, quando o presidente assumiu o posto, alguns de seus novos servidores começaram a despedir os funcionários públicos desnecessários. O ajudante do assessor do subsecretário de Agricultura, encarregado de desenvolver novos inseticidas, analisou o que o Departamento estivera fazendo e descobriu que alguém tentava, insensatamente, experimentar inseticidas em laboratório, e não nos campos, onde estavam os insetos. O laboratório de Bliss foi fechado, e Bliss foi despedido. Estava sem emprego no auge da Depressão. Não importava que tivesse inventado a análise de probit; não havia lugar para um entomologista desempregado, especialmente se trabalhava com insetos dentro do laboratório e não em seu hábitat.

Bliss entrou em contato com Fisher, que acabava de assumir um novo cargo em Londres e se ofereceu para ajudá-lo e propiciar-lhe espaço para um laboratório; não tinha, porém, emprego a oferecer e não podia pagar ao entomologista norte-americano. Bliss foi para a Inglaterra assim mesmo, passando a morar com Fisher e a família por alguns meses. Juntos, ele e Fisher refinaram a metodologia da análise de probit. Fisher encontrou alguns erros na matemática e sugeriu modificações que tornaram a estatística mais eficiente. Bliss publicou um novo artigo, fazendo uso das sugestões de Fisher, que, por sua vez, incorporou as tabelas necessárias em uma nova edição do livro de tabelas estatísticas que havia escrito com Frank Yates.

Menos de um ano depois de Bliss chegar à Inglaterra, Fisher encontrou emprego para ele no Jardim Botânico de Leningrado, na União Soviética. Imaginem aquele americano médio do Meio-Oeste, alto, magro e apolítico, Chester Bliss, que nunca fora capaz de aprender uma segunda língua, cruzando a Europa de trem, com uma pequena mala contendo suas únicas roupas e chegando à estação de Leningrado justamente quando o impiedoso ditador soviético Stálin começava a fazer seus expurgos sangrentos entre funcionários governamentais, tanto os mais como os menos importantes.

Logo depois da chegada de Bliss, o chefe da pessoa que o contratara foi chamado a Moscou – e nunca mais foi visto. Um mês depois, o homem que o contratara foi chamado a Moscou e "cometeu suicídio" no caminho de volta. O encarregado do laboratório vizinho ao de Bliss saiu apressado um dia e fugiu da Rússia, esgueirando-se até a Letônia.

Nesse meio tempo, Bliss pôs-se a trabalhar. Tratava grupos selecionados de pestes russas com diferentes combinações de inseticidas, achava os probits e as LD-50. Alugou um quarto em uma casa perto do instituto cuja dona só falava russo. Bliss só falava inglês, mas me disse que conseguiam se entender bastante bem com a combinação de gestos e muitas risadas. Ele conheceu uma moça norte-americana que deixara o ensino médio para participar da grande experiência comunista na Rússia, para onde fora com todo o idealismo da juventude e a cegueira dogmática de uma verdadeira marxista-leninista. Ela amparou o pobre monolíngue e o ajudou a fazer compras e conhecer a cidade. Também era membro do Partido Comunista local. O Partido sabia tudo sobre Bliss: quando fora empregado, quando chegara à Rússia, onde morava e o que estava fazendo no laboratório.

Um dia, ela lhe contou que vários membros do Partido tinham chegado à conclusão de que ele era espião americano. Ela o defendera e tentara explicar que Bliss era um cientista simples e ingênuo, interessado apenas em seus experimentos. Nesse meio tempo, as autoridades de Moscou foram notificadas das suspeitas e enviaram um comitê a Leningrado para investigar.

O comitê reuniu-se no Instituto de Plantas de Leningrado e chamou Bliss para ser interrogado. Quando ele entrou na sala, sabia quem eram os membros do comitê, pois sua namorada lhe contara. Mal tinham feito as primeiras perguntas quando ele lhes disse: "Vejo que o professor tal e tal está entre vocês (Bliss não conseguia lembrar o nome do homem quando me contou a história). Li seus artigos. Diga-me, esse método de experimentação agrícola que ele propõe é o evangelho segundo são Marx e são Lênin?" O intérprete hesitou em traduzir a pergunta, mas, depois que o fez, houve uma certa comoção entre os membros do comitê. Pediram que ele elaborasse mais o assunto.

"O método do professor tal e tal é a linha oficial do Partido?", perguntou Bliss. "Essa é a forma exigida pelo Partido para a realização de experiências agrícolas?"

A resposta final foi sim, que aquele era o modo correto de fazer as coisas.

"Bem, nesse caso, estou violando sua religião", respondeu Bliss. E continuou explicando que os métodos de pesquisa agrícola propostos por aquele homem exigiam que vastas extensões de terra recebessem o mesmo tratamento. Bliss falou que considerava tais experimentos inúteis e esclareceu que defendia o uso de pequenas áreas vizinhas, com tratamentos específicos para as fileiras nessas áreas.

O interrogatório não avançou muito. Naquela noite, a amiga de Bliss lhe disse que o comitê concluíra que ele não era espião. Era aberto e óbvio demais; provavelmente não passava daquilo que a moça dissera: um cientista ingênuo que fazia seus experimentos.

Bliss continuou trabalhando no Jardim Botânico de Leningrado nos meses seguintes. Não tendo mais chefe, fazia o que julgava melhor. Teve de ingressar no Sindicato Comunista dos Trabalhadores de Laboratório. Qualquer pessoa que tivesse um emprego na Rússia era obrigado a pertencer a um sindicato de trabalhadores controlado pelo governo. Fora isso, eles o deixaram em paz. Nos anos 1950, o Departamento de Estado dos Estados Unidos lhe negaria o passaporte porque ele pertencera a uma organização comunista.

Uma tarde, sua namorada irrompeu no laboratório. "Você deve sair imediatamente", ela informou. Bliss protestou, alegando que sua experiência ainda não havia terminado, que ainda não fizera suas anotações. Ela o empurrou e começou a vestir-lhe o casaco: tinha de partir sem demora; devia abandonar tudo. Ela o observou enquanto fazia a pequena mala e se despedia da senhoria. Sua amiga levou-o até a estação de trem e insistiu para que ele lhe telefonasse quando estivesse a salvo em Riga.

No começo dos anos 1960, a mão fria da repressão se ergueu levemente na União Soviética. Cientistas soviéticos se reencontraram com a comunidade científica internacional, e o International Statistical Institute (do qual Chester Bliss era membro) organizou uma conferência em Leningrado. Entre as sessões, Bliss saiu para procurar seus velhos amigos dos anos 1930. Estavam todos mortos, haviam sido assassinados durante os expurgos de Stálin ou mortos durante a Segunda Guerra Mundial. Só a senhoria continuava viva. Os dois se cumprimentaram acenando com a cabeça, ele murmurando em inglês e ela respondendo em russo.

9. A curva em forma de sino

O leitor dos primeiros oito capítulos poderá pensar que a revolução estatística só ocorreu na Grã-Bretanha. De certa forma isso é correto, pois as primeiras tentativas de aplicar modelos estatísticos a estudos biológicos e agrícolas aconteceram na Grã-Bretanha e também na Dinamarca. Sob a influência de R.A. Fisher, os métodos estatísticos logo se espalharam por Estados Unidos, Índia, Austrália e Canadá. Embora as aplicações imediatas dos modelos estatísticos estivessem sendo feitas no mundo anglófono, a Europa continental detinha longa tradição matemática, e os matemáticos europeus trabalhavam nos problemas teóricos relacionados à modelagem estatística.

Entre esses, em primeiro lugar, estava o teorema central do limite, que, até o começo dos anos 1930, não fora demonstrado, uma conjectura que muitos acreditavam ser verdadeira, mas que ninguém fora capaz de provar. O trabalho teórico de Fisher sobre o valor da função de verossimilhança* partia da hipótese de que o teorema era verdadeiro. Pierre Simon Laplace, no começo do século XIX, justificou seu método dos mínimos quadrados** com essa suposição. A nova ciência da psicologia desenvolveu técnicas de medição de inteligência e escalas de doença mental que se apoiavam no teorema central do limite.

O que é o teorema central do limite?

As médias de grandes coleções de números têm uma distribuição estatística. O teorema central do limite afirma que essa distribuição pode ser aproximada

---

* Função de probabilidade condicional dos parâmetros de um modelo estatístico. (N.R.T.)
** Método de ajuste de uma função a pontos experimentais (x,y) com base na minimização da soma dos quadrados das distâncias entre cada parte e a função. (N.R.T.)

pela distribuição normal de probabilidade sem importar a origem dos dados iniciais. A distribuição normal de probabilidade equivale à função erro de Laplace. É chamada algumas vezes de "distribuição gaussiana" e tem sido descrita em trabalhos não especializados como a "curva em forma de sino". No final do século XVIII, Abraham de Moivre provou que o teorema central do limite se mantém para coleções simples de números a partir dos jogos de azar. Nos 150 anos seguintes, nenhum progresso foi feito para provar essa conjectura.

Ela foi amplamente aceita como verdadeira porque justificava o uso da distribuição normal para descrever a maioria dos dados. Uma vez que se admite que há distribuição normal, a matemática torna-se mais tratável. A distribuição normal tem algumas propriedades muito interessantes. Se duas variáveis aleatórias têm distribuição normal, sua soma também terá. Em geral, todo tipo de soma e diferença de variáveis normais tem distribuição normal. Assim, muitas estatísticas derivadas de variáveis normais são elas mesmas normalmente distribuídas.

A distribuição normal tem apenas dois dos quatro parâmetros de Karl Pearson: a média e o desvio padrão. A simetria e a curtose são iguais a zero. Uma vez que esses dois números são conhecidos, tudo mais também é. Fisher mostrou que as estimativas da média e do desvio padrão tiradas de um conjunto de dados são o que chamamos de suficientes. Elas contêm toda informação que há nos dados. Não há necessidade de guardar registros das medições originais, já que esses dois números contêm tudo que pode ser descoberto com base nessas medições. Se existem medições suficientes para permitir estimativas razoavelmente precisas da média e do desvio padrão, nenhuma medição mais é necessária, e o esforço para coletá-las constitui perda de tempo. Por exemplo, se você quer conhecer dois parâmetros de uma distribuição normal com dois algarismos significativos, só precisará coletar algo em torno de 50 medições.

A possibilidade de tratar matematicamente a distribuição normal significa que o cientista pode propor um modelo complexo de relações. Enquanto a distribuição subjacente for normal, a função de verossimilhança de Fisher tem muitas vezes uma forma que pode ser manipulada com álgebra simples. Mesmo para modelos tão complicados que exigiam soluções iterativas, torna-se especialmente fácil utilizar o algoritmo EM de Nan Laird e James Ware se as distribuições são normais. Ao modelar problemas, os estatísticos costumam atuar como se todos os dados fossem normalmente distribuídos, porque assim a matemática é tratável. Para fazer isso, porém, eles precisam lançar mão do teorema central do limite.*

Mas será que o teorema central do limite era verdadeiro? Para ser mais exato, sob que condições ele era verdadeiro?

Nos anos 1920 e 1930, um grupo de matemáticos na Escandinávia, Alemanha, França e União Soviética analisavam essas questões com um conjunto de novas ferramentas matemáticas que tinham sido descobertas nos primeiros anos do século XX. Isso tudo diante de um iminente desastre para toda a civilização – a ascensão de Estados totalitários.

Um matemático não precisa de laboratório com equipamentos caros. Nos anos 1920 e 1930, o equipamento típico do matemático se resumia a quadro-negro e giz. É melhor fazer matemática em quadro-negro que em papel, porque o giz é mais fácil de apagar, e a pesquisa matemática é sempre pontilhada de erros. Muito poucos matemáticos podem trabalhar sozinhos. Um matemático precisa falar sobre o que está fazendo, expor suas ideias à crítica. É fácil cometer erros ou incluir premissas ocultas, que o autor não vê, mas são óbvias para quem o lê. Existe uma comunidade internacional de matemáticos que troca correspondência, frequenta conferências e examina os artigos uns dos outros, criticando constantemente, questionando, explorando ramificações. No começo dos anos 1930, William Feller e Richard von Mises, na Alemanha, Paul Lévy, na França, Andrei Kolmogorov, na Rússia, Jarl Waldemar Lindeberg e Harald Cramér, na Escandinávia, Abraham Wald e Herman Hartley, na Áustria, Guido Castelnuovo, na Itália, e muitos outros estavam em comunicação, muitos deles examinando a conjectura central do limite com as novas ferramentas.

Essa livre e fácil interação, no entanto, logo cessaria. As sombras escuras do terror de Stálin, as teorias raciais nazistas e os sonhos imperiais de Mussolini a iriam destruir. Stálin aperfeiçoava uma combinação de farsas de julgamentos e prisões em meio à noite, matando e intimidando qualquer pessoa que caísse sob sua paranóica suspeita. Hitler e seus leais ajudantes criminosos expulsavam professores judeus das universidades e os colocavam em brutais campos de trabalho. Mussolini reunia as pessoas em castas preordenadas que ele chamava de "Estado corporativo".

---

* De acordo com esse teorema (cuja tradução correta seria "teorema do limite central", mas que não ficou conhecido por este nome), se um evento tem uma probabilidade finita de acontecer (como uma moeda jogada ao acaso tem 50% de chance de cair com a cara para cima), a distribuição de frequência desse evento será uma distribuição normal cuja média é a probabilidade do evento (no caso, 50%). (N.R.T.)

Viva la muerte!

Exemplo extremo desse anti-intelectualismo crescente ocorreu durante a Guerra Civil Espanhola, na qual os demônios gêmeos do fascismo e do stalinismo lutavam uma viciosa guerra por procuração usando as vidas de bravos jovens espanhóis. Os falangistas (como eram conhecidos os fascistas espanhóis) tinham conquistado a antiga Universidade de Salamanca. O reitor da universidade era o filósofo espanhol mundialmente conhecido Miguel de Unamuno, então com 70 anos. O general falangista Millan Astray, que perdera uma perna, um braço e um olho na Primeira Guerra Mundial, era o chefe da propaganda das novas forças conquistadoras. Seu lema era *"Viva la muerte!"*. Como o rei Ricardo III, de Shakespeare, o corpo aleijado de Millan Astray era a metáfora para sua mente torcida e maligna. Os falangistas convocaram uma grande celebração no saguão cerimonial da universidade. No palanque estavam o recém-nomeado governador da província, a senhora Francisco Franco, Millan Astray, o bispo de Salamanca e um envelhecido Miguel de Unamuno, arrastado até ali como troféu das conquistas dos nacionalistas.

"Viva la muerte!", gritou Millan Astray, e o saguão cheio ecoou seu grito. *"España!"* Alguém gritou, e o saguão respondeu: *"España! Viva la muerte!"* Os falangistas, em seus uniformes azuis, ficaram de pé ao mesmo tempo e fizeram uma saudação fascista ao retrato de Franco, sobre o palanque. Em meio a esses gritos, Unamuno levantou-se e lentamente se dirigiu ao pódio. Começou em voz baixa:

> Todos vocês estão esperando minhas palavras. Todos vocês me conhecem e sabem que sou incapaz de permanecer em silêncio. Em certas ocasiões ficar em silêncio é mentir, pois o silêncio pode ser interpretado como aquiescência. Quero comentar o discurso – para dar-lhe um nome – do general Millan Astray... Há pouco escutei um grito necrófilo e sem sentido: "Viva a morte!" E eu, que passei minha vida dando forma a paradoxos, ... devo dizer-lhes, como autoridade no assunto, que esse bizarro paradoxo é repulsivo para mim. O general Millan Astray é um inválido. Um inválido de guerra. Desafortunadamente, existem inválidos demais na Espanha agora. Em breve haverá ainda mais se Deus não vier em nossa ajuda...

Millan Astray empurrou Unamuno para um lado e gritou: *"Abajo la inteligencia! Viva la muerte!"* Ecoando seus gritos, os falangistas avançaram para agarrar Unamuno, mas o velho reitor prosseguiu:

Este é o templo do intelecto. E eu sou seu sumo sacerdote. São vocês que profanam seus sagrados recintos. Vocês vencerão, porque têm força bruta suficiente. Mas vocês não convencerão. Pois para convencer é preciso persuadir. E para persuadir vocês precisarão o que lhes falta: razão e direito...

Unamuno foi posto em prisão domiciliar e declarado "morto por causas naturais" no mesmo mês.

Por sua vez, o terror stalinista começou a cortar a comunicação entre os matemáticos russos e o restante da Europa. As políticas raciais de Hitler dizimaram as universidades alemãs, já que muitos dos grandes matemáticos europeus eram judeus ou casados com judeus, e a maioria dos que não eram judeus se opunha aos planos nazistas. William Feller foi para a Universidade Princeton, Abraham Wald para a Universidade de Columbia. Herman Hartley e Richard von Mises foram para Londres. Emil J. Gumbel fugiu para a França. Emmy Noether recebeu um cargo temporário na faculdade do Bryn Mawr College, na Pensilvânia.

Nem todos, porém, escaparam. Os portões da imigração americana estavam fechados para todos os que não podiam provar ter algum emprego à espera nos Estados Unidos. Nações latino-americanas abriam e fechavam suas portas de acordo com os caprichos de pequenos burocratas. Quando as forças nazistas conquistaram a Polônia, caçaram todos os membros da Universidade de Varsóvia que puderam encontrar, assassinaram brutalmente todos e os enterraram em vala comum. No mundo racial nazista, os poloneses e outros eslavos deveriam ser escravos sem cultura de seus amos arianos. Muitos dos jovens e promissores estudantes das antigas universidades da Europa morreram. Na União Soviética, os matemáticos mais importantes buscaram refúgio na matemática pura, sem pensar em aplicações, pois era nas aplicações que os cientistas caíam sob a fria suspeita de Stálin.

No entanto, antes que essas sombras todas se tornassem realidade, matemáticos europeus resolveram o problema do teorema central do limite. Jarl Waldemar Lindeberg, da Finlândia, e Paul Lévy, da França, descobriram, de modo independente, um conjunto de condições sobrepostas necessárias para que a conjectura se tornasse verdadeira. Resultou que havia pelo menos três diferentes enfoques para o problema, e que não havia um teorema apenas, mas um grupo de teoremas centrais do limite, cada qual derivado de um conjunto de condições um pouco diferentes. Por volta de 1934, o(s) teorema(s) central(ais) do limite não era(m) mais conjectura. Tudo que se tinha a fazer era provar que as condições de Lindeberg-Lévy se mantinham. Então o teorema central do limite se sustenta, e o cientista está livre para adotar a distribuição normal como um modelo apropriado.

De Lindeberg-Lévy para as estatísticas-U

É difícil, no entanto, provar que as condições de Lindeberg-Lévy se mantêm para uma situação particular. Existe certo conforto em conhecer as condições de Lindeberg-Lévy, porque elas parecem razoáveis e são provavelmente verdadeiras na maioria das situações. Prová-las, entretanto, é algo diferente. Por isso Wassily Hoeffding, que trabalhou arduamente na Universidade da Carolina do Norte depois da guerra, é tão importante para essa história. Em 1948, Hoeffding publicou um artigo, "A Class of Statistics with Asymptotically Normal Distribution", na revista *Annals of Mathematical Statistics*.

Lembremos que Fisher definiu *estatística* como um número que é derivado de medições observadas e que estima um parâmetro de distribuição. Ele estabeleceu alguns critérios que uma estatística deveria adotar para ser útil, mostrando, no processo, que muitos dos métodos de Karl Pearson levavam a estatísticas que não se adequavam a esses critérios. Existem modos diferentes de computar estatísticas, muitos dos quais satisfazem os critérios de Fisher. Uma vez que ela é computada, é preciso conhecer sua distribuição para utilizá-la. Se ela tiver distribuição normal, é muito mais fácil usá-la. Hoeffding mostrou que uma estatística integrante de um conjunto que ele chamou de "estatísticas-U" preenche as condições de Lindeberg-Lévy. Já que isso é assim, só é preciso mostrar que uma nova estatística preenche a definição de Hoeffding, não necessitando trabalhar com a difícil matemática para provar que Lindeberg-Lévy tinham razão. Tudo que ele fez foi substituir um conjunto de requisitos matemáticos por outro. No entanto, suas condições são na verdade de muito fácil verificação. Desde a publicação do artigo de Hoeffding, quase todos os artigos que mostram uma nova estatística cuja distribuição é normal fazem isso apresentando essa novidade como estatística-U.

Hoeffding em Berlim

Wassily Hoeffding viveu situação ambígua durante a Segunda Guerra Mundial. Nascido na Finlândia, em 1914, de pai dinamarquês e mãe finlandesa, no tempo em que a Finlândia fazia parte do Império Russo, Hoeffding mudou-se com a família para a Dinamarca, e depois para Berlim, após a Primeira Guerra Mundial. Assim, ele tinha dupla nacionalidade em dois países escandinavos. Terminou o ensino médio em 1933 e começou a estudar matemática em Berlim, enquanto os nazistas tomavam o poder na Alemanha. Antecipando o que poderia acontecer, Richard von Mises, chefe do Departamento de Matemática de sua universidade, deixou a Alemanha. Muitos dos outros professores de Hoeffding fugiram logo depois ou foram destituídos dos cargos. Na confusão, o jovem Hoeffding fez cursos com instrutores de nível mais baixo, muitos dos quais não permaneceram tempo suficiente para completar os cursos em que lecionavam, pois os nazistas continuavam a "limpar" as faculdades, afastando os judeus e seus simpatizantes.

Junto a outros estudantes de matemática, Hoeffding foi forçado a comparecer a uma conferência de Ludwig Bieberbach, até então membro júnior da faculdade, que aderiu entusiasticamente ao Partido Nazista e por isso foi nomeado novo chefe do departamento. A conferência de Bieberbach tratou da diferença entre a matemática "ariana" e a "não ariana". Ele descobriu que a decadente matemática "não ariana" (leia-se judaica) dependia de complexas notações algébricas, enquanto a matemática "ariana" trabalhava no reino mais nobre e puro da intuição geométrica. No final de sua fala, ele pediu que fizessem perguntas, e um estudante das fileiras de trás perguntou-lhe por que Richard Courant (um dos grandes matemáticos judeus da Alemanha do começo do século XX) usara conceitos geométricos para desenvolver suas teorias de análise real. Bieberbach nunca fez outra conferência sobre o assunto. Fundou, no entanto, a revista *Deutsche Mathematik*, que logo se tornaria a publicação matemática básica aos olhos das autoridades.

Hoeffding terminou seus estudos na universidade em 1940, na idade em que outros jovens eram convocados para o Exército. No entanto, sua dupla cidadania e o fato de a Finlândia ser aliada da Alemanha o isentavam do serviço militar. Conseguiu um emprego como assistente de pesquisa em um instituto interuniversitário de ciência atuarial. Também trabalhou durante meio expediente nos escritórios de uma das mais antigas revistas matemáticas alemãs, publicação que, ao contrário da de Bieberbach, tinha dificuldades para conseguir papel e saía com periodicidade irregular. Hoeffding nem procurou trabalho de professor, pois teria de solicitar cidadania alemã para ser candidato qualificado.

Em 1944, cidadãos não alemães "de sangue alemão ou relacionado" foram declarados sujeitos a prestar serviço militar. No entanto, no exame físico, descobriram que Hoeffding era diabético e ele foi dispensado do Exército. Estava assim qualificado para o serviço de pesquisa. Harald Geppert, editor da revista para a qual ele trabalhava, sugeriu que fizesse algum tipo de trabalho matemático com aplicações militares. Deu-lhe essa sugestão quando outro editor, Hermann Schmid, estava na sala. Hoeffding hesitou e, então, confiando na discrição de Geppert, revelou que qualquer tipo de trabalho de guerra seria contrário a sua consciência. Schmid pertencia a uma nobre família prussiana, e Hoeffding tinha esperanças de que seu sentido de honra o levasse a manter a conversa confidencial.

Wassily Hoeffding sentiu medo nos dias seguintes, mas nada lhe aconteceu, e permitiram que continuasse seu trabalho. Quando o Exército russo se aproximou, Geppert deu veneno a seu jovem filho no café da manhã e depois ele e a esposa também tomaram veneno. Em fevereiro de 1945, Hoeffding fugiu com a mãe para uma pequena cidade perto de Hannover, e ainda estavam ali quando a área se tornou parte da zona britânica de ocupação. Seu pai ficou para trás, em Berlim, onde foi capturado pela polícia secreta russa, que o considerou espião, pois uma vez havia trabalhado para o adido comercial norte-americano na Dinamarca. A família não soube de seu paradeiro por vários anos, até que conseguiu escapar da prisão e foi para o Ocidente. Enquanto isso, o jovem Hoeffding chegou a Nova York no outono de 1946 para continuar seus estudos. Mais tarde foi convidado a ingressar na Universidade da Carolina do Norte.

Pesquisa operacional

Uma consequência do anti-intelectualismo e do antissemitismo dos nazistas foi que os aliados da Segunda Guerra Mundial fizeram uma colheita de brilhantes cientistas e matemáticos para ajudar em seu esforço de guerra. O biólogo inglês Peter Blackett propôs ao Almirantado que as Forças Armadas usassem cientistas para resolver seus problemas estratégicos e táticos. Os cientistas, independentemente de seu campo de trabalho, são treinados para aplicar modelos lógicos e matemáticos a problemas. Ele propôs que se reunissem equipes de cientistas para trabalhar em questões relacionadas com a guerra. Assim nasceu a disciplina da pesquisa operacional (chamada de pesquisa de operações nos Estados Unidos). Equipes de cientistas de diferentes campos se combinavam para determinar o melhor uso de bombardeiros de longo alcance contra submarinos, fornecer tabelas de tiro para armas antiaéreas, determinar a melhor distribuição de depósitos de munição atrás das linhas inimigas e até para resolver questões relativas a suprimento de comida para as tropas.

A pesquisa operacional passou do campo de batalha para o mundo dos negócios quando a guerra acabou. Os cientistas envolvidos mostraram como os modelos matemáticos e o pensamento científico poderiam ser usados para resolver problemas táticos na guerra. O mesmo enfoque e muitos dos mesmos métodos poderiam ser usados para organizar o trabalho em uma fábrica, encontrar as relações ótimas entre depósitos e salas de vendas, e resolver muitos outros problemas de negócios que envolviam equilibrar recursos limitados ou melhorar a produção e o resultado. Desde aquele tempo, departamentos de pesquisa operacional foram criados na maior parte das grandes corporações. A maioria do trabalho feito por esses departamentos envolve modelos estatísticos. Quando eu estava na Pfizer, Inc., trabalhei em vários projetos para melhorar a forma como era gerenciada a pesquisa sobre remédios e como os novos produtos eram apresentados para testes. Uma importante ferramenta em todo esse trabalho é a capacidade de usar a distribuição normal toda vez que possível.

10. Teste da adequação do ajuste

Durante os anos 1980, apareceu um novo tipo de modelo matemático que seduziu a imaginação pública, sobretudo por causa do nome: "teoria do caos".[1] O nome sugere alguma forma de modelagem estatística com um tipo particularmente selvagem de aleatoriedade. As pessoas que cunharam o nome evitaram expressamente usar a palavra *aleatório*. A teoria do caos é na verdade uma tentativa de desfazer a revolução estatística, revivendo o determinismo num nível mais sofisticado.

Cabe lembrar que, antes da revolução estatística, as "coisas" com as quais a ciência lidava eram as medições ou os eventos físicos que as geravam. Com a revolução estatística, as coisas da ciência tornaram-se os parâmetros que governam as distribuições das medições.

No enfoque determinista original, sempre havia a crença de que medições mais refinadas levariam a uma definição melhor da realidade física examinada. No enfoque estatístico, os parâmetros de distribuição algumas vezes não exigem realidade física e só podem ser estimados pelo erro, não importa quão preciso seja o sistema de medição. Por exemplo, no enfoque determinista, existe um número fixo, a constante gravitacional, que descreve como as coisas caem em direção à Terra. Na abordagem estatística, as medições da constante gravitacional sempre serão diferentes, e a dispersão de sua distribuição é o que queremos estabelecer para "entender" os corpos que caem.

Em 1963, o teórico do caos Edward Lorenz deu uma palestra muito citada intitulada "O bater de asas de uma borboleta no Brasil poderia provocar um tornado no Texas?" O problema principal de Lorenz era que as funções matemáticas caóticas são muito sensíveis às condições iniciais. Leves diferenças em condições iniciais podem levar a resultados drasticamente diferentes depois de muitas iterações. Lorenz acreditava que essa sensibilidade a pequenas diferenças iniciais tornava impossível determinar uma resposta à sua pergunta. Subjacente à palestra de Lorenz estava a suposição do determinismo de que cada condição inicial pode teoricamente ser rastreada como causa de um efeito final. Essa ideia, chamada de "efeito borboleta", é considerada pelos divulgadores da teoria do caos uma verdade profunda e sábia.

No entanto, não existe prova científica da existência de tais causa e efeito. Não há modelos matemáticos bem estabelecidos da realidade que sugira tal efeito. Trata-se de uma declaração de fé e tem tanta validade científica como declarações sobre demônios ou Deus. O modelo estatístico que define a busca da ciência em termos de parâmetros de distribuições também é baseado em uma declaração de fé sobre a natureza da realidade. Minha experiência em pesquisa científica levou-me a acreditar que a declaração estatística de fé tem mais probabilidade de ser verdadeira que a declaração determinista.

Teoria do caos e adequação do ajuste

A teoria do caos resulta da observação de que números gerados por uma fórmula determinista fixa podem parecer dotados de um padrão aleatório. Isso foi observado quando um grupo de matemáticos tomou algumas fórmulas iterativas relativamente simples e traçou um diagrama do resultado. No Capítulo 9, descrevi uma fórmula iterativa como aquela que produz um número e depois o usa em suas equações para produzir outro número. O segundo número é utilizado para criar um terceiro, e assim sucessivamente. Nos primeiros anos do século XX, o matemático francês Henri Poincaré tentou compreender complexas famílias de equações diferenciais traçando sucessivos pares desses números em um gráfico. Poincaré encontrou alguns padrões interessantes nesses gráficos, mas não viu como explorá-los, e abandonou a ideia. A teoria do caos começa com esses gráficos de Poincaré. O que acontece quando você constrói um gráfico de Poincaré é que os pontos no papel quadriculado aparecem, inicialmente, como se não tivessem estrutura: em vários lugares e de maneira aparentemente acidental. À medida que o número de pontos no gráfico aumenta, no entanto, começam a aparecer padrões. Algumas vezes são grupos de linhas retas paralelas. Também podem ser um conjunto de linhas intersecantes ou círculos, ou círculos com linhas retas que os atravessam.

Os defensores da teoria do caos sugerem que aquilo que na vida real parecem medições puramente randômicas é na verdade gerado por algum conjunto determinista de equações e que essas equações podem ser deduzidas dos padrões que aparecem em um gráfico de Poincaré. Por exemplo, alguns defensores da teoria do caos mediram os intervalos entre os batimentos cardíacos humanos e os colocaram em um gráfico de Poincaré. Eles alegam encontrar padrões nesses gráficos e descrevem equações geradas deterministicamente que parecem produzir o mesmo tipo de padrão.

Até o momento em que eu escrevia este livro, havia significativa falta de solidez na teoria do caos aplicada dessa maneira. Não existe medida de quão bom é o ajuste entre o gráfico fundamentado nos dados e o gráfico gerado por um conjunto específico de equações. A prova de que o gerador proposto é correto se baseia na solicitação ao leitor de que olhe para dois gráficos similares. Esse teste do globo ocular provou ser falível em análises estatísticas. As coisas que ao olho humano parecem similares ou muito próximas disso muitas vezes são drasticamente diferentes quando cuidadosamente examinadas com ferramentas estatísticas desenvolvidas para esse fim.

O teste de adequação do ajuste de Pearson

Esse foi um dos problemas que Karl Pearson reconheceu logo no início de sua carreira. Uma das grandes realizações de Pearson foi a criação do primeiro "teste de adequação do ajuste". Comparando o observado com os valores previstos, ele foi capaz de produzir uma estatística que testava a adequação do ajuste. Chamou sua estatística-teste de "teste qui-quadrado de adequação do ajuste". Usou a letra grega *qui* (χ), já que a distribuição de sua estatística-teste pertencia a um grupo de distribuições assimétricas que ele designara como a família *qui*. Na verdade, a estatística-teste se comportava como o quadrado de qui, daí o nome "qui-quadrado". Como se trata de estatística no sentido de Fisher, ela tem distribuição de probabilidade. Pearson provou que o teste qui-quadrado de adequação do ajuste tem distribuição que é igual, independentemente do tipo de dado usado. Isso significa que ele podia tabular a distribuição de probabilidade dessa estatística e usar o mesmo conjunto de tabelas para todos os testes. O teste qui-quadrado de adequação do ajuste tem um só parâmetro, que Fisher iria chamar de "graus de liberdade". No artigo de 1922, em que criticou pela primeira vez o trabalho de Pearson, Fisher mostrou que, para o caso de comparar duas proporções, Pearson obtivera o valor errado daquele parâmetro.

Só porque ele cometeu um erro em um pequeno aspecto de sua teoria não se deve denegrir a grande realização de Pearson. Seu teste de adequação do ajuste foi o precursor de importante componente da análise estatística moderna, o "teste de hipótese" ou "teste de significância". Ele permite que o analista proponha dois ou mais modelos matemáticos correntes da realidade e use os dados para rejeitar um deles. O teste da hipótese é tão amplamente empregado que muitos cientistas o têm como o único procedimento estatístico disponível. Seu uso, como será visto em capítulos posteriores, envolve alguns sérios problemas filosóficos.

Testar se a senhora pode sentir o gosto diferente do chá

Vamos supor que queremos testar se a senhora pode detectar a diferença entre uma xícara na qual o leite foi posto sobre o chá e outra em que o chá foi posto sobre o leite. Apresentamos duas xícaras e informamos que uma delas é do primeiro e a outra do segundo. Ela as prova e identifica corretamente. Poderia ter adivinhado; tinha 50% de chance. Apresentamos um segundo par, e novamente ela identifica corretamente. Se estivesse adivinhando, a chance de isso acontecer duas vezes seguidas seria de 25%. Apresentamos um terceiro par de xícaras, e outra vez ela identifica corretamente. A chance de isso acontecer como resultado de pura adivinhação é de 12,5%. Apresentamos mais pares de xícaras, e ela as identifica corretamente. Em algum instante, teremos de reconhecer que ela é capaz de perceber a diferença. Suponhamos que ela erre em um par; suponhamos que erre no par 24, depois de ter acertado todos os outros. Ainda assim podemos concluir que ela é capaz de detectar a diferença? E se ela tiver errado em quatro dos 24 pares. Ou cinco dos 24?

O teste de hipótese ou de significância é o procedimento estatístico formal que calcula a probabilidade do que observamos, assumindo que a hipótese a ser testada é verdadeira. Quando a probabilidade observada é muito baixa, concluímos que a hipótese não é verdadeira. Um aspecto importante é o fato de o teste da hipótese fornecer uma ferramenta para rejeitar a hipótese. No caso mencionado, a hipótese rejeitada é a de que a senhora está meramente adivinhando. Ele não nos permite aceitar uma hipótese, mesmo que a probabilidade a ela associada seja muito alta.

No começo do desenvolvimento dessa ideia, a palavra *significativo* chegou a ser usada para indicar que a probabilidade era suficientemente baixa para ser rejeitada. Os dados tornavam-se significativos se podiam ser usados para rejeitar a distribuição proposta. A palavra era usada com seu significado inglês do final do século XIX, e quer dizer simplesmente que a computação significou ou mostrou alguma coisa. Quando a língua inglesa ingressou no século XX, a palavra *significativo* começou a ter outros significados, até que desenvolveu seu sentido atual, querendo dizer alguma coisa muito importante. A análise estatística ainda a utiliza para indicar uma probabilidade muito baixa computada sobre a hipótese testada. Nesse contexto, a palavra tem significado matemático exato. Desafortunadamente, aqueles que usam a análise estatística com frequência consideram que uma estatística de teste significativo implica algo muito mais próximo do moderno significado da palavra.

Uso dos valores de *p* de Fisher

R.A. Fisher desenvolveu a maioria dos métodos de teste de significância que hoje têm uso geral e referiu-se à probabilidade que permite declarar significância como o "valor de *p*". Ele não tinha dúvidas sobre seu significado e utilidade. Grande parte do *Statistical Methods for Research Workers* é dedicada a mostrar como calcular valores de *p*. Como já observei, o livro era destinado a não matemáticos que queriam usar métodos estatísticos. Nele, Fisher não descreve como esses testes foram derivados e nunca indica exatamente que valor de *p* podemos chamar de significativo. Em vez disso, mostra exemplos de cálculos e menciona se o resultado é significativo ou não. Em um exemplo, ele mostra que o valor de *p* é menor que 0,01 e determina: "Só um valor em 100 excederá [a estatística de teste calculada] por acaso, de forma que a diferença entre os resultados seja claramente significativa."

O mais próximo que ele chegou de definir um valor de *p* específico que fosse significativo em todas as circunstâncias ocorreu em um artigo publicado em *Proceedings of the Society for Psychical Research*, em 1929. A pesquisa psíquica se refere a tentativas de mostrar, por métodos científicos, a existência da clarividência. Os pesquisadores de psicologia fazem uso extensivo de testes de significância estatística para mostrar que seus resultados são improváveis em termos da hipótese de que os resultados se devem a puras adivinhações aleatórias feitas pelos sujeitos. Nesse artigo, Fisher condena alguns autores por falhar em usar adequadamente os testes de significância. Ele então afirma:

> Na investigação de seres humanos por métodos biológicos, os testes estatísticos de significância são essenciais. Sua função é impedir que sejamos enganados por

ocorrências acidentais, atribuíveis não às causas que queremos estudar, ou que tentamos detectar, mas à combinação de muitas outras circunstâncias que não podemos controlar. Uma observação é considerada significativa se raramente se produzir na ausência de uma causa real do tipo que estamos procurando. É prática comum julgar um resultado significativo se ele é de tal magnitude que possa ser produzido por acaso não mais frequentemente que uma vez em 20 tentativas. Esse é um nível arbitrário, mas conveniente, de significância para o investigador prático; mas não significa que ele possa se enganar uma vez em cada 20 experimentos. O teste de significância só informa o que ignorar, a saber, todos os experimentos nos quais resultados significativos não são obtidos. O investigador deveria apenas afirmar que um fenômeno é experimentalmente demonstrável quando sabe como planejar um experimento de forma que raramente falhe em dar um resultado significativo. Em consequência, resultados significativos isolados, que ele não sabe como reproduzir, são deixados em suspenso para futura investigação.

Observemos a construção "...sabe como planejar um experimento de forma ... que raramente falhe em dar um resultado significativo". Isso está na essência do uso que Fisher faz dos testes de significância. Para ele, o teste de significância só tem sentido no contexto de uma sequência de experimentos, todos indicados para elucidar os efeitos de tratamentos específicos. Lendo os artigos aplicados de Fisher, somos levados a acreditar que ele usou testes de significância para chegar a uma entre três conclusões possíveis. Se o valor de p é muito pequeno (habitualmente menor que 0,01), ele declara que um efeito foi mostrado. Se o valor de p é grande (habitualmente inferior a 0,20), ele declara que, se há um efeito, ele é tão pequeno que nenhum experimento desse tamanho será capaz de detectá-lo. Se o valor de p está entre esses dois valores, ele discute como deve ser planejado o próximo experimento para obter uma ideia melhor do efeito. Exceto pela declaração acima, Fisher nunca foi explícito sobre o modo como o cientista deve interpretar um valor de p. O que parecia ser intuitivamente claro para Fisher pode não ser claro para o leitor.

Voltaremos a examinar a atitude de Fisher em relação aos testes de significância no Capítulo 18. Ela está no centro de um dos grandes disparates de Fisher, sua insistência em afirmar que não se demonstrou que fumar faz mal à saúde. Deixemos, porém, a análise incisiva de Fisher sobre as evidências que envolvem o fumo e a saúde para depois e voltemos a Jerzy Neyman, com 35 anos de idade em 1928.

A educação matemática de Jerzy Neyman

Jerzy Neyman era um promissor estudante de matemática quando a Primeira Guerra Mundial irrompeu em sua terra natal, na Europa Oriental. Ele foi forçado a ir para a Rússia, onde estudou na Universidade de Kharkov, um posto avançado da atividade matemática na província. Com a falta de professores atualizados em suas áreas de conhecimento e forçado a perder semestres de aula por causa da guerra, ele tomou a matemática elementar que lhe ensinaram em Kharkov e criou a partir dela, procurando artigos nas revistas matemáticas disponíveis. Neyman recebeu assim educação matemática formal similar à ensinada aos estudantes do século XIX, e depois educou-se sozinho na matemática do século XX.

Os artigos de revistas disponíveis para Neyman estavam limitados ao que podia encontrar nas bibliotecas da Universidade de Kharkov e depois nas escolas provinciais polonesas. Por sorte, ele descobriu uma série de artigos de Henri Lebesgue, da França. Lebesgue (1875-1941) havia criado muitas das ideias fundamentais da análise matemática moderna nos primeiros anos do século XX, mas seus artigos são de difícil leitura. A integral de Lebesgue, seu teorema de convergência e outras criações desse grande matemático foram todos simplificados e organizados de forma mais palatável por matemáticos posteriores. Hoje ninguém lê Lebesgue no original. Todos os estudantes aprendem suas ideias por meio dessas versões posteriores.

Ninguém, claro, exceto Jerzy Neyman, que dispunha apenas dos artigos originais de Lebesgue, que lutou com eles e emergiu vendo a brilhante luz dessas (para ele) novas grandes criações. Durante anos, depois disso, Neyman idolatrou Lebesgue, e no final dos anos 1930 finalmente o conheceu numa conferência matemática na França. De acordo com Neyman, Henri Lebesgue mostrou-se um homem ríspido e grosseiro, que respondeu a seu entusiasmo com alguns murmúrios, virou e afastou-se em meio a uma frase que lhe dirigira.

Neyman ficou profundamente magoado com essa rejeição e talvez tomasse isso como lição objetiva, sempre foi cortês e gentil com estudantes jovens, escutando cuidadosamente o que diziam, empenhando-se para que prosseguissem em seu entusiasmo. Assim era Jerzy Neyman. Todos que o conheceram lembram-se dele por sua amabilidade e maneiras afetuosas. Era afável, pensativo e lidava com as pessoas com prazer genuíno. Quando o conheci, no início de seus 80 anos, era um homem pequeno, digno e bem penteado, com um elegante bigode branco; seus olhos azuis brilhavam enquanto escutava os outros e se empenhava em intensas conversas, dando igual atenção a todos, independentemente de quem fosse.

Nos primeiros anos de sua carreira, Neyman conseguiu encontrar um cargo como pesquisador júnior da Universidade de Varsóvia. Naquela época, a então recém-independente nação polonesa tinha pouco dinheiro para apoiar a pesquisa acadêmica, e os empregos para matemáticos eram raros. Em 1928, ele passou um verão no laboratório biométrico de Londres, e ali chegou a conhecer Egon Pearson, sua esposa, Eileen, e as duas filhas. Egon era filho de Karl Pearson, e é difícil encontrar contraste mais surpreendente entre duas personalidades. Enquanto Karl Pearson era exasperante e dominador, Egon era tímido e modesto. Karl precipitava-se sobre novas ideias, frequentemente publicando artigos com a matemática vagamente delineada ou mesmo com alguns erros. Egon era extremamente cuidadoso, preocupando-se com os detalhes de cada cálculo.

A amizade entre Egon e Jerzy ficou documentada nas cartas trocadas entre 1928 e 1933. Essa correspondência fornece uma maravilhosa visão sobre a sociologia da ciência, mostrando como duas mentes originais lutam corpo a corpo com um problema, cada um propondo ideias ou criticando as ideias do outro. A modéstia de Egon Pearson vem à tona quando ele, de modo hesitante, sugere que algo que Neyman propusera talvez não funcionasse. A grande originalidade de Neyman aparece quando ele atravessa problemas complicados para encontrar a natureza essencial de cada dificuldade. A quem quiser entender por que a pesquisa matemática é tão frequentemente uma empresa cooperativa, eu recomendo ler as cartas de Neyman e Pearson.

Qual foi o problema que Egon propôs primeiramente a Neyman? Lembremos o teste qui-quadrado de adequação do ajuste de Karl Pearson. Ele o desenvolveu para testar se os dados se ajustavam a uma distribuição teórica. Na verdade não existe *o* teste qui-quadrado de adequação do ajuste. O analista tem disponível um número infinito de formas de aplicar o teste a um conjunto determinado de dados. Parecia não haver critérios sobre como escolher a "melhor" dentre as várias alternativas. Cada vez que o teste é aplicado, o analista precisa fazer escolhas arbitrárias. Egon propôs a seguinte questão a Jerzy:

> Se apliquei um teste qui-quadrado de adequação do ajuste a um conjunto de dados *versus* a distribuição normal e não consegui um valor de p significativo, como sei que os dados realmente se ajustam a uma distribuição normal? Isto é, como sei que outra versão do teste qui-quadrado ou algum outro teste de adequação do ajuste até agora ainda não descoberto pode não ter produzido um valor de p significativo e me permitido rejeitar a distribuição normal como ajustada aos dados?

O estilo de matemática de Neyman

Neyman levou essa pergunta de volta a Varsóvia, e o intercâmbio de cartas começou. Tanto Neyman quanto o jovem Pearson estavam impressionados com o conceito de Fisher de estimativa baseada na função de verossimilhança. E começaram a investigação observando a probabilidade associada ao teste de adequação do ajuste. O primeiro de seus artigos conjuntos descreve os resultados dessas investigações. É o mais difícil dos três artigos clássicos que eles produziram e que iriam revolucionar toda a ideia de testes de significância. Enquanto continuavam a observar a questão, a grande clareza de visão de Neyman seguia destilando o problema até seus elementos essenciais, e seu trabalho tornou-se mais claro e fácil de compreender.

Mesmo que o leitor não acredite, o estilo literário desempenha importante papel na pesquisa matemática. Alguns matemáticos parecem incapazes de escrever artigos de fácil entendimento. Outros parecem obter perverso prazer de gerar muitas linhas de notação simbólica tão detalhada que a ideia geral se perde na insignificância. Há entretanto aqueles que têm a capacidade de apresentar ideias complexas com tamanha força e simplicidade que o desenvolvimento parece ser óbvio na exposição. Só ao rever o que aprendeu o leitor se dá conta da grandeza dos resultados. Jerzy Neyman era um desses autores. É prazerosa a leitura de seus artigos. As ideias evoluem naturalmente, a notação é incrivelmente simples, e as conclusões parecem tão naturais, que questionamos por que ninguém alcançou esses resultados muito antes.

A Pesquisa Central da Pfizer, onde trabalhei durante 27 anos, patrocina um colóquio anual na Universidade de Connecticut. O Departamento de Estatística convida alguma figura importante em pesquisa bioestatística para lá passar um dia, em contato com os estudantes, e apresentar uma palestra no final da tarde. Estando eu empenhado em obter a subvenção para essa série de palestras, tive a honra de conhecer alguns dos grandes homens da estatística. Jerzy Neyman foi um dos convidados e pediu que sua palestra tivesse formato particular. Quis apresentar um artigo e depois ouvir debatedores que o criticassem. Como era o famoso Jerzy Neyman, os organizadores do simpósio convidaram renomados estatísticos seniores na área da Nova Inglaterra para debater. Em cima da hora, um dos debatedores não pôde comparecer e me pediram que o substituísse.

Neyman nos tinha enviado cópia do artigo que pretendia apresentar. Era um desenvolvimento estimulante, no qual aplicou o trabalho que havia feito em 1939 a um problema de astronomia. Eu conhecia o texto de 1939, que descobrira anos antes, quando era ainda estudante da graduação, e ficara impressionado com ele.

O artigo lidava com uma nova classe de distribuições que Neyman havia descoberto e que denominou "distribuições contagiosas". O problema ali analisado começava tentando modelar o surgimento de larvas de insetos no solo. As fêmeas, carregadas de ovos, voavam sobre o campo e escolhiam aleatoriamente um lugar onde os pôr. Uma vez os ovos depositados, as larvas eclodiam e se afastavam daquele lugar. Uma amostra de solo é tirada do campo. Qual a distribuição de probabilidades do número de larvas encontradas nessa amostra?

A distribuição contagiosa que descreve tais situações foi deduzida, nesse artigo de 1939, mediante uma série de equações aparentemente simples. Essa dedução parece óbvia e natural. Fica claro, quando o leitor chega ao final do artigo, que não existe outro modo de enfocá-lo, mas isso só fica evidente depois de ler Neyman. Desde aquele artigo de 1939, descobriu-se que as distribuições contagiosas de Neyman se ajustam a muitas situações na pesquisa médica, na metalurgia, na meteorologia, na toxicologia e (como descreveu Neyman em seu artigo para o encontro da Pfizer) ao tratar da distribuição das galáxias no Universo.

Depois que terminou a palestra, Neyman sentou-se para escutar os debatedores, todos estatísticos eminentes, muito ocupados para ler seu artigo com antecedência e que consideraram o encontro da Pfizer uma homenagem a Neyman. As "discussões" consistiram em comentários sobre sua carreira e suas realizações passadas. Eu chegara ali como substituto de última hora e não poderia mencionar minhas (não existentes) experiências prévias. Meus comentários diziam respeito a sua apresentação naquele dia, como ele pedira. Em particular, contei como, anos antes, descobrira o artigo de 1939 e como o lera a fim de me preparar com antecedência para a sessão. Descrevi o artigo da melhor forma que pude, mostrando entusiasmo quando cheguei ao modo interessante com que ele tinha desenvolvido o significado dos parâmetros da distribuição.

Neyman estava claramente encantado com meus comentários. Depois, tivemos uma animada discussão sobre as distribuições contagiosas e seus usos. Algumas semanas depois, um grande pacote chegou pelo correio. Era uma cópia de *Selection of Early Statistical Papers of J. Neyman*, publicado pela University of California Press. Na folha de rosto, a dedicatória: "Para o dr. David Salsburg, com profundo agradecimento por seus interessantes comentários a minha palestra de 30 de abril de 1974. J. Neyman."

Aprecio esse livro tanto pela dedicatória como pelo conjunto de artigos lindos e bem escritos. Desde então tive a oportunidade de falar com muitos dos alunos e assistentes de Neyman. O sujeito afável, encantador e interessado que encontrei em 1974 era o homem que eles conheciam e admiravam.

11. Testes de hipótese

No começo de seu trabalho em conjunto, Egon Pearson perguntou a Jerzy Neyman como ele poderia ter certeza de que um conjunto de dados tivesse distribuição normal se falhasse em encontrar um valor de p significativo quando fizesse testes de normalidade. A colaboração deles começou com essa pergunta, mas a questão inicial de Pearson abriu as portas para outra muito mais ampla. O que representa ter um resultado não significativo em um teste de significância? Podemos concluir que a hipótese é verdadeira se falhamos em refutá-la?

R.A. Fisher tinha abordado essa questão de forma indireta. Ele considerava que valores de p altos (um fracasso em encontrar significância) indicavam a inadequação dos dados para se chegar a uma decisão. Para Fisher, nunca houve a premissa de que o fracasso em encontrar significância implicasse que a hipótese testada era verdadeira. Para citá-lo:

> Quanto à falácia lógica de acreditar que uma hipótese foi comprovada apenas porque não foi contrariada pelos fatos disponíveis, ela não tem mais direito de insinuar-se na estatística do que em outros tipos de raciocínio científico ... Aumentaria, portanto, a clareza com que os testes de significância são considerados caso em geral se compreendesse que, quando usados com precisão, eles são capazes de rejeitar ou invalidar hipóteses, quando são contrariados pelos dados; mas que nunca são capazes de estabelecê-las certamente como verdadeiras...

Karl Pearson usou frequentemente seu teste qui-quadrado de adequação do ajuste para "provar" que os dados seguiam distribuições particulares. Fisher introduziu maior rigor na estatística matemática, e os métodos de Karl Pearson não eram mais aceitáveis. A questão ainda permanecia. Era necessário admitir que os dados se ajustavam a uma distribuição particular para saber quais parâmetros estimar e determinar como esses parâmetros se relacionavam com a questão científica em pauta. Muitas vezes os estatísticos ficavam tentados a usar testes de significância para provar isso.

Em sua correspondência, Pearson e Neyman exploraram vários paradoxos que surgiram dos testes de significância, casos em que a utilização impensada de um teste de significância levava à rejeição de uma hipótese obviamente verdadeira. Fisher nunca se deixou cair nesses paradoxos, porque teria sido óbvio para ele que os testes de significância estavam sendo aplicados incorretamente. Neyman perguntou que critérios vinham sendo usados para decidir quando um teste de significância era aplicado corretamente. De modo gradual, entre suas cartas e nas visitas que Neyman fez à Inglaterra durante os verões e nas de Pearson à Polônia, surgiram as ideias básicas dos testes de hipótese.[1]

Uma versão simplificada dos testes de hipótese pode ser encontrada agora em todos os livros didáticos elementares de estatística. Sua estrutura é simples, e, percebi, facilmente compreendida pela maioria dos estudantes do primeiro ano. Como ela foi codificada, essa versão da formulação é exata e didática. Assim é como deve ser feito, dizem os textos, e essa é a única maneira de fazê-lo. Esse enfoque rígido dos testes de hipótese foi aceito por agências reguladoras como a U.S. Food and Drug Administration e a Agência de Proteção Ambiental, é ensinado em faculdades de medicina para futuros pesquisadores, e também se insinuou nos procedimentos legais que lidam com certos tipos de casos de discriminação.

Quando a formulação de Neyman-Pearson é ensinada nessa versão rígida e simplificada do que Neyman desenvolveu, ela distorce suas descobertas ao concentrar-se nos aspectos errados da formulação. Sua maior descoberta foi a de que os testes de significância não faziam sentido a não ser que houvesse pelo menos duas hipóteses possíveis. Não se pode, portanto, testar se os dados se ajustam a uma distribuição normal a não ser que exista alguma outra distribuição ou conjunto de distribuições a que se acredita que eles se ajustarão. A escolha dessas hipóteses alternativas dita a forma como é feito o teste de significância. A probabilidade de detectar aquela hipótese alternativa, se for verdadeira, é o "poder" do teste. Em matemática, a clareza de pensamento é desenvolvida dando-se nomes claros e bem definidos a conceitos específicos. Para distinguir entre a hipótese que está sendo usada para computar o valor de p de Fisher e a outra possível hipótese ou hipóteses, Neyman e Pearson chamaram a hipótese testada de "hipótese nula" e as outras de "alternativas". Em sua formulação, o valor de p é calculado para testar a hipótese nula, mas o poder se refere a como esse valor de p se comportará se a alternativa for de fato verdadeira.

Isso levou Neyman a duas conclusões: a de que o poder de um teste é uma medida de quão bom ele é. O mais poderoso de dois testes é o melhor a ser usado. A segunda conclusão é a de que o conjunto de alternativas não pode ser demasiado grande. O analista não pode dizer que os dados vêm de uma distribuição normal (a hipótese nula) ou que vêm de alguma outra possível distribuição. Isso é um conjunto demasiado amplo de alternativas, e nenhum teste pode ser poderoso contra todas as alternativas possíveis.

Em 1956, L.J. Savage e Raj Raghu Bahadur, na Universidade de Chicago, mostraram que a classe de alternativas não precisa ser muito ampla para que os testes de hipótese falhem. Eles construíram um conjunto relativamente pequeno de hipóteses alternativas em relação às quais nenhum teste tinha algum poder. Durante os anos 1950, Neyman desenvolveu a ideia de testes restritos de hipótese, em que o conjunto de hipóteses alternativas é definido muito rigorosamente. E mostrou que esses testes são mais poderosos do que os que lidam com conjuntos mais inclusivos de hipóteses.

Em muitas situações, os testes de hipótese são usados sobre uma hipótese nula que é um artifício. Por exemplo, quando duas drogas são comparadas, em um ensaio clínico, a hipótese nula, a ser testada, é que elas produzem igual efeito. No entanto, se isso fosse verdade, o estudo nunca teria sido feito. A hipótese nula de que os dois tratamentos são iguais é um títere, criado para ser derrubado pelos resultados do estudo. Assim, segundo Neyman, o planejamento do estudo deve ser orientado no sentido de maximizar o poder dos dados resultantes para derrubar o artifício e mostrar como as drogas se diferenciam na verdade.

O que é probabilidade?

Lamentavelmente, para desenvolver um enfoque matemático dos testes de hipótese que fosse internamente consistente, Neyman teve de lidar com um problema que Fisher ignorara e que continua a perturbar os testes de hipótese, apesar da solução matemática, elegante e pura de Neyman. Trata-se do problema da aplicação de métodos estatísticos na ciência. Em sua forma mais geral, pode ser resumido nesta questão: o que significa a probabilidade na vida real?

As formulações matemáticas da estatística podem ser usadas para computar probabilidades. Essas probabilidades nos capacitam a aplicar métodos estatísticos a problemas científicos. Em termos da matemática usada, a probabilidade é bem definida. Como esse conceito abstrato se conecta com a realidade? Como o cientista deve interpretar os relatórios de probabilidade das análises estatísticas ao tentar estabelecer o que é verdadeiro ou não? No capítulo final deste livro abordarei o problema geral e as tentativas que foram feitas para responder a essas questões. Por ora, no entanto, examinaremos as circunstâncias específicas que forçaram Neyman a encontrar sua versão da resposta.

Lembremos que o uso que Fisher fez de um teste de significância produziu um número que ele chamou de valor de p. Essa é uma probabilidade calculada, uma probabilidade associada com os dados observados sob a suposição de que a hipótese nula seja verdadeira. Por exemplo, suponhamos que queremos testar uma nova droga para a prevenção da recorrência de câncer de mama em pacientes que sofreram mastectomias, comparando-a com um placebo. A hipótese nula, o títere, é que a droga não é melhor do que o placebo. Suponhamos que, depois de cinco anos, 50% das mulheres tratadas com placebo tenham tido recorrência, contra nenhuma mulher tratada com a nova droga. Isso prova que a nova droga "funciona"? A resposta, claro, depende de quantas pacientes esses 50% representam.

Se o estudo incluísse apenas quatro mulheres em cada grupo, isso significa que teríamos oito pacientes, duas das quais tiveram recorrência. Suponhamos que tomemos um grupo qualquer de oito mulheres, marquemos duas delas e dividamos as oito aleatoriamente em dois grupos de quatro. A probabilidade de que ambas as pessoas marcadas caiam em um mesmo grupo é de aproximadamente 0,30. Se houvesse apenas quatro mulheres em cada grupo, o fato de que todas as recorrências caíram no grupo placebo não é significante. Se o estudo incluísse 500 mulheres em cada grupo, seria altamente improvável que todas as 250 mulheres com recorrência ocorressem no grupo placebo, a não ser que a droga estivesse funcionando. A probabilidade de que todas as 250 caíssem em um único grupo, se a droga não fosse melhor que o placebo, é o valor de p, que nesse caso é inferior a 0,0001.

O valor de p é uma probabilidade, e assim é computado.* Como é usado para mostrar que a hipótese sob a qual é calculado é falsa, o que ele realmente significa? É uma probabilidade teórica associada às observações sob condições que muito provavelmente são falsas. Nada tem a ver com a realidade. É uma medição indireta de plausibilidade. Não é a probabilidade de que estivéssemos

---

* Nesse exemplo, o valor de $p < 0,0001$ significa que a probabilidade de todas as 250 mulheres com recorrência serem do grupo placebo por mero acaso, sem que a droga tenha efeito real, é de apenas 1 em 10.000. (N.R.T.)

errados ao dizer que a droga funciona. Não é a probabilidade de qualquer tipo de erro. Não é a probabilidade de que uma paciente ficará igualmente tratada com o placebo ou com a droga. Para determinar quais testes são melhores do que os outros, entretanto, Neyman teve de encontrar uma forma de colocar os testes de hipótese dentro de uma estrutura em que as probabilidades associadas com as decisões feitas a partir do teste pudessem ser calculadas. Ele precisava conectar os valores de p do teste da hipótese com a vida real.

A definição frequentista de probabilidade

Em 1822, o filósofo inglês John Venn propôs uma formulação da probabilidade matemática que fazia sentido na vida real. Inverteu um importante teorema da probabilidade, a lei dos grandes números, segundo a qual, se algum evento tem uma dada probabilidade (como lançar um único dado e fazê-lo cair com o lado seis para cima), e se fizermos várias tentativas idênticas seguidas, a proporção de vezes que aquele evento ocorre ficará cada vez mais perto da sua probabilidade.

Venn afirmou que a probabilidade associada com um evento dado é a proporção de vezes que o evento ocorre no tempo. Em sua proposta, a teoria matemática da probabilidade não subentende a lei dos grandes números, mas esta subentende aquela. Essa é a definição frequentista de probabilidade. Em 1921, John Maynard Keynes[2] demoliu essa definição como interpretação útil ou mesmo significativa, mostrando que suas inconsistências fundamentais impossibilitavam sua aplicação na maioria dos casos em que é evocada a probabilidade.

Quando precisou estruturar testes de hipótese usando matemática formal, Neyman adotou a definição frequentista de Venn; fez isso para justificar sua interpretação do valor de p em um teste de hipótese. Na formulação de Neyman-Pearson, o cientista estabelece um número fixo, tal como 0,05, e rejeita a hipótese nula sempre que o valor de p do teste de significância for menor ou igual a 0,05. Dessa forma, com o decorrer do tempo, o cientista rejeitará uma verdadeira hipótese nula exatamente 5% das vezes. Da forma como o teste de hipótese é ensinado agora, enfatiza-se a evocação de Neyman do enfoque frequentista. É muito fácil considerar a formulação dos testes de hipótese de Neyman-Pearson como uma parte do enfoque frequentista da probabilidade e ignorar as visões mais importantes que Neyman forneceu sobre a necessidade de um conjunto bem definido de hipóteses alternativas no qual testar o artifício da hipótese nula.

Fisher compreendeu mal as perspectivas de Neyman, concentrou-se na definição de nível de significância, omitindo as importantes ideias de poder e da necessidade de definir as classes de alternativas. Em crítica a Neyman, ele observou:

> Neyman, acreditando estar corrigindo e melhorando meu trabalho inicial sobre testes de significância, como forma de "aprimorar o conhecimento natural", de fato o reinterpretou em termos daquele aparelho comercial e tecnológico que é conhecido como procedimento de aceitação. Ora, procedimentos de aceitação são de grande importância no mundo moderno. Quando uma grande empresa como a Marinha Real recebe material de uma empresa de engenharia, esse material é sujeito, suponho, a inspeções e a testes suficientemente cuidadosos para reduzir a frequência de aceitação de encomendas defeituosas ou equivocadas ... As diferenças lógicas entre tal operação e o trabalho de descoberta científica por meio da experimentação física ou biológica, porém, parecem tão amplas, que a analogia entre eles não é útil, e a identificação dos dois tipos de operação é decididamente enganosa.

Apesar dessas distorções das ideias básicas de Neyman, o teste de hipótese tornou-se a ferramenta estatística mais amplamente usada na pesquisa científica. A matemática refinada de Jerzy Neyman transformou-se agora em ideia fixa em muitas áreas da ciência. A maioria das revistas científicas exige que os autores de artigos incluam testes de hipótese em suas análises de dados. E, mais além das revistas científicas, as autoridades reguladoras de drogas nos Estados Unidos, no Canadá e na Europa exigem o uso de testes de hipótese nas provas jurídicas. Tribunais têm aceitado testes de hipótese como método apropriado de prova e permitem que os queixosos os usem para mostrar discriminação no emprego – permeia, enfim, todos os ramos da ciência estatística.

A ascensão da formulação Neyman-Pearson ao pináculo da estatística, entretanto, não ficou sem desafiantes. Fisher atacou-a desde o começo e continuou a atacá-la pelo resto de sua vida. Em 1955, publicou um artigo intitulado "Statistical Methods and Scientific Induction" na revista *Journal of the Royal Statistical Society* e retomou o assunto em seu último livro, *Statistical Methods and Scientific Inference*. No final dos anos 1960, David Cox, que logo seria editor de *Biometrika*, publicou mordaz análise a respeito de como os testes de hipótese são realmente usados na ciência, mostrando que a interpretação frequentista de Neyman era inapropriada para o que estava sendo feito. Nos anos 1980, W. Edwards Deming atacou a ideia de testes de hipótese como algo sem sentido (voltaremos à influência de Deming sobre a estatística no Capítulo 24). Ano após ano, continuam a aparecer artigos na literatura estatística que apontam novos defeitos na formulação de Neyman-Pearson sedimentada nos livros didáticos.

O próprio Neyman não participou da canonização da formulação de Neyman-Pearson dos testes de hipótese. Já em 1935, em artigo que publicou (em francês) no *Bulletin de la Société Mathématique de France*, ele questionou seriamente a possibilidade de encontrar testes de hipótese ótimos. Em seus últimos artigos, ele raramente faz uso de testes de hipótese diretamente. Seus enfoques estatísticos habitualmente envolvem derivar distribuições probabilísticas de princípios teóricos e depois estimar os parâmetros a partir dos dados.

Outros pegaram as ideias subjacentes à formulação de Neyman-Pearson e as desenvolveram. Durante a Segunda Guerra Mundial, Abraham Wald ampliou o uso que Neyman fazia das definições frequentistas de Venn para desenvolver o campo da teoria da decisão estatística. Erich Lehmann produziu critérios alternativos para testes de qualidade e depois, em 1959, publicou um livro didático definitivo sobre a questão dos testes de hipótese, que permanece a mais completa descrição dos testes de hipótese de Neyman-Pearson na literatura pertinente.

Pouco antes que Hitler invadisse a Polônia e lançasse uma cortina de mal sobre a Europa continental, Neyman foi para os Estados Unidos, onde deu início a um programa de estatística na Universidade da Califórnia, em Berkeley, onde ficou até sua morte, em 1981, tendo criado um dos mais importantes departamentos estatísticos acadêmicos do mundo. Levou para seu departamento algumas das maiores figuras da área. Também tirou algumas da obscuridade, propiciando-lhes alcançar grandes realizações. David Blackwell, por exemplo, trabalhava sozinho na Universidade Howard, isolado de outros estatísticos matemáticos. Por causa de sua raça, não conseguira ingressar em uma escola "branca", apesar de seu grande potencial; Neyman convidou-o para Berkeley. Trouxe também um estudante de pós-graduação, vindo de uma família de camponeses franceses analfabetos, Lucien Le Cam, que depois se tornou um dos principais probabilistas do mundo.

Neyman foi sempre atento com seus estudantes e com os colegas da faculdade, que descrevem os prazeres do chá da tarde no departamento, presidido por Neyman com graça cortês. Costumava sutilmente estimular alguém, estudante ou professor, a descrever alguma pesquisa recente e então caminhava pela sala, incitando os comentários e ajudando na discussão. Terminava muitas xícaras de chá com um brinde: "Às damas!" Era especialmente bom para "as damas", encorajando-as e lhes promovendo a carreira. Entre suas protegidas estavam a dra. Elizabeth Scott, que trabalhava com ele e foi coautora de artigos seus sobre astronomia, carcinogênese e zoologia, e a dra. Evelyn Fix, que deu importantes contribuições à epidemiologia.

Até a morte de Fisher, em 1962, Neyman esteve sob constante ataque desse amargo gênio. Tudo que Neyman fizesse era grão para o moinho da crítica de Fisher. Se Neyman tinha sucesso em provar alguma obscura declaração fisheriana, este o atacava por não ter compreendido o que havia escrito. Se Neyman ampliava uma ideia fisheriana, este o atacava por levar a teoria por um caminho inútil. Segundo as pessoas que com ele trabalhavam, Neyman nunca retaliou as agressões, nem em publicações nem em particular.

Já no final da vida, Neyman relatou em uma entrevista, a ocasião, nos anos 1950, em que apresentou em francês um artigo em uma reunião internacional. Quando caminhava para o pódio, notou que Fisher estava na plateia. Enquanto apresentava o artigo, preparou-se para os ataques que certamente receberia; sabia que Fisher saltaria sobre algum aspecto sem importância do artigo e destruiria o texto, bem como o autor. Terminou e esperou as perguntas do público. Vieram algumas, mas Fisher não se mexeu, não disse uma palavra. Mais tarde, Neyman descobriu que Fisher não falava francês.

12. O golpe da confiança

Quando a epidemia de aids apareceu nos anos 1980, várias perguntas precisavam ser respondidas. Uma vez que o agente infeccioso HIV (sigla em inglês para Vírus da Imunodeficiência Humana) foi identificado, os funcionários da saúde precisavam saber quantas pessoas infectadas havia, a fim de planejar os recursos necessários para enfrentar a epidemia. Afortunadamente, podiam-se aplicar modelos matemáticos de epidemiologia,[1] desenvolvidos nos 20 ou 30 anos anteriores.

A visão científica moderna de doença epidêmica é a seguinte: pacientes individuais são expostos, alguns ficam infectados e, depois de um período de tempo chamado "latência", muitos deles desenvolvem sintomas da doença. Uma vez infectada, a pessoa é fonte potencial de exposição para outras que ainda não estão infectadas. Não existe forma de prever qual pessoa será exposta, infectada ou infectará outras. Por isso, lidamos com distribuições probabilísticas e estimamos os parâmetros dessas distribuições.

Um dos parâmetros é o tempo médio de latência, o tempo médio entre a infecção e o aparecimento dos sintomas. No caso da epidemia de aids, esse foi um parâmetro particularmente importante para os funcionários de saúde pública, que não tinham como saber quantas pessoas estavam infectadas e quantas iriam manifestar a doença, mas que, se soubessem o tempo médio de latência, poderiam combinar essa informação com a contagem das pessoas já portadoras da doença e estimar o número de infectados. Além disso, graças a uma circunstância não usual no padrão de infecção da aids, havia um grupo de pacientes a respeito do qual eles sabiam tanto o tempo da infecção quanto o tempo em que a doença aparecera: um pequeno grupo de hemofílicos fora exposto ao HIV por produtos sanguíneos contaminados, e com seus dados estimou-se o parâmetro de tempo médio de latência.

Essa estimativa era boa? Os epidemiologistas podiam afirmar ter usado as melhores estimativas, no sentido de Fisher: eram consistentes e apresentavam eficiência máxima. Podiam até corrigi-las para evitar possíveis vieses e afirmar que suas estimativas estavam livres de viés (ou eram não viciadas). Como indicamos em capítulos anteriores, porém, não existe forma de saber se uma estimativa específica está correta.

Se não podemos dizer que uma estimativa é exatamente correta, existe algum modo de dizer quão próxima ela está do valor verdadeiro do parâmetro? A resposta a essa pergunta está no uso da estimativa de intervalo. Uma estimativa pontual é um único número. Por exemplo, poderíamos usar os dados de estudos hemofílicos para estimar que a latência média era de 5,7 anos. Uma estimativa de intervalo afirmaria que a latência fica entre 3,7 e 12,4 anos. É adequado ter uma estimativa de intervalo, já que as políticas públicas exigidas são praticamente iguais para ambas as pontas da estimativa por intervalo. Algumas vezes, a estimativa por intervalo é muito ampla, e diferentes políticas públicas seriam necessárias para o valor mínimo e o máximo. A conclusão que podemos tirar de um intervalo demasiado vasto é que a informação disponível não é adequada para tomar uma decisão, e que outras informações devem ser procuradas, talvez ampliando o escopo da investigação ou empenhando-se em outra série de experimentos.

Por exemplo, se o tempo médio de latência para a aids é tão elevado como 12,4 anos, então aproximadamente 1/5 dos pacientes infectados vai sobreviver por 20 anos ou mais depois de ter sido infectado e antes de manifestar a aids. Se o tempo médio de latência é de 3,7 anos, quase todos os pacientes terão aids dentro de 20 anos. Esses dois resultados são disparatados demais para guiar uma política pública única, e seria útil obter mais informação.

No final dos anos 1980, a Academia Nacional de Ciências convocou um comitê formado por alguns dos melhores cientistas do país para considerar a possibilidade de que os fluorocarbonetos usados em sprays de aerossol estivessem destruindo a camada de ozônio da atmosfera superior, que protege a Terra da nociva radiação ultravioleta. Em vez de responder à pergunta com um sim ou um não, o comitê (cujo presidente, John Tukey, é tema do Capítulo 22 deste livro) decidiu modelar o efeito dos fluorocarbonetos em termos de uma distribuição probabilística e então computar uma estimativa de intervalo da mudança média no ozônio por ano. Disso resultou que, mesmo usando a pequena quantidade de dados disponível, a ponta mais baixa daquele intervalo indicava uma redução anual de ozônio suficiente para representar séria ameaça à vida humana dentro de 50 anos.

Estimativas de intervalo agora permeiam quase todas as análises estatísticas. Quando uma pesquisa de opinião pública afirma que 44% da população pensa que o presidente está fazendo um bom trabalho, habitualmente existe uma nota de pé de página dizendo que esse número tem "uma margem de erro de mais ou menos 3%". O que isso significa é que 44% das pessoas entrevistadas responderam acreditar nisso. Como se trata de pesquisa aleatória, o parâmetro a ser buscado é a percentagem de todas as pessoas que pensam desse modo. Dado o pequeno número da amostra, uma suposição razoável é que o parâmetro varie de 41% (44% menos 3%) até 47% (44% mais 3%).

Como se computa uma estimativa de intervalo? Como se interpreta uma estimativa de intervalo? Podemos fazer uma afirmação de probabilidade a seu respeito? Quão certos estamos em dizer que o verdadeiro valor do parâmetro está dentro do intervalo?

A solução de Neyman

Em 1934, Neyman apresentou uma palestra na Royal Statistical Society intitulada "Sobre os dois diferentes aspectos do método de representação". Seu artigo, tratando da análise de pesquisas por amostragem, tem a elegância da maioria de sua obra, derivando o que parecem ser simples expressões matemáticas intuitivamente óbvias (depois que ele as derivava). A parte mais importante desse artigo está em um apêndice, no qual Neyman propõe um caminho direto para criar uma estimativa por intervalo e determinar seu nível de exatidão. Chama-se esse procedimento de "intervalos de confiança", e as extremidades dos intervalos de confiança, de "limites de confiança".

O professor G.M. Bowley estava presidindo a sessão e levantou-se para propor um voto de agradecimento. Primeiro discutiu o corpo principal do artigo ao longo de vários parágrafos. Depois chegou ao apêndice:

> Não estou seguro se peço uma explicação ou lanço uma dúvida. Está sugerido no artigo que o trabalho é difícil de seguir, e eu posso ser um dos que foram induzidos ao erro por ele [mais adiante, nesse parágrafo, ele elabora um exemplo, no qual mostra que entendera claramente o que Neyman estava propondo]. Posso dizer apenas que o li quando apareceu e li ontem sua elucidação pelo dr. Neyman, com grande atenção. Refiro-me aos limites de confiança e não estou de todo seguro de que a "confiança" não seja um "golpe da confiança".

Bowley então elabora um exemplo do intervalo de confiança de Neyman e continua:

> Isso nos leva realmente a algum lugar? Sabemos mais do que era conhecido por Todhunter [probabilista do final do século XIX]? Isso nos leva além de Karl Pearson e Edgeworth [importante figura no início do desenvolvimento da estatística matemática]? Isso nos leva realmente na direção do que precisamos – a eventualidade de que, no universo que estamos experimentando, a proporção esteja dentro desses limites certos? Acho que não ... Não sei se expressei meus pensamentos com exatidão... [isto] é uma dificuldade que senti desde que o método foi proposto pela primeira vez. A afirmação da teoria não é convincente, e, até eu estar convencido, duvido de sua validade.

O problema de Bowley com esse procedimento tem perturbado a ideia dos limites de confiança desde então. Claramente, as quatro elegantes linhas de cálculo que Neyman usou para derivar seu método são corretas dentro da teoria matemática abstrata da probabilidade, e de fato levam à computação de uma probabilidade. No entanto, não está claro a que essa probabilidade se refere. Os dados foram observados, o parâmetro é um número fixo (ainda que desconhecido), e, desse modo, a probabilidade de que o parâmetro assuma um valor específico é de 100% se aquele for o valor, ou de 0, se não for. No entanto, um intervalo de confiança de 95% lida com a probabilidade de 95%. Probabilidade de quê? Neyman contorna o problema chamando sua criação de intervalo de confiança e evitando o uso da palavra probabilidade. Bowley e outros enxergaram com nitidez através desse estratagema transparente.

Fisher também estava entre os debatedores, mas omitiu esse ponto. Sua argumentação foi um conjunto de referências vagas e confusas a respeito de coisas que Neyman nem mesmo incluíra em seu artigo. Isso porque Fisher estava confuso quanto ao cálculo de estimativas de intervalo. Em seus comentários, ele se referiu à "probabilidade fiducial", frase que não aparece no artigo de Neyman. Havia muito tempo ele batalhava com o mesmo problema: como determinar o grau de incerteza associado à estimativa de intervalo de um parâmetro. Fisher estava trabalhando na questão a partir de um ângulo complicado, de certa forma relacionado com sua função de verossimilhança. Como logo provou, esse modo de olhar a fórmula não preenchia os requisitos de uma distribuição probabilística; ele chamou essa função de "distribuição fiducial", mas depois violou suas próprias perspectivas ao usar a mesma matemática aplicável a uma distribuição probabilística. Fisher esperava que o resultado fosse um conjunto de valores razoável para o parâmetro, diante dos dados observados.

Isso foi exatamente o que Neyman produziu, e se o parâmetro fosse a média da distribuição normal, ambos os métodos produziriam respostas iguais. Daí Fisher ter concluído que Neyman roubara sua ideia de distribuição fiducial, apresentando-a com um nome diferente.

Ele nunca foi muito longe com suas distribuições fiduciais, porque o método não funcionava para parâmetros mais complexos, como o desvio padrão. O método de Neyman funciona com qualquer tipo de parâmetro. Fisher aparentemente nunca entendeu a diferença entre os dois enfoques, insistindo até o fim da vida que os intervalos de confiança de Neyman eram, no máximo, uma generalização de seus intervalos fiduciais. Ele estava certo de que a generalização aparente de Neyman não resistiria a um problema suficientemente complicado – como ocorreu com seus intervalos fiduciais.

Probabilidade *versus* grau de confiança

O procedimento de Neyman resiste, não importa quão complicado seja o problema, e essa é a razão pela qual ele é tão amplamente utilizado nas análises estatísticas. O problema real de Neyman com os intervalos de confiança não foi aquele antecipado por Fisher, mas o que Bowley levantara no começo da discussão. O que significa probabilidade nesse contexto? Em sua resposta, Neyman caiu na definição frequentista de probabilidade na vida real. Como ele disse então e esclareceu em artigo posterior, o intervalo de confiança deve ser visto não em termos de cada conclusão, mas como um processo. Com o decorrer do tempo, um estatístico que sempre computa intervalos de confiança de 95% descobrirá que o valor verdadeiro do parâmetro está dentro do intervalo computado 95% das vezes. Observem que, para Neyman, a probabilidade associada ao intervalo de confiança não era a probabilidade de acerto, mas a frequência de declarações corretas que um estatístico que utiliza seu método fará no decorrer do tempo. Nada afirma a respeito de quão "precisa" é a estimativa corrente.

Mesmo com o cuidado que Neyman tomou ao definir o conceito, e com os cuidados que estatísticos como Bowley tomaram para manter o conceito de probabilidade claro e não contaminado, o uso geral dos intervalos de confiança na ciência produziu muitos raciocínios descuidados. Não é incomum, por exemplo, que alguém que esteja usando um intervalo de confiança de 95% afirme que está "95% seguro" de que o parâmetro esteja dentro desse intervalo. No Capítulo 13, conheceremos L.J. ("Jimmie") Savage e Bruno de Finetti e descreveremos seu trabalho sobre probabilidade pessoal, que justifica o uso de afirmações como essa. No entanto, o cálculo do grau em que uma pessoa pode estar segura de alguma coisa é diferente do cálculo de um intervalo de confiança. A literatura estatística tem muitos artigos em que os limites de um parâmetro derivados segundo os métodos de Savage ou Finetti mostraram-se drasticamente diferentes dos limites de confiança de Neyman derivados dos mesmos dados.

A despeito das questões sobre o significado da probabilidade nesse contexto, os limites de confiança de Neyman se tornaram o método-padrão para computar uma estimativa de intervalo. Os cientistas, em sua maioria, computam limites de confiança de 90 ou 95% e atuam como se estivessem seguros de que o intervalo contém o valor verdadeiro do parâmetro.

Ninguém se refere hoje às "distribuições fiduciais"; essa ideia morreu com Fisher. Tentando fazê-la funcionar, ele fez muitas pesquisas inteligentes e importantes; algumas delas tornaram-se a tendência principal na área; outras permaneceram no estado incompleto em que ele as deixou.

Em sua pesquisa, Fisher às vezes chegou muito perto do alvo, entrando em um ramo da estatística que ele chamou de "probabilidade inversa". A cada vez ele recuava. A ideia de probabilidade inversa começou com o reverendo Thomas Bayes, matemático amador do século XVIII, que mantinha correspondência com muitos dos principais cientistas de sua época e frequentemente lhes apresentava complicados problemas matemáticos. Um deles relata que, enquanto brincava com as fórmulas matemáticas comuns de probabilidade, Bayes combinou duas delas com álgebra simples e descobriu algo que o deixou horrorizado.

No próximo capítulo veremos a heresia bayesiana e por que Fisher se recusou a utilizar a probabilidade inversa.

13. A heresia bayesiana

A Serena República de Veneza foi importante potência no Mediterrâneo do século VIII ao começo do XVIII. No auge de seu império, Veneza controlava a maior parte da costa adriática, as ilhas de Creta e Chipre, e tinha monopólio sobre o comércio do Oriente para a Europa. Era governada por um grupo de famílias nobres que mantinham uma espécie de democracia entre elas, cujo chefe de Estado titular era o doge. Desde a fundação da República, em 697, até sua tomada pela Áustria, em 1797, mais de 150 homens atuaram como doge, alguns por um ano ou menos, outros por mais de 34 anos. Com a morte do doge reinante, a República se empenhava em elaborada sequência de eleições. Entre os membros seniores das famílias nobres, um pequeno número era escolhido ao acaso como *lectores*. Esses *lectores* escolhiam membros adicionais para reunir-se a eles nesse primeiro estágio, e um pequeno número desse grupo ampliado seria escolhido novamente ao acaso. Isso continuava por vários estágios até que um grupo final de *lectores* escolhia o doge.

No começo da história da República, os *lectores* eram escolhidos em cada etapa usando um conjunto de bolas de cera, algumas vazias, outras com uma pequena tira de papel em que se escrevera a palavra *lector*. No século XVII, as etapas finais eram conduzidas utilizando-se bolas de tamanho idêntico de ouro e prata. Quando o doge Rainieri Zeno morreu, em 1268, havia 30 *lectores* na segunda etapa, e 30 bolas de cera foram preparadas, nove das quais continham tiras de papel. Uma criança foi solicitada a escolher uma bola de uma cesta e a apresentar ao primeiro *lector*, que a abriu e viu se seria *lector* na próxima etapa. A criança escolheu outra bola e a entregou ao segundo *lector*, e assim sucessivamente.

Antes que a criança escolhesse a primeira bola, cada membro do grupo tinha a probabilidade de 9/30 de tornar-se *lector* para a próxima etapa. Se a primeira bola estivesse vazia, cada um dos remanescentes tinha a probabilidade de 9/29 de ser escolhido; se contivesse uma tira de papel, então cada um dos membros remanescentes teria a chance de 8/29 de ser escolhido. Uma vez que a segunda bola fosse escolhida e mostrada, a probabilidade de o próximo membro ser *lector* diminuiria ou aumentaria, dependendo do resultado da escolha. Isso continuaria até que as nove bolas marcadas fossem escolhidas. Nesse ponto, a chance de qualquer dos membros remanescentes tornar-se *lector* para a próxima etapa caía para zero.

Esse é um exemplo de probabilidade condicional. A probabilidade de que um dado membro se tornasse *lector* na próxima etapa dependia das bolas que tivessem sido sorteadas antes da que lhe correspondia. John Maynard Keynes indicou que todas as probabilidades são condicionais. Para usar um de seus exemplos, a probabilidade de que um livro escolhido aleatoriamente em sua biblioteca estivesse encadernado com entretela é condicional em relação aos livros que estão na biblioteca e ao modo como se estivesse fazendo a escolha "aleatoriamente". A probabilidade de que um paciente tenha carcinoma de célula pequena do pulmão é condicional à história de fumo do paciente. O valor de p calculado para testar a hipótese nula do não efeito do tratamento em um experimento controlado está condicionado ao planejamento do experimento. O aspecto importante da probabilidade condicional é que a probabilidade de um dado evento (por exemplo, que um conjunto particular de números ganhará a loteria) é diferente para condições anteriores diferentes.

As fórmulas desenvolvidas durante o século XVIII para lidar com a probabilidade condicional dependiam todas da ideia de que os eventos condicionantes teriam ocorrido antes do evento que estivesse sendo examinado. Na última parte daquele século, o reverendo Thomas Bayes brincava com as fórmulas de probabilidade condicional e fez uma descoberta surpreendente: elas detinham simetria interna.

Consideremos dois eventos que ocorram durante um período de tempo, como misturar um baralho de cartas e depois distribuir as cartas para uma partida de pôquer entre cinco jogadores. Chamemos os eventos de "antes" e "depois". Faz sentido falar sobre a probabilidade de "depois" condicionada a "antes". Se falhamos ao embaralhar bem as cartas, isso influenciará a probabilidade de obter dois ases na mão de pôquer. Bayes descobriu que também podemos calcular a probabilidade de "antes" condicionada a "depois". Isso não fazia sentido. Seria como determinar a probabilidade de um baralho de cartas conter quatro ases, dado que uma rodada de pôquer tivesse mostrado dois ases. Ou a probabilidade de que um paciente fosse fumante, dado que apresentasse câncer de pulmão. Ou a probabilidade de a loteria federal ser justa, porque alguém chamado João da Silva foi o único ganhador.

Bayes deixou esses cálculos de lado. Eles foram encontrados em meio a seus papéis quando ele morreu e publicados. O teorema de Bayes,[1] desde então, vem perturbando a matemática da análise estatística. Longe de não fazer sentido, a inversão da probabilidade condicional conduzida por Bayes quase sempre faz muito sentido. Quando os epidemiologistas tentam encontrar as possíveis causas de uma condição médica rara, como a síndrome de Reye, frequentemente usam um estudo controlado de caso. Em tal estudo, um grupo de pacientes com a doença é reunido e comparado a um grupo de pacientes (os controles) que não têm a doença, mas que, em outros aspectos, são similares aos doentes. Os epidemiologistas calculam a probabilidade de algum tratamento ou condição anterior, nos controles e nos doentes. Assim foram descobertos pela primeira vez os efeitos do fumo sobre doenças do coração e sobre o câncer do pulmão. A influência da talidomida sobre deformações congênitas também foi deduzida de um estudo controlado de caso.

Mais importante do que o uso direto do teorema de Bayes para inverter a probabilidade condicional foi seu uso para estimar parâmetros de distribuições. Existe a tentação de tratar os parâmetros de uma distribuição como aleatórios, eles mesmos, e de computar as probabilidades a eles associadas. Por exemplo, podemos comparar dois tratamentos de câncer e concluir que "estamos 95% seguros de que a taxa de sobrevivência de cinco anos para o tratamento A é maior do que a taxa de sobrevivência para o tratamento B". Isso pode ser feito com uma ou duas aplicações do teorema de Bayes.

Questões relativas à "probabilidade inversa"

Durante muitos anos esse uso do teorema de Bayes foi considerado prática inapropriada. Existem questões sérias sobre o que a probabilidade significa quando aplicada a parâmetros. Toda a base da revolução pearsoniana era o fato de as medições da ciência já não serem consideradas o objeto central de interesse. Ao invés, como Pearson mostrou, era a distribuição probabilística dessas medições que importava, e o objetivo da investigação científica era estimar os parâmetros cujos valores (fixos, mas desconhecidos) controlavam aquela distribuição. Se os parâmetros fossem considerados aleatórios (e condicionais às medições observadas), esse enfoque deixaria de ter significado claro.

Durante os primeiros anos do século XX, os estatísticos foram muito cuidadosos em evitar a "probabilidade inversa", como era chamada. Em debates na Royal Statistical Society, depois de um de seus primeiros artigos, Fisher foi acusado de utilizar a probabilidade inversa e defendeu-se enfaticamente de tão terrível acusação. No primeiro artigo sobre intervalos de confiança, Neyman parecia estar usando a probabilidade inversa, mas apenas como artifício matemático a fim de chegar a um cálculo específico. Em seu segundo artigo, ele mostrou como alcançar igual resultado sem o teorema de Bayes. Por volta dos anos 1960, o poder potencial e a utilidade de tal enfoque começaram a atrair cada vez mais pesquisadores. A heresia bayesiana tornava-se mais e mais respeitável, e, no final do século XX, ela tinha alcançado tal nível de aceitação que mais da metade dos artigos que apareciam em revistas como *Annals of Statistics* e *Biometrika* agora faziam uso de métodos bayesianos, cuja aplicação, entretanto, ainda hoje é muitas vezes suspeita, especialmente na ciência médica.

Uma dificuldade para explicar a heresia bayesiana é que existem vários diferentes métodos de análise e pelo menos duas diferentes fundamentações filosóficas para o uso desses métodos. Frequentemente, parece que foi dado o mesmo rótulo a ideias inteiramente diferentes: bayesiano. A seguir, considerarei duas formulações específicas da heresia bayesiana: o modelo hierárquico bayesiano e a probabilidade pessoal.

O modelo hierárquico bayesiano

No começo dos anos 1970, os métodos estatísticos de análise de texto fizeram grandes avanços, começando com o trabalho de Frederick Mosteller e David Wallace, que os utilizaram para determinar a autoria dos disputados artigos federalistas.

James Madison, Alexander Hamilton e John Jay escreveram uma série de 70 artigos apoiando a ratificação da nova Constituição dos Estados Unidos, que foi elaborada por parte do estado de Nova York em 1787-88. Os artigos foram assinados com pseudônimos. No começo do século seguinte, Hamilton e Madison identificaram os textos que cada um afirmava haver escrito. Ambos reclamaram para si a autoria de 12 deles.[2]

Em sua análise estatística dos artigos disputados, Mosteller e Wallace identificaram várias centenas de palavras que não tinham "conteúdo": *se, quando, porque, sobre, enquanto, tão, e* – necessárias para dar à sentença sentido gramatical, mas sem significado específico, e cujo uso depende do modo como o autor emprega a linguagem. Dessas centenas de palavras sem conteúdo, eles encontraram aproximadamente 30 nas quais os dois autores diferiam na frequência de uso em seus outros textos.

Madison, por exemplo, usou a palavra *upon* em média 0,23 vez em mil palavras, e Hamilton, 3,24 vezes (11 dos 12 artigos em disputa não a usam em nenhum momento, e o outro artigo o faz em média 1,1 vez em mil palavras). Essas frequências médias não descrevem nenhuma coleção específica de mil palavras. O fato de que não sejam números inteiros significa que não descrevem nenhuma sequência observada de palavras. Elas são, no entanto, estimativas de um dos parâmetros da distribuição de palavras nos textos de dois homens diferentes.

A questão na autoria disputada de um dado artigo era: os padrões de uso dessas palavras vêm de distribuições probabilísticas associadas com Madison ou com Hamilton? Essas distribuições têm parâmetros, e os parâmetros específicos que definem os trabalhos de Madison e Hamilton diferem. Os parâmetros só podem ser estimados a partir de seus trabalhos, e essas estimativas poderiam estar erradas. A tentativa de distinguir qual distribuição pode ser aplicada a um artigo em disputa fica nebulosa com essa incerteza.

Uma forma de estimar o nível de incerteza é notar que os valores exatos desses parâmetros para os dois autores são tirados de uma distribuição que descreve os parâmetros usados por todas as pessoas cultas escrevendo em inglês nos Estados Unidos no final do século XVIII. Por exemplo, Hamilton usou a palavra *in* 24 vezes em mil palavras; Madison, 23 vezes; e outros escritores contemporâneos, entre 22 e 25 vezes.

Sujeitos aos parâmetros associados ao uso geral de palavras naquele tempo e lugar, os parâmetros para cada autor são aleatórios e têm distribuição de probabilidade. Nesse caso, os parâmetros que guiam o uso de palavras sem conteúdo por Hamilton ou Madison têm, eles mesmos, parâmetros que chamamos de "hiperparâmetros". Usando obras escritas de outros autores da época e do lugar, podemos estimar os hiperparâmetros.

A língua inglesa está sempre mudando, de acordo com lugar e época. Na literatura do século XX, por exemplo, a frequência do uso da palavra *in* tende a ser inferior a 20 por mil palavras, indicando leve mudança nos padrões de uso ao longo dos 200 anos ou mais, desde o tempo de Hamilton e Madison. Podemos considerar os hiperparâmetros que definem a distribuição de parâmetros no século XVIII nos Estados Unidos como tendo eles mesmos distribuição de probabilidade ao longo de todos os tempos e lugares, em adição aos escritos do século XVIII norte-americanos, para estimar os parâmetros desses hiperparâmetros, que podemos chamar de "hiper-hiperparâmetros".

Pelo uso repetido do teorema de Bayes, podemos determinar a distribuição dos parâmetros e depois dos hiperparâmetros. Em princípio, poderíamos estender essa hierarquia mais além, encontrando a distribuição dos hiper-hiper-hiperparâmetros, e assim sucessivamente. Nesse caso, não existe candidato óbvio para a geração de um nível adicional de incerteza. Usando as estimativas dos hiperparâmetros e hiper-hiperparâmetros, Mosteller e Wallace foram capazes de medir a probabilidade associada à afirmação de que Madison (ou Hamilton) escreveu um dado artigo.

Os modelos hierárquicos bayesianos têm sido aplicados com muito sucesso desde o começo dos anos 1980 a muitos problemas difíceis em engenharia e biologia. Um deles surge quando os dados parecem vir de duas ou mais distribuições. O analista propõe a existência de uma variável não observada que define de qual distribuição vem uma dada observação. Essa marca de identificação é um parâmetro, mas ela tem distribuição de probabilidade (com hiperparâmetros) que pode ser incorporada à função de verossimilhança. O algoritmo EM de Laird e Ware é particularmente adaptado a esse tipo de problema.

O uso extensivo de métodos bayesianos na literatura estatística está cheio de confusões e disputas. Diferentes métodos produzindo diferentes resultados podem ser propostos, e não existem critérios claros para determinar quais estão corretos. Tradicionalistas objetam o uso do teorema de Bayes em geral, e os bayesianos discordam sobre detalhes de seus modelos. A situação clama por outro gênio como Fisher para encontrar um princípio unificador com o qual resolver esses argumentos. Enquanto entramos no século XXI, nenhum gênio parece ter aparecido. O problema continua tão obscuro como o foi para o reverendo Thomas Bayes há mais de 200 anos.

Probabilidade pessoal

Outro enfoque bayesiano parece ter fundamento muito mais sólido: o conceito de probabilidade pessoal. A ideia está presente desde o trabalho inicial sobre probabilidade, feito pelos Bernoulli, no século XVII. De fato, a própria palavra *probabilidade* foi criada para lidar com o sentido de incerteza pessoal.

L.J. ("Jimmie") Savage e Bruno de Finetti desenvolveram nos anos 1960 e 1970 muito da matemática que dá base à probabilidade pessoal. Eu assisti a uma palestra, em um congresso de estatística na Universidade da Carolina do Norte, no final dos anos 1960, na qual Savage propunha algumas dessas ideias. Ele afirmava que não há fatos científicos provados, mas apenas afirmações às quais pessoas que se chamam de cientistas associam alta probabilidade. Por exemplo, ele ilustrou, a maioria das pessoas que ali o escutavam associaria alta probabilidade à afirmação "O mundo é redondo". No entanto, se fizéssemos um censo da população mundial, encontraríamos muitos camponeses do interior da China que associariam baixa probabilidade àquela afirmação. Naquele momento, Savage teve de parar de falar porque um grupo de estudantes da universidade chegou correndo pelo saguão externo gritando: "Fechem tudo! Greve, greve! Fechem tudo!" Protestavam contra a Guerra do Vietnã, convocando os estudantes para uma greve na universidade. Enquanto desapareciam no pátio e o tumulto diminuía, Savage olhou pela janela e concluiu: "E, vocês sabem, nós podemos ser a última geração a pensar que o mundo é redondo."

Existem diferentes versões da probabilidade pessoal. Em um extremo está o enfoque Savage-De Finetti, que afirma que cada pessoa tem seu próprio conjunto de probabilidades. No outro extremo está a visão de Keynes, de que a probabilidade é o grau de crença que se espera que uma pessoa culta, em dada cultura, possa manter. Na visão de Keynes, todas as pessoas em uma dada cultura (os "cientistas" de Savage ou os "camponeses chineses") podem concordar sobre um nível geral de probabilidade que se sustenta para uma afirmação dada. Como esse nível de probabilidade depende da cultura e da época, é muito possível que o nível apropriado de probabilidade esteja errado em algum sentido absoluto.

Savage e De Finetti propuseram que cada indivíduo tem um conjunto específico de probabilidades pessoais e descreveram como essas probabilidades poderiam ser trazidas à tona por meio de uma técnica conhecida como o "jogo-padrão". Para que uma cultura inteira compartilhe um conjunto dado de probabilidades, Keynes teve de atenuar a definição matemática e referir-se à probabilidade não tanto como um número preciso (como 67%), mas como método de ordenar ideias (a probabilidade de chover amanhã é maior do que a probabilidade de nevar).

Independentemente de como o conceito de probabilidade pessoal seja definido exatamente, a forma pela qual o teorema de Bayes é usado em probabilidade pessoal parece ser igual à forma como a maioria das pessoas pensa. O enfoque bayesiano deve começar com um conjunto anterior de probabilidades na ideia de uma dada pessoa. Depois, essa pessoa observa ou experimenta e produz dados, que são usados para modificar as probabilidades anteriores, produzindo um conjunto posterior de probabilidades:

probabilidade anterior → dados → probabilidade posterior

Suponhamos que alguém deseje determinar se todos os corvos são pretos. Começa com algum conhecimento anterior sobre a probabilidade de isso ser verdade. Por exemplo, pode nada saber sobre corvos e começa com equipolência, 50:50, de que todos os corvos são pretos. Os dados consistem em sua observação dos corvos. Suponhamos que ela veja um corvo e observe que ele é preto; sua probabilidade posterior é aumentada. A próxima vez que ela observar corvos, sua nova probabilidade anterior (a antiga posterior) será superior a 50%, e aumentará ainda mais ao observar um novo conjunto de corvos, todos pretos.

Por outro lado, alguém pode entrar no processo com probabilidade anterior muito forte, tão forte que possa necessitar de maciças quantidades de dados para superá-la. No quase desastre nuclear norte-americano, na usina de Three Mile Island, na Pensilvânia, nos anos 1980, os operadores tinham um grande painel com indicadores e diais para acompanhar o progresso do reator. Entre eles havia luzes de alarme, algumas das quais tinham apresentado avarias e dado alarmes falsos no passado. As crenças anteriores dos operadores eram no sentido de que qualquer nova luz de alarme seria considerada alarme falso. Mesmo quando o padrão de luzes de aviso e diais associados produziram um retrato consistente de baixo nível de água no reator, eles continuaram a rejeitar a evidência. Sua probabilidade anterior era tão forte que os dados não mudaram muito a probabilidade posterior.

Suponhamos que só existam duas possibilidades, como era o caso da disputa quanto à autoria do artigo *federalista*: ele fora escrito por Madison ou por Hamilton. Então, a aplicação do teorema de Bayes leva a uma simples relação entre as probabilidades anteriores e as posteriores, em que os dados podem ser resumidos a algo denominado "fator Bayes". Trata-se de cálculo matemático que caracteriza os dados sem nenhuma referência às probabilidades anteriores. Com isso em mãos, o analista pode recomendar aos leitores o uso de qualquer probabilidade anterior que quiserem, sua multiplicação pelo fator Bayes computado e o cálculo das probabilidades posteriores. Mosteller e Wallace fizeram isso para cada um dos 12 artigos em disputa.

Eles também fizeram duas análises não bayesianas da frequência de palavras sem conteúdo. Isso lhes deu quatro métodos para determinar a autoria dos artigos em disputa: o modelo hierárquico bayesiano, o fator Bayes computado e as duas análises não bayesianas. Quais foram os resultados? Todos os 12 artigos foram atribuídos a Madison. De fato, utilizando os fatores Bayes computados para alguns dos artigos, o leitor teria de ter probabilidades anteriores superiores a 100.000:1 em favor de Hamilton para produzir probabilidades posteriores de 50:50.

14. O Mozart da matemática

R.A. Fisher não foi o único gênio no desenvolvimento de métodos estatísticos no século XX. Andrei Nikolaevich Kolmogorov, que era 13 anos mais jovem que Fisher e morreu aos 85 anos, em 1987, deixou sua marca na estatística matemática e na teoria da probabilidade, aperfeiçoando alguns trabalhos de Fisher, mas excedendo-o no aprofundamento e no detalhamento da matemática.

Talvez, porém, tão importante quanto sua contribuição para a ciência tenha sido o impacto que esse notável homem causou naqueles que o conheceram. Seu aluno Albert N. Shiryaev registrou em 1991:

> Andrei Nikolaevich Kolmogorov pertenceu ao seleto grupo de pessoas que nos provocam a sensação de haver tocado alguém excepcional, magnífico e extraordinário, a sensação de haver conhecido uma maravilha. Tudo em Kolmogorov era incomum: sua vida inteira, os anos de colégio e faculdade, suas descobertas pioneiras em ... matemática ... meteorologia, hidrodinâmica, história, linguística e pedagogia. Seus interesses eram incomumente diversos, incluindo música, arquitetura, poesia e viagens. Sua erudição era rara; parecia ter opinião cultivada sobre tudo ... Nossa sensação, depois de conhecer Kolmogorov, depois de uma simples conversa com ele, [também era] rara. Percebíamos que sua atividade cerebral era continuamente intensa.

Kolmogorov nasceu em 1903, quando sua mãe viajava da Crimeia para sua aldeia natal, Tunoshna, no sul da Rússia; ela morreu no parto. Um de seus biógrafos afirma, delicadamente, ser ele "filho de pais não oficialmente casados". Abandonada pelo namorado, Mariya Yakovlevna Kolmogorova voltava para casa, no final da gravidez; em meio ao sofrimento das dores do parto, foi tirada do trem na cidade de Tambov; ali, em uma cidade estranha, deu à luz e morreu sozinha. Só seu filho chegou a Tunoshna. As irmãs solteiras de sua mãe o criaram.

Uma delas, Vera Yakovlevna, tornou-se sua mãe adotiva. As tias dirigiam uma pequena escola que recebia o pequeno Andrei e seus amigos da aldeia. Também editavam uma revista informal, *Andorinhas da Primavera*, na qual publicaram os pioneiros esforços literários do sobrinho. Aos cinco anos, ele fez a primeira descoberta matemática (divulgada em *Andorinhas da Primavera*): descobriu que a soma dos primeiros k números ímpares era igual ao quadrado de k. À medida que crescia, propunha problemas para seus colegas de classe, e os problemas e as soluções eram publicados na revista. Um exemplo desses problemas: de quantas maneiras é possível costurar um botão com quatro buracos?

Aos 14 anos, Kolmogorov aprendeu matemática avançada em uma enciclopédia, completando nela as demonstrações que faltavam. Na escola secundária, frustrou seu jovem professor de física ao criar projetos para uma série de máquinas de moto-perpétuo. Os projetos eram tão engenhosos que o professor não conseguiu descobrir os erros (que Kolmogorov ocultara cuidadosamente). Tendo decidido fazer os exames finais para a escola secundária um ano antes do previsto, informou a seus professores, que lhe pediram que voltasse depois do almoço. O jovem foi dar uma volta e, quando regressou, a banca examinadora deu-lhe o certificado sem que tivesse de fazer o teste. Posteriormente ele revelou a Shiryaev ter sido esse um dos grandes desapontamentos de sua vida; estava ansioso pelo desafio intelectual.

Kolmogorov chegou a Moscou em 1920, aos 17 anos, para cursar a universidade. Ingressou como estudante de matemática, mas frequentou palestras em outros campos, como metalurgia, e participou de um seminário sobre história russa. Como parte desse seminário, apresentou seu primeiro trabalho de pesquisa para publicação, um estudo sobre propriedade da terra em Novgorod nos séculos XV e XVI. Seu professor criticou o artigo, porque não achava que Kolmogorov tivesse fornecido provas suficientes para sua tese. Uma expedição arqueológica à região, anos depois, confirmou suas conjecturas.

Como estudante da Universidade Estatal de Moscou, trabalhava em regime de meio expediente lecionando em uma escola secundária e participava de muitas atividades extracurriculares. Depois fez estudos de graduação em matemática, em Moscou. Havia um conjunto básico de 14 cursos exigidos pelo departamento. Os estudantes tinham a opção de prestar exame final em um curso dado ou apresentar um artigo original. Poucos estudantes tentavam mais de um artigo. Ele preparou 14, com resultados brilhantes e originais em todos eles. "Um desses resultados acabou sendo falso", ele lembra, "mas só me dei conta disso depois."

O Mozart da matemática   123

Kolmogorov, o matemático brilhante, ficou conhecido pelos cientistas do Ocidente por uma série de notáveis artigos e livros publicados em revistas alemãs. Pôde também assistir a algumas conferências matemáticas na Alemanha e na Escandinávia durante os anos 1930. Kolmogorov, o homem, desapareceu atrás da cortina de ferro de Stálin durante e depois da Segunda Guerra Mundial. Em 1938, ele tinha publicado um artigo que estabelecia os teoremas básicos para aperfeiçoar e prever os processos estocásticos estacionários (esse trabalho será descrito adiante). Um comentário interessante sobre o segredo dos esforços de guerra veio de Norbert Wiener, que, no Massachusetts Institute of Technology, trabalhou sobre aplicações desses métodos a problemas militares durante e depois da guerra. Os resultados foram considerados tão importantes para os esforços norte-americanos na Guerra Fria, que se declarou o trabalho de Wiener ultrassecreto. Mas todo ele, insistia Wiener, poderia ter sido deduzido do primeiro artigo de Kolmogorov. Durante a Segunda Guerra Mundial, Kolmogorov estava ocupado desenvolvendo aplicações da teoria para o esforço de guerra soviético. Com a modéstia que marcou tantas de suas realizações, ele atribuiu as ideias básicas a Fisher, que usara métodos similares em seu trabalho sobre genética.

Kolmogorov, o homem

Quando Stálin morreu, em 1953, o anel de ferro da suspeita começou a abrir-se. Kolmogorov, o homem, apareceu para participar de congressos internacionais e organizar encontros na Rússia. O restante do mundo matemático agora podia conhecê-lo. Era um homem ávido, amistoso, aberto e bem-humorado, com amplo leque de interesses e grande amor pelo ensino. Sua mente aguda estava sempre brincando com o que ouvia. Tenho à minha frente uma fotografia dele na platéia de uma palestra do estatístico britânico David Kendall, em Tbilisi, em 1963: seus óculos empoleirados na ponta do nariz, ele inclinado para a frente, acompanhando atentamente a discussão – é possível sentir a vibração de sua personalidade brilhando em meio às outras pessoas sentadas a seu redor.

Algumas de suas atividades favoritas eram ensinar e organizar aulas em uma escola para crianças superdotadas de Moscou; gostava de apresentar as crianças à literatura e à música; levava-as em longas caminhadas e expedições. Achava que cada criança deveria ter um "desenvolvimento amplo e natural de toda a personalidade", escreveu David Kendall. "Não o preocupava o fato de que elas não se tornassem matemáticos. Ficava contente com qualquer profissão que adotassem se mantivessem uma perspectiva ampla e não reprimissem sua curiosidade."

Kolmogorov casou-se em 1942 com Anna Dmitrievna Egorova, e ambos chegaram aos 80 anos com um casamento feliz. Ele era ávido montanhista e esquiador, e aos 70 anos levava grupos de jovens para caminhar pelas trilhas de suas montanhas favoritas, discutindo matemática, literatura, música e a vida em geral. Em 1971 integrou uma expedição científica de exploração dos oceanos no navio de pesquisa *Dmitri Mendeleiev*. Seus contemporâneos ficavam constantemente surpresos por seus interesses e conhecimentos. Ao encontrar-se com o papa João Paulo II, discutiu a prática de esqui com esse atlético papa, e depois assinalou que, durante o século XIX, papas gordos se alternaram com papas magros, e que João Paulo II era o 264º papa. Parece que um de seus interesses era a história da Igreja católica romana. Deu palestras sobre análise textual estatística da poesia russa e podia citar de cor longos trechos de Pushkin.

Em 1953, foi organizada uma sessão na Universidade Estatal de Moscou para comemorar seu 50º aniversário. Um dos oradores, o professor emérito Pavel Aleksandrov, proclamou:

> Kolmogorov pertence a um grupo de matemáticos cujos trabalhos, em qualquer área, levam à completa reavaliação da área. É difícil encontrar um matemático em anos recentes não só com interesses tão amplos, mas também com tal influência sobre a matemática ... Hardy [eminente matemático britânico] considerou-o especialista em séries trigonométricas, e Von Karman [físico alemão do período pós-Segunda Guerra Mundial] tomava-o por especialista em mecânica. Gödel [teórico matemático e filósofo] uma vez disse que a essência do gênio humano é a longevidade da própria juventude. A juventude tem vários traços, sendo um deles o entusiasmo. Entusiasmo pela matemática é uma das características do gênio de Kolmogorov. Esse ânimo está em seu trabalho criativo, nos artigos na *Large Soviet Encyclopedia*, no desenvolvimento do programa de doutorado. E esse é apenas um lado; outro é seu trabalho dedicado.

E quais foram os resultados desse trabalho dedicado? Seria mais fácil listar os campos da matemática, física, biologia e filosofia sobre os quais Kolmogorov *não* teve influência relevante do que mencionar as áreas em que sua marca se fez presente. Em 1941, ele fundou a abordagem matemática moderna sobre o fluxo turbulento de fluidos. Em 1954, examinou a interação gravitacional entre os planetas e encontrou forma de modelar os aspectos "não integráveis" que desafiavam a análise matemática havia mais de 100 anos.

O trabalho de Kolmogorov na estatística matemática

Kolmogorov resolveu dois dos mais urgentes problemas teóricos da revolução estatística. Antes de morrer, estava perto da solução de um profundo problema matemático-filosófico que incomoda os métodos estatísticos. Os dois problemas urgentes eram:

1. Quais são os verdadeiros fundamentos matemáticos da probabilidade?
2. O que se pode fazer com dados coletados ao longo do tempo, como as vibrações da Terra depois de um terremoto (ou de uma explosão nuclear subterrânea)?

Quando ele começou a examinar a primeira questão, a probabilidade tinha, de certo modo, má reputação entre os matemáticos teóricos. Isso porque as técnicas matemáticas de calcular probabilidades se haviam desenvolvido durante o século XVIII como métodos inteligentes de contagem (a saber: de quantas maneiras três conjuntos de cinco cartas podem ser tirados de um baralho-padrão de modo que apenas um seja vencedor?). Esses métodos inteligentes de contagem pareciam não ter nenhuma estrutura teórica subjacente; eram quase todos *ad hoc*, criados para atender a necessidades específicas.

Para a maioria das pessoas, ter um método para resolver um problema é adequado, mas, para os matemáticos do final do século XIX e do século XX, uma teoria subjacente, sólida e rigorosa, era necessária para assegurar que não haveria erros nas soluções. Os métodos *ad hoc* dos matemáticos do século XVIII tinham funcionado, mas também tinham levado a difíceis paradoxos, quando aplicados incorretamente. O trabalho mais importante dos matemáticos do começo do século XX envolvia a aplicação desses métodos *ad hoc* sobre sólidos e rigorosos fundamentos matemáticos. O trabalho de Henri Lebesgue foi importante (esse Lebesgue que tanto impressionara Neyman com sua matemática, mas que se revelou rude e descortês quando se encontraram), sobretudo porque ele aplicou os métodos *ad hoc* de cálculo integral sobre um sólido fundamento. Enquanto a teoria da probabilidade permaneceu invenção incompleta dos séculos XVII e XVIII, os matemáticos do século XX a trataram como algo de menor valor (e incluíram métodos estatísticos nesse julgamento).

Kolmogorov pensou sobre a natureza dos cálculos de probabilidade e finalmente compreendeu que encontrar a probabilidade de um evento era exatamente igual a encontrar a área de uma figura irregular. Adotou a recém-surgida matemática da teoria da medição para os cálculos de probabilidades e, com essas ferramentas, foi capaz de identificar um pequeno conjunto de axiomas sobre os quais pôde construir todo o corpo da teoria da probabilidade. Essa é a "axiomatização da teoria da probabilidade" de Kolmogorov, ensinada hoje como a única forma de ver a probabilidade e que resolve para sempre todas as questões sobre a validade desses cálculos.

Tendo resolvido a questão da teoria da probabilidade, Kolmogorov atacou o próximo problema mais importante dos métodos estatísticos (enquanto ensinava crianças superdotadas, organizava seminários, dirigia um departamento de matemática, resolvia problemas de mecânica e astronomia e vivia a vida ao máximo). Para tornar possíveis os cálculos estatísticos, Fisher e outros haviam assumido que todos os dados são independentes. Eles observaram uma sequência de medições como se tivessem sido geradas por lances de dados. Já que os dados não se lembram de sua configuração prévia, cada novo número era completamente independente dos anteriores.

A maioria das medições, no entanto, não é independente das demais. O primeiro exemplo que Fisher usou em *Statistical Methods for Research Workers* foi o do peso semanal de seu filho recém-nascido. Se a criança nitidamente ganhava quantidade incomum de peso em uma semana, o peso na próxima semana refletiria isso; se a criança ficasse doente e não ganhasse peso em uma semana, o peso da próxima semana também refletiria isso. É difícil pensar em qualquer sequência de dados coletados no tempo em situações da vida real em que as observações sucessivas sejam de fato independentes.

No terceiro de seus "Estudos na variação da colheita" (o maciço artigo que H. Fairfield Smith me apresentou), Fisher lida com uma série de medições de colheitas de trigo feitas em anos sucessivos e medições de precipitações pluviométricas feitas em dias sucessivos. Ele atacou o problema criando um conjunto de complexos parâmetros para considerar o fato de que os dados coletados ao longo do tempo não são independentes. Encontrou âmbito limitado de soluções que dependiam de simplificar suposições que talvez não fossem verdadeiras. Fisher foi incapaz de avançar muito mais, e ninguém deu continuidade a seu trabalho.

Ninguém, claro, até Kolmogorov, que denominou "processo estocástico" a sequência de números coletados ao longo do tempo com os valores sucessivos relacionados a valores prévios. Seus artigos pioneiros (publicados pouco antes do começo da Segunda Guerra Mundial) lançaram os fundamentos para trabalhos posteriores de Norbert Wiener, nos Estados Unidos, e de George Box, na Inglaterra, bem como de seus alunos, na Rússia. Em consequência de suas ideias, agora é possível examinar registros feitos ao longo do tempo e chegar a conclusões altamente específicas. Ondas quebrando em uma praia da Califórnia foram usadas para localizar uma tormenta no oceano Índico. Radiotelescópios podem distinguir diferentes fontes (e talvez algum dia interceptar uma mensagem de vida inteligente em outro planeta). É possível saber se um registro de sismógrafo é o resultado de uma explosão nuclear subterrânea ou de um terremoto natural. Revistas de engenharia estão repletas de artigos apoiados em métodos que evoluíram a partir do trabalho de Kolmogorov sobre processos estocásticos.

O que é probabilidade na vida real?

Em seus últimos anos de vida, Kolmogorov atacou um problema bem mais difícil, tanto filosófico quanto matemático, mas morreu antes de o completar. Uma geração de matemáticos vem ponderando sobre como prosseguir seus estudos. Até agora, o problema ainda está sem solução, e, como mostrarei nos capítulos finais deste livro, se assim permanecer, todo o enfoque estatístico sobre a ciência pode desmoronar sob o peso de suas próprias inconsistências.

O problema final de Kolmogorov decorreu da pergunta sobre o que a probabilidade significa na vida real. Ele havia produzido uma teoria matemática satisfatória da probabilidade, o que isso significa que os teoremas e métodos de probabilidade eram todos internamente autoconsistentes. O modelo estatístico da ciência salta do reino puramente matemático e aplica esses teoremas a problemas da vida real. Para tanto, o modelo matemático abstrato que Kolmogorov propôs para a teoria probabilística deve ser identificado com algum aspecto da vida real. Houve literalmente centenas de tentativas de fazer isso, cada uma fornecendo um diferente significado de probabilidade na vida real, e cada qual sujeita a críticas. O problema é muito importante. A interpretação das conclusões matemáticas da análise estatística depende de como esses axiomas são identificados com situações da vida real.

Na axiomatização da teoria da probabilidade feita por Kolmogorov, assumimos que existe um espaço abstrato de coisas elementares denominadas "eventos". Conjuntos de eventos nesse espaço podem ser medidos da mesma forma que medimos a área de uma varanda ou o volume de uma geladeira. Se essa medição no espaço abstrato dos eventos preenche certos axiomas, trata-se de um espaço probabilístico. Para usar a teoria da probabilidade na vida real, temos de identificar esse espaço de eventos e fazê-lo com especificidade suficiente para nos permitir calcular medições probabilísticas naquele espaço. O que é esse espaço quando um cientista experimental usa um modelo estatístico para analisar os resultados? William Sealy Gosset propôs que o espaço fosse o conjunto de todos os possíveis resultados do experimento, mas não foi capaz de mostrar como calcular nele as probabilidades. A não ser que possamos identificar o espaço abstrato de Kolmogorov, as afirmações probabilísticas que emergem das análises estatísticas terão significados muito diferentes e, algumas vezes, contrários.

Por exemplo, suponhamos a montagem de um ensaio clínico para examinar a eficácia de um novo tratamento para a aids. Suponhamos que a análise estatística aponta que a diferença entre o antigo tratamento e o novo é significante. Isso significa que a comunidade médica pode estar certa de que o novo tratamento funcionará no próximo paciente com aids? Significa que ele funcionará para uma certa percentagem de pacientes com aids? Ou apenas que, na população altamente selecionada do estudo, parece haver vantagem no novo tratamento?

Encontrar o significado da probabilidade na vida real tem sido habitualmente analisado propondo-se um significado na vida real para o espaço probabilístico abstrato de Kolmogorov. Ele adotou outra linha de ação. Combinando ideias da segunda lei da termodinâmica, um trabalho inicial de Karl Pearson, esforços tentativos de vários matemáticos norte-americanos para encontrar uma teoria matemática da informação e um trabalho de Paul Lévy sobre as leis dos grandes números, produziu a partir de 1965 uma série de artigos que destruiu os axiomas e sua solução para o problema matemático, e tratou a probabilidade como...

Em 20 de outubro de 1987, Andrei Nikolaevich Kolmogorov morreu, vibrante de vida e produzindo ideias originais até os últimos dias – e ninguém foi capaz de retomar os fios que ele deixou.

Comentário sobre os fracassos da estatística soviética

Apesar de Kolmogorov e seus alunos terem dado importantes contribuições para as teorias matemáticas da probabilidade e da estatística, a União Soviética pouco lucrou com a revolução estatística, o que exemplifica o que acontece quando o governo sabe a resposta "correta" para todas as questões.

Durante os últimos dias do czar e os primeiros anos da Revolução Russa, havia considerável atividade estatística na Rússia. Os matemáticos russos tinham

O Mozart da matemática 129

pleno conhecimento dos trabalhos publicados na Inglaterra e na Europa. Artigos de matemáticos e agrônomos russos apareciam na *Biometrika*. O governo revolucionário estabeleceu a Administração Estatística Central, e cada república soviética tinha órgão similar. A Administração Estatística Central editava uma revista de atividades estatísticas, *Vestnik Statistiki*, que incluía sumários de artigos aparecidos em revistas de língua inglesa e alemã. Em 1924, ela publicou uma descrição da aplicação de planejamento estatístico na pesquisa agrícola.

Com a chegada do terror stalinista, nos anos 1930, a fria mão da teoria comunista ortodoxa caiu sobre essas atividades. Os teóricos do Partido (os teólogos da religião deles, segundo os santos Marx e Lênin, para citar Chester Bliss; ver Capítulo 8) consideravam a estatística um ramo da ciência social. Sob a doutrina comunista, toda ciência social era subordinada à planificação central. O conceito matemático de variável aleatória está na base dos métodos estatísticos. A expressão russa para *variável aleatória* se traduz como "magnitude acidental". Para os planejadores e teóricos da Administração Central, isso era um insulto. Toda atividade industrial e social na União Soviética estava planejada de acordo com as teorias de Marx e Lênin. Nada poderia ocorrer por acidente. Magnitudes acidentais poderiam descrever coisas observadas em economias capitalistas – não na Rússia. As aplicações da estatística matemática foram rapidamente sufocadas. S.S. Zarkovic, em revisão histórica da estatística soviética, descreveu esse processo com certa sutileza:

Nos anos seguintes, as considerações políticas tornaram-se fator cada vez mais pronunciado no desenvolvimento da estatística russa. Isso trouxe o gradual desaparecimento do uso da teoria na atividade prática da Administração Estatística. No final dos anos 1930, a *Vestnik Statistiki* começou a fechar suas páginas para artigos em que os problemas eram tratados matematicamente; eles desapareceram completamente e não ressurgiram desde então. O resultado dessa tendência foi que os estatísticos abandonaram a prática para continuar seu trabalho nas universidades e outras instituições científicas, onde iam ao encalço da estatística sob o nome de outras matérias. Oficialmente, A.N. Kolmogorov, N.V. Smirnov, V.I. Romanovsky e muitos outros são matemáticos divorciados da estatística. Exemplo muito interessante é o de E. Slutsky, que goza de renome internacional como um dos precursores da econometria. Ele desistiu da estatística para iniciar nova carreira na astronomia ... De acordo com a visão oficial, a estatística tornou-se instrumento para planificar a economia nacional. Consequentemente, ela representa uma ciência social ou, em outras palavras, uma ciência de classe. A lei dos grandes números, a ideia de desvios aleatórios e tudo o que pertence à teoria matemática da estatística foram descartados como os elementos constituintes da falsa teoria universal da ciência estatística.

As versões oficiais não paravam na estatística. Stálin seguiu um biólogo charlatão chamado Trofim D. Lysenko, que rejeitava a teoria genética da herança e defendia que plantas e animais podiam ser moldados pelo ambiente sem ter de herdar traços. Biólogos que tentaram seguir o trabalho de Fisher em genética matemática foram desencorajados ou até enviados para a prisão. Enquanto a teoria ortodoxa descia sobre a estatística soviética, os números gerados pela Administração Estatística Central e seus sucessores tornaram-se cada vez mais suspeitos. Sob a planificação central, as ricas terras de fazendas na Ucrânia e na Belarus transformavam-se em terreno lamacento, improdutivo. Grandes quantidades de máquinas mal construídas não iriam funcionar, e itens de consumo que se despedaçavam saíam das fábricas russas. A União Soviética tinha problemas para alimentar sua população. A única atividade econômica que funcionava era o mercado negro. O governo central ainda lançava estatísticas otimistas, falsas, nas quais o nível exato de atividade econômica estava escondido sob relatórios que lidavam com taxas de mudança e taxas de taxas de mudança.

Enquanto os matemáticos norte-americanos, como Norbert Wiener, usavam os teoremas de Kolmogorov e Alexander Ya Khintchine sobre processos estocásticos para promover o esforço de guerra americano, enquanto Walter Shewhart e outros no U.S. Bureau of Standards mostravam à indústria americana como usar métodos estatísticos de controle de qualidade, enquanto a produção agrícola dos Estados Unidos, da Europa e de algumas fazendas asiáticas aumentava aos saltos, as fábricas soviéticas continuavam a produzir máquinas sem valor, e as fazendas soviéticas não eram capazes de alimentar a nação.

Só nos anos 1950, com a chegada ao poder de Nikita Kruschev, a fria mão da teoria oficial começou a afrouxar, e se fizeram tentativas para aplicar métodos estatísticos à indústria e à agricultura. As "estatísticas" oficiais continuaram a ser preenchidas com mentiras e sofisticadas falsidades, e todos os esforços de publicar revistas que tratassem de estatística aplicada resultaram em algumas edições irregulares. A extensão de modelos estatísticos modernos para a indústria russa teve de esperar o completo colapso da União Soviética e de seu sistema de planificação central, no final dos anos 1990.

Talvez exista aí uma lição a ser aprendida.

15. Como se fosse uma mosquinha

Lendária personalidade inglesa vitoriana, Florence Nightingale era o terror dos membros do Parlamento e dos generais do Exército britânico que ela enfrentava. Existe a tendência a pensar nela apenas como fundadora da profissão de enfermeira, uma gentil e autossacrificada doadora de misericórdia, mas a Florence Nightingale real era uma mulher cheia de missões. E foi também estatística autodidata.

Uma das missões de Nightingale era forçar o Exército britânico a manter hospitais de campanha e fornecer cuidados médicos e de enfermagem aos soldados no campo de batalha. Para apoiar sua posição, ela mergulhou em pilhas de dados dos arquivos do Exército e depois apareceu diante de uma comissão real com uma notável série de gráficos. Neles, mostrava como a maior parte das mortes no Exército durante a Guerra da Criméia se devia a doenças contraídas fora do campo de batalha ou que ocorreram muito depois da ação, como resultado de feridas recebidas em batalha e não tratadas. Ela inventou o gráfico em forma de pizza como modelo para expor sua mensagem.

Quando se cansava de lutar contra os obtusos e aparentemente ignorantes generais do Exército, ela se retirava para a aldeia de Ivington, onde sempre era bem recebida por seus amigos, os David. Quando o jovem casal David teve uma filha, deu-lhe o nome de Florence Nightingale David. Um pouco da coragem e do espírito pioneiro de Florence Nightingale parece ter sido transferido para sua homônima. F.N. David (nome com o qual publicou dez livros e mais de cem artigos em revistas científicas) nasceu em 1909 e tinha cinco anos quando a Primeira Guerra Mundial interrompeu o que teria sido o curso normal de sua educação. Como a família vivia em uma pequena aldeia no interior, cursou as primeiras letras em aulas particulares com o pároco local, que tinha algumas ideias peculiares para a educação da jovem Florence Nightingale David. Observando que ela já aprendera um pouco de aritmética, apresentou-a à álgebra. Notou que ela já sabia inglês, e começou a ensinar-lhe latim e grego. Aos dez anos, a menina foi para uma escola formal.

Na ocasião de ir para a faculdade, sua mãe ficou consternada com seu desejo de ir para o University College, em Londres. Fundado por Jeremy Bentham (cujo corpo mumificado está sentado, em roupas formais, no claustro da instituição), o University College destinava-se aos "turcos, infiéis e aqueles que não professavam os 39 artigos". Até sua fundação, só quem professasse os 39 artigos de fé da Igreja Anglicana podiam ensinar ou estudar nas universidades inglesas. Quando David se preparava para a faculdade, o University College ainda tinha a fama de ser um ninho de dissidentes. "Minha mãe estava tendo ataques naquela época por causa de minha ida a Londres ... Desgraça, iniquidade, esse tipo de coisa." Assim, ela foi para o Bedford College for Women em Londres.

"Não gostei muito de lá", declarou muito depois em uma conversa gravada com Nan Laird, da Harvard School of Public Health. "Mas gostei porque ia ao teatro todas as noites. Se você fosse estudante, podia ir ao Old Vic por algumas moedas ... Era muito bom!" "Na escola", ela prosseguiu, "só estudei matemática durante três anos, e não gostei tanto. Eu não tolerava as pessoas e suponho que fosse rebelde naqueles dias. Não me lembro daquilo com prazer."

O que ela poderia fazer com toda essa matemática quando se graduasse? Queria tornar-se atuária, mas as firmas atuariais só empregavam homens. Alguém sugeriu que ela procurasse um sujeito chamado Karl Pearson, no University College, que, segundo seu informante ouvira dizer, teria algo a ver com cálculo atuarial ou similar. Ela caminhou até o University College e "forçou a entrada para ver Karl Pearson". Ele gostou dela e lhe concedeu uma bolsa de estudos para ser sua aluna e auxiliar de pesquisa.

Trabalhando para K.P.

Trabalhando para Karl Pearson, F.N. David começou a computar as soluções de integrais múltiplas difíceis e complicadas, calculando a distribuição do coeficiente de correlação. Esse trabalho gerou seu primeiro livro, *Tables of the Correlation Coefficient*, finalmente publicado em 1938. Ela fez todos esses cálculos e muitos outros durante aqueles anos em uma calculadora mecânica manual conhecida como Brunsviga. "Estimo que tenha girado a manivela daquela Brunsviga aproximadamente dois milhões de vezes ... Antes que eu aprendesse a manipular longas agulhas de tricô [para destravar a máquina] ... eu estava sempre travando aquela coisa danada. Quando você a emperrava, esperava-se que você contasse ao professor, e ele então lhe diria o que pensava a seu respeito; era realmente horrível. Foram muitas as vezes que emperrei a máquina e fui para casa sem lhe contar nada." Embora ela o admirasse e ainda fosse passar grande parte do tempo com ele nos últimos anos de vida dele, F.N. David ficava aterrorizada diante de Karl Pearson no começo dos anos 1930.

Ela também era uma pessoa temerária e costumava usar uma motocicleta em corridas de *cross-country*.

> Um dia dei uma batida terrível contra uma parede de quase cinco metros, que tinha vidro em cima, e machuquei meu joelho. Estava em meu escritório, um dia, infeliz, e [William S.] Gosset entrou e disse: "Bom, é melhor você se dedicar à pesca com iscas", porque ele era um pescador apaixonado, desses que usam iscas artificiais. Convidou-me para sua casa, em Henden; estavam ele, a sra. Gosset e várias crianças. Ele me ensinou a lançar a isca e foi muito gentil.

David estava no University College, em Londres, quando Neyman e o jovem Egon Pearson começaram a estudar a função de verossimilhança de Fisher, irritando o velho Karl Pearson – que pensava que aquilo tudo não passava de bobagem. Egon tinha medo de irritar ainda mais seu pai, e assim, em vez de submeter seu primeiro trabalho à revista dele, *Biometrika*, criou, com Neyman, uma outra revista, *Statistical Research Memoirs*, que durou dois anos (e na qual F.N. David publicou vários artigos). Então Karl se aposentou, e Egon assumiu a função de editor da *Biometrika* e fechou a *Memoirs*. F.N. David estava lá quando o "velho" (como ele era chamado) era usurpado por seu filho e por Fisher. Ainda estava lá quando o jovem Jerzy Neyman apenas começava sua pesquisa em estatística. "Acho que o período entre 1920 e 1940 foi realmente fértil para a estatística", declarou. "E eu via todos os protagonistas como se fosse uma mosquinha."

F.N. David dizia que Karl Pearson era um conferencista maravilhoso. "Ele dava palestras tão boas que você ficava sentado ali e deixava que tudo aquilo o impregnasse." Ele também era tolerante com as interrupções de estudantes, mesmo que algum deles descobrisse um erro, que ele corrigiria rapidamente. As palestras de Fisher, por outro lado, "eram horríveis. Eu não conseguia entender nada. Eu queria fazer perguntas, mas, se as fizesse, ele não responderia porque eu era mulher". Assim, ela se sentava ao lado de um dos alunos americanos e puxava seu braço, pedindo: "Pergunte a ele! Pergunte a ele!" "Depois das palestras de Fisher, eu passava mais ou menos três horas na biblioteca tentando entender o que ele queria dizer."

Quando Karl Pearson se aposentou, em 1933, F.N. David foi com ele, como sua única assistente de pesquisa. E registrou:

> Karl Pearson era uma pessoa extraordinária. Tinha 70 anos, trabalhávamos o dia inteiro em alguma coisa e saíamos da faculdade às seis horas. Certa feita ele ia para casa, eu também, e ele me disse: "Você poderia dar uma olhada na integral elíptica hoje à noite. Podemos precisar dela amanhã." Eu não tive coragem de dizer-lhe que ia sair com meu namorado para o baile de artes de Chelsea. Então fui ao baile, voltei para casa às quatro da manhã, tomei um banho, fui para a universidade e tinha o cálculo pronto quando ele chegou às nove horas. Somos bobos quando jovens.

Alguns meses antes da morte de Pearson, F.N. David voltou ao laboratório biométrico e trabalhou com Jerzy Neyman. Ele ficou surpreso porque ela não tinha doutorado. Por insistência dele, ela levou seus quatro últimos artigos e os submeteu como dissertação. Perguntaram-lhe depois se seu status mudara por ter obtido o doutorado. "Não, não", revelou, "só fiquei livre da taxa de entrada de 20 libras."

Lembrando aqueles dias, ela observa: "Estou inclinada a pensar que fui contratada para manter o sr. Neyman calado. Mas foi uma época tumultuada, porque Fisher estava no andar de cima pintando o diabo, havia Neyman de um lado e K.P. do outro, e Gosset vinha semana sim, semana não." Suas reminiscências daqueles anos são modestas demais, pois estava longe de ter sido "contratada para manter o sr. Neyman calado". Seus artigos publicados (incluindo um muito importante, em coautoria com Neyman, sobre a generalização de um teorema seminal de A.A. Markov, matemático russo do começo do século XX) fizeram avançar a prática e a teoria da estatística em muitos campos. Posso tirar livros de minha biblioteca sobre quase qualquer ramo da teoria estatística e encontrar referências a artigos de F.N. David em todos eles.

Trabalho de guerra

Quando a guerra começou, em 1939, F.N. David trabalhava no Ministério de Segurança Interna, tentando antecipar os efeitos de bombas lançadas sobre centros populacionais como Londres. Estimativas do número de vítimas, de efeitos das bombas sobre eletricidade, água, sistemas de esgotos e outros problemas potenciais foram determinados a partir de modelos estatísticos que ela construiu. Por conseguinte, os ingleses estavam preparados para a *blitz* alemã sobre Londres em 1940 e 1941, e foram capazes de manter os serviços essenciais enquanto salvavam vidas.

Quase no final da guerra, F.N. David escreveu:

> Fui levada em um dos bombardeiros norte-americanos para a Base Andrews da Força Aérea. Fui até lá para ver os primeiros grandes computadores digitais que eles tinham construído. ... Era uma cabana Nissen (conhecida como cabana Quonset nos Estados Unidos) de mais de 90 metros, e no centro havia um conjunto inteiro de passarelas de madeira sobre as quais se podia até correr. Em ambos os lados, a cada poucos metros, havia dois monstros piscando, e no teto só havia fusíveis. A cada 30 segundos, mais ou menos, um soldado corria sobre a passarela olhando para cima e empurrava um fusível. ... Quando voltei, estava contando isso a alguém ... e eles disseram: "Bem, é melhor que você aprenda a linguagem." E eu falei: "De jeito nenhum. Do contrário, ficarei fazendo isso o resto da minha vida, e não, não vou – outra pessoa pode fazê-lo!"

Egon Pearson não era uma pessoa dominadora como o pai e iniciou uma nova política de rodízio na direção do Departamento de Biométrica entre os demais membros da faculdade. Quando F.N. David assumiu a direção, ela já começara a trabalhar em *Combinatorial Chance*, livro que é um dos clássicos na literatura da área. Trata-se de exposição notavelmente clara de complexos métodos de contagem, conhecidos como "combinatórias". Quando lhe indagaram sobre esse livro, no qual ideias excessivamente complexas são apresentadas com um único enfoque subjacente que as torna muito mais fáceis de compreender, ela respondeu:

> Toda a minha vida tive essa coisa desagradável de começar algo e depois ficar entediada. Eu tinha a ideia das combinatórias e trabalhei nelas por um longo tempo, muito antes de conhecer Barton [D.E. Barton, o coautor de seu livro, que mais tarde seria professor de ciência da computação no University College] ou ensinar a Barton ... Mas eu o chamei porque era hora de terminar aquilo. Assim que nos pusemos a trabalhar, ele fez todo o trabalho elegante, calculando os limites e coisas assim. Ele era um sujeito legal. Escrevemos muitos artigos juntos.

Ela acabou indo para os Estados Unidos, onde foi professora na Universidade da Califórnia em Berkeley, e sucedeu Neyman como chefe de departamento. Deixou Berkeley para fundar e dirigir o Departamento de Estatística da Universidade da Califórnia em Riverside em 1970. "Aposentou-se" em 1977, aos 68 anos, e tornou-se ativa professora emérita e associada de pesquisa em bioestatística em Berkeley. A entrevista que forneceu muitas das citações deste capítulo foi feita em 1988. Ela morreu em 1995.

Em 1962, F.N. David publicou um livro chamado *Games, Gods and Gambling*. Esta é sua descrição de como ele surgiu:

> Eu tive aulas de grego quando jovem ... Fiquei interessada em arqueologia quando um colega arqueólogo estava explorando um dos desertos, eu acho. De todo modo, ele se aproximou e disse: "Caminhei pelo deserto e mapeei onde estavam esses fragmentos. Diga-me onde cavar para encontrar os artefatos de cozinha." Os arqueólogos não se preocupam com ouro e prata, só querem saber de potes e panelas. Assim que peguei seu mapa, analisei-o e pensei que era exatamente como o problema das bombas V. Aqui você tem Londres, e aqui estão as bombas caindo, e você quer saber de onde elas vêm para que possa presumir uma superfície normal bivariada e prever os principais eixos. Foi isso que fiz com o mapa dos fragmentos. É curioso haver uma espécie de unidade entre os problemas, você não acha? Existe apenas meia dúzia deles que são realmente diferentes.

E Florence Nightingale David contribuiu para a literatura científica de todos eles.

16. Abolir os parâmetros

Durante os anos 1940, Frank Wilcoxon, químico da American Cyanamid, foi importunado por um problema estatístico. Estivera fazendo testes de hipótese comparando os efeitos de diferentes tratamentos, usando os testes t de Student[1] e as análises de variância de Fisher. Esse era o modo padrão de analisar os dados experimentais àquela época. A revolução estatística tinha dominado o laboratório científico, e os livros e tabelas de interpretação desses testes de hipótese estavam presentes nas estantes de todo cientista. Wilcoxon, porém, estava preocupado com o que frequentemente parecia ser uma falha nesses métodos.

Podia fazer uma série de experimentos em que era óbvio para ele que os tratamentos seriam diferentes no efeito. Algumas vezes os testes t indicariam significância, outras vezes, não. Frequentemente, ao fazer um experimento em engenharia química, o reator químico em que a reação ocorre não está aquecido o bastante no começo da sequência de ensaios experimentais. Pode acontecer de uma enzima particular começar a variar em sua capacidade de reagir. O resultado é um valor experimental que parece errado. Muitas vezes o número é demasiadamente grande ou pequeno. Algumas delas, é possível identificar a causa desse resultado fora de padrão. Outras, o resultado é discrepante, diferindo drasticamente de todos os demais resultados, sem razão óbvia para isso.

Wilcoxon examinou as fórmulas para calcular testes t e análises de variância e compreendeu que esses valores discrepantes, extremos e incomuns, influenciavam enormemente os resultados, causando valores de t de Student menores do que deveriam ser (em geral, valores grandes do teste t levam a valores de p pequenos.) Era tentador eliminar o dado discrepante do conjunto de observações e calcular o teste t a partir dos demais valores. Isso introduziria problemas na derivação matemática dos testes de hipótese. Como o químico poderia saber se um número realmente era discrepante? Quantos valores discrepantes teriam de ser eliminados? O químico poderia continuar utilizando as tabelas de probabilidade para as estatísticas-padrão de teste se os valores discrepantes tivessem sido eliminados?

Wilcoxon pesquisou o assunto na literatura. Certamente os grandes mestres matemáticos que criaram os métodos estatísticos teriam visto o problema antes! Não achou, no entanto, nenhuma referência a isso. Pensou que tivesse encontrado uma solução para o problema. Ela envolvia cálculos tediosos baseados em combinações e permutações (as combinatórias de F.N. David foram mencionados no capítulo anterior). Wilcoxon começou a elaborar um método para calcular esses valores combinatórios.

Ah, mas isso era bobagem! Por que um químico como Wilcoxon teria de elaborar cálculos simples, mas tediosos? Sem dúvida alguém da estatística já havia feito isso antes! Mais uma vez ele voltou à literatura estatística a fim de localizar algum artigo prévio sobre o assunto. Nada encontrou. Sobretudo para verificar sua própria matemática, ele submeteu o artigo à revista *Biometrics* (não confundir com a *Biometrika* de Pearson). Ainda acreditava que seu trabalho não poderia ser original e contava com que os pareceristas da revista soubessem onde artigos sobre o assunto houvessem sido publicados antes – e esperava, assim, que rejeitassem seu artigo. Ao rejeitar, eles também o notificariam sobre as outras referências. No entanto, tanto quanto pareceristas e editores da revista puderam determinar, aquele era um trabalho original. Ninguém tinha mesmo pensado naquilo antes, e o artigo de Wilcoxon foi publicado em 1945.

O que nem Wilcoxon nem os editores de *Biometrics* sabiam é que um economista chamado Henry B. Mann e um estudante de pós-graduação em estatística na Universidade do Estado de Ohio, chamado D. Ransom Whitney, estavam trabalhando em problema correlato. Eles tentavam ordenar distribuições estatísticas para que se pudesse dizer, por exemplo, se a distribuição de salários de 1940 era menor do que a distribuição de salários em 1944, e criaram um método de ordenar que envolvia uma sequência simples, embora tediosa, de métodos de contagem.

Isso levou Mann e Whitney a uma estatística-teste cuja distribuição podia ser calculada por aritmética combinatória – o mesmo tipo de computação que Wilcoxon usava. Eles publicaram um artigo descrevendo sua nova técnica em 1947, dois anos depois que o artigo de Wilcoxon aparecera. Logo se verificou que os testes de Wilcoxon e de Mann-Whitney estavam relacionados e produziam os mesmos valores de p. Os dois testes envolviam algo novo. Até a publicação do artigo de Wilcoxon, pensava-se que todas as estatísticas-teste teriam de ser baseadas em estimativas de parâmetros de distribuições. Esse era um teste, no entanto, que não estimava nenhum parâmetro. Ele comparava a dispersão de dados observada com o que se poderia esperar de uma dispersão puramente aleatória. Era um teste não paramétrico.[2]

Dessa forma, a revolução estatística avançou um passo além das ideias originais de Pearson. Ela agora podia lidar com distribuições de medições sem lançar mão de parâmetros. Bastante desconhecido no Ocidente, no final dos anos 1930, Andrei Kolmogorov investigou, na União Soviética, com um aluno seu, N.V. Smirnov, um enfoque diferente para a comparação de distribuições que não utilizava parâmetros. Os trabalhos de Wilcoxon e de Mann-Whitney tinham aberto uma nova janela de investigação matemática, ao atrair a atenção para a natureza subjacente de níveis ordenados, e o trabalho de Smirnov-Kolmogorov foi logo acrescentado à lista.

Desenvolvimentos posteriores

Uma vez que uma nova janela tinha sido aberta na pesquisa matemática, os investigadores começaram a olhar através dela, de diferentes maneiras. O trabalho original de Wilcoxon foi logo seguido por enfoques alternativos. Herman Chernoff e I. Richard Savage descobriram que o teste de Wilcoxon poderia ser considerado em termos dos valores médios esperados de estatísticas ordenadas; e eles foram capazes de ampliar o teste não paramétrico em um conjunto de testes envolvendo diferentes distribuições subjacentes, nenhuma das quais requerendo a estimativa de um parâmetro. No começo dos anos 1960, essa classe de testes (agora conhecidos como "testes livres de distribuição") era o máximo em pesquisa. Estudantes de doutorado preenchiam pequenos nichos da teoria para defender suas teses. Faziam-se reuniões exclusivamente para discutir essa nova teoria. Wilcoxon continuou a trabalhar na área, ampliando o alcance dos testes ao desenvolver algoritmos extremamente inteligentes para os cálculos combinatórios.

Em 1971, Jaroslav Hájek, da Tchecoslováquia, produziu um livro definitivo que forneceu uma visão unificadora para todo esse campo. Hájek, que morreu em 1974, aos 48 anos, descobriu uma generalização subjacente para todos os testes não paramétricos e ligou esse enfoque geral às condições de Lindeberg-Lévy do teorema central do limite. Muitas vezes é esse o caminho da pesquisa matemática. Em certo sentido, toda a matemática está interligada, mas a natureza exata desses vínculos e a perspicácia para explorá-los podem levar vários anos para aparecer.

Enquanto buscava as implicações de sua descoberta estatística, Frank Wilcoxon deixou seu campo original, a química, e passou a dirigir o grupo de serviços estatísticos da American Cyanamid e de sua divisão, os Laboratórios Lederle. Em 1960, ele ingressou no Departamento de Estatística da Universidade do Estado da Flórida, onde se revelou professor e pesquisador admirado e orientou diversos candidatos a doutorado. Quando morreu, em 1965, deixou um legado de alunos e inovação estatística que continua a ter efeito notável sobre a área.

Problemas não resolvidos

O desenvolvimento de procedimentos não paramétricos pode ter levado à explosão de atividade nesse novo campo. No entanto, não havia um vínculo óbvio entre os métodos paramétricos usados até então e os métodos não paramétricos. Havia duas questões a resolver:

1. Se os dados têm distribuição paramétrica conhecida, como a distribuição normal, o que aconteceria de ruim com a análise se usássemos métodos não paramétricos?
2. Se os dados não se ajustam bem a um modelo paramétrico, quão afastados daquele modelo os dados precisam estar para que os métodos não paramétricos sejam os melhores?

Em 1948, os editores de *Annals of Mathematical Statistics* receberam o artigo de um desconhecido professor de matemática da Universidade da Tasmânia, ilha na costa sul da Austrália. Esse artigo notável resolveu os dois problemas. Edwin James George Pitman tinha publicado três artigos anteriores no *Journal of the Royal Statistical Society* e um no *Proceedings of the Cambridge Philosophical Society*, que, da perspectiva atual, lançaram os fundamentos de seu trabalho posterior, mas que tinham sido ignorados ou esquecidos. Além desses quatro artigos, Pitman, que tinha 52 anos quando submeteu seu artigo à revista *Annals*, nada mais publicara e era desconhecido.

E.J.G. Pitman nasceu em Melbourne, Austrália, em 1897. Frequentou a Universidade de Melbourne, mas teve de interromper os estudos durante a Primeira Guerra Mundial, quando serviu dois anos no Exército. Voltou para completar seu curso. "Naqueles dias", escreveu depois, "não havia pós-graduação de matemática nas universidades australianas." Algumas universidades ofereciam bolsas de estudo a seus melhores estudantes para se doutorarem na Inglaterra, mas a de Melbourne não. "Quando deixei a Universidade de Melbourne, depois de quatro anos, não tinha treinamento em pesquisa; acreditava, porém, que aprendera a estudar e usar a matemática, e que poderia enfrentar qualquer problema que aparecesse." O primeiro deles foi ganhar a vida.

A Universidade da Tasmânia procurava alguém para ensinar matemática. Pitman candidatou-se e foi nomeado professor de matemática. O Departamento inteiro consistia no novo professor e um conferencista em regime de meio expediente. O departamento precisava dar cursos de matemática para os estudantes de graduação dos demais departamentos, e o novo professor estava ocupado com a carga horária de ensino, que lhe tomava quase todo tempo. O conselho diretor decidiu contratar um professor de matemática em tempo integral; como um dos membros do conselho ouvira falar que havia um novo ramo da matemática chamado estatística, pediram ao novo candidato que preparasse um curso de estatística (fosse isso o que fosse).

Pitman respondeu: "Não posso afirmar que tenha qualquer conhecimento especial de teoria da estatística; mas, se nomeado, estarei preparado para dissertar sobre esse assunto em 1927." Ele não tinha conhecimento especial nem qualquer outro tipo de conhecimento sobre teoria estatística. Em Melbourne, fez um curso de lógica avançada, durante o qual o professor dedicou um par de palestras à estatística. Pitman afirmaria depois: "Decidi, ali e naquele instante, que estatística era o tipo de coisa em que eu não estava interessado e com a qual nunca teria de me preocupar."

O jovem E.J.G. Pitman chegou a Hobart, na Tasmânia, no outono de 1926, apenas com o diploma universitário para justificar seu cargo de professor em uma pequena escola provincial que estava tão longe quanto se podia chegar da fermentação intelectual de Londres e Cambridge. "Nada publiquei até 1936", escreveu. "Havia duas razões principais para o atraso na publicação; a carga de trabalho que tinha e a natureza de minha educação", declarou referindo-se a sua falta de treinamento em métodos de pesquisa matemática.

Em 1948, quando enviou seu notável artigo para a revista *Annals of Mathematical Statistics*, o Departamento de Matemática da Universidade da Tasmânia crescera. Tinha agora um professor (Pitman), um professor associado, dois professores convidados e dois tutores. Eles ensinavam uma ampla gama de matemática, tanto aplicada como teórica. Pitman proferia 12 palestras por semana e ainda dava aula aos sábados. Tinha então algum apoio para sua pesquisa. Em 1936, o governo da Comunidade Britânica começou a fornecer 30 mil libras por ano para a promoção da pesquisa científica nas universidades da Austrália. Essa quantia era alocada em diferentes estados, de acordo com a população; como a Tasmânia era um dos estados menores, sua cota era de 2.400 libras por ano para toda a universidade. Quanto disso chegou a ele, Pitman não informa.

Pitman empenhou-se gradualmente em diferentes tipos de pesquisa. Seu primeiro artigo publicado lida com um problema de hidrodinâmica. Os três artigos seguintes investigaram aspectos altamente específicos da teoria de testes de hipótese. Esses artigos não eram notáveis em si mesmos, mas representavam suas teses de aprendizagem. Ele estava explorando como desenvolver ideias e relacionar estruturas matemáticas umas com as outras.

Quando começou a trabalhar no artigo de 1948, Pitman tinha desenvolvido clara linha de raciocínio sobre a natureza dos testes estatísticos de hipótese e as inter-relações entre os velhos testes (paramétricos) e os novos (não paramétricos). Com seus métodos, atacou os dois importantes problemas.

O que ele descobriu surpreendeu a todos. Mesmo quando as suposições originais eram verdadeiras, os testes não paramétricos eram quase tão bons quanto os paramétricos. Ele foi capaz de responder à primeira pergunta: quão mau será usarmos testes não paramétricos em uma situação na qual conhecemos o modelo paramétrico e em que deveríamos utilizar um teste paramétrico específico? Nada mau, diria Pitman.

A resposta à segunda pergunta era ainda mais surpreendente. Se os dados não se ajustam ao modelo paramétrico, quão longe desse modelo eles devem estar para que os testes não paramétricos sejam melhores? Os cálculos de Pitman mostraram que bastava um ligeiro desvio do modelo paramétrico para que os testes não paramétricos se mostrassem muito melhores do que os paramétricos.

Parecia que Frank Wilcoxon, o químico que estava certo de que alguém já fizera essa descoberta antes dele, tinha tropeçado numa verdadeira pedra filosofal. Os resultados de Pitman sugerem que todos os testes de hipótese deveriam ser não paramétricos. A descoberta de Pearson das distribuições estatísticas baseadas em parâmetros era apenas o primeiro passo. Agora os estatísticos eram capazes de lidar com distribuições estatísticas sem se preocupar com parâmetros específicos.

Existem sutilezas dentro das sutilezas em matemática. De modo bem profundo, em seus enfoques aparentemente simples, Wilcoxon, Mann e Whitney tinham premissas sobre as distribuições dos dados. Ainda seriam necessários outros 25 anos para que essas premissas fossem entendidas. O primeiro problema perturbador foi descoberto por R.R. Bahadur e L.J. ("Jimmie") Savage, na Universidade de Chicago, em 1956. Quando mostrei o artigo de Bahadur e Savage a um amigo meu da Índia, poucos anos atrás, ele observou a congruência de seus nomes. *Bahadur* significa "guerreiro" em hindi. Foi preciso um guerreiro e um selvagem para dar o primeiro golpe na teoria dos testes estatísticos não paramétricos.

Os problemas que Savage e Bahadur revelaram originavam-se do problema que primeiramente sugeriu os testes não paramétricos a Wilcoxon: o problema dos dados discrepantes. Se as discrepâncias são observações raras e completamente "erradas", então os métodos não paramétricos reduzem sua influência sobre a análise. Se as discrepâncias são parte de uma sistemática contaminação de dados, mudar para métodos não paramétricos só agrava a situação. Investigaremos o problema das distribuições contaminadas no Capítulo 23.

17. Quando a parte é melhor que o todo

Para Karl Pearson, as distribuições probabilísticas podiam ser examinadas com dados coletados. Ele pensou que, se coletasse dados suficientes, seria previsível que fossem representativos de todos os dados. Os correspondentes da *Biometrika* selecionavam centenas de crânios de antigos cemitérios, colocavam chumbinho dentro deles para medir a capacidade craniana e enviavam a Pearson essas centenas de números. Um correspondente viajaria até as selvas da América Central e mediria o comprimento dos ossos do braço de centenas de nativos, enviando essas medidas ao laboratório biométrico de Pearson.

No entanto, havia uma falha básica nesses métodos de Pearson. Ele coletava o que agora se chama de "amostra oportunista". Os dados eram aqueles que estavam mais facilmente disponíveis. Não precisavam ser verdadeiramente representativos da distribuição toda. Os túmulos abertos para se avaliar a capacidade craniana eram os encontrados. Os não encontrados poderiam diferir de um modo desconhecido.

Um exemplo específico dessa falha da amostragem oportunista foi descoberto na Índia, no começo dos anos 1930. Fardos de juta foram amontoados no porto de Bombaim a fim de ser embarcados para a Europa. Para determinar o valor da juta, de cada fardo foi tirada uma amostra, e a qualidade da juta, determinada por essa amostra. A amostragem foi feita enterrando-se uma lâmina cilíndrica oca no fardo e coletando o material que vinha no interior da lâmina. Na embalagem e no embarque dos fardos, seu exterior tendia a deteriorar-se, e as partes internas tendiam a tornar-se mais compactas, muitas vezes até congelando no inverno. O operador empurraria a lâmina oca contra o fardo, mas esta seria desviada da parte mais densa do fardo, e a amostra tenderia a consistir quase inteiramente na região externa danificada. A amostra oportunista tinha um viés no sentido de se encontrar juta inferior, quando a qualidade do fardo era muito maior.

O professor Prasanta Chandra Mahalanobis, chefe do Departamento de Física do Presidency College, em Calcutá, frequentemente usava esse exemplo (que descobrira quando trabalhava para a estrada de ferro que levava a juta ao porto) para mostrar por que as amostras oportunistas não eram confiáveis. De uma rica família de mercadores de Calcutá, Mahalanobis tinha condições econômicas de se manter enquanto fazia graduação e pós-graduação, e perseguia seus interesses em ciência e matemática. Durante os anos 1920, ele viajou para a Inglaterra e estudou com Pearson e Fisher. Alunos como F.N. David tinham de subsistir com a ajuda de bolsas de estudo, mas Mahalanobis levava uma vida de rei enquanto estudava. Ao regressar foi dirigir o Departamento de Física do Presidency College. Logo depois, em 1931, com seus próprios recursos criou o Instituto Indiano de Estatística nos terrenos de uma das propriedades da família.

Ali, ele treinou um grupo de brilhantes matemáticos e estatísticos indianos, muitos dos quais chegaram a dar importantes contribuições para o setor – pessoas como S.N. Roy, C.R. Rao, R.C. Bose, P.K. Sem e Madan Puri, entre outros. Um dos interesses de Mahalanobis era como produzir uma amostra de dados apropriadamente representativa. Estava claro que, em muitas situações, tornava-se quase impossível fazer todas as medições em um conjunto. Por exemplo, a população da Índia é tão grande que, durante anos, nenhuma tentativa foi feita para se obter o censo completo em um só dia – como acontece nos Estados Unidos. Ao contrário, o censo indiano leva mais de um ano, e as diferentes regiões do país são apuradas em meses diferentes. Por isso o censo da Índia nunca pode ser preciso. Há nascimentos e mortes, migrações e mudanças de status que ocorrem durante o tempo em que se faz o censo. Ninguém nunca saberá exatamente quantas pessoas existem na Índia em um dia determinado.[1]

Mahalanobis pensou que seria possível estimar as características da população total se pudéssemos conseguir uma pequena amostra que fosse adequadamente representativa do todo. Nesse aspecto, há dois enfoques possíveis. Um é construir o que chamamos de uma "amostra de julgamento". Nela, tudo que é conhecido sobre a população é usado para selecionar um pequeno grupo de indivíduos que represente diferentes grupos da população total. Os coeficientes de Nielsen para determinar quantas pessoas estão assistindo aos shows de TV foram criados a partir de uma amostra de julgamento. A Nielsen Media Research seleciona famílias com base no status socioeconômico e na região do país em que vivem.

Uma amostra de julgamento parece ser, à primeira vista, uma boa maneira de representar a população total; apresenta, porém, duas falhas principais. A primeira é o fato de só ser representativa se estivermos absolutamente certos de saber o suficiente sobre a população total para encontrar subclasses específicas que possam ser representadas. Se soubéssemos tanto sobre a população total, provavelmente não necessitaríamos fazer a amostragem, já que as perguntas que fazemos sobre a amostra são aquelas necessárias para dividir a população total em grupos homogêneos. O segundo problema é mais complicado. Se os resultados da amostra de julgamento estiverem errados, não temos meios de saber quão afastados da verdade eles estão. No verão de 2000, a Nielsen Media Research foi criticada por não ter famílias hispânicas suficientes em sua amostra e por subestimar o número de famílias que assistiam à TV em língua espanhola.

A resposta de Mahalanobis foi a amostra aleatória, que usa um mecanismo aleatório para escolher indivíduos da população maior. Os números que obtemos dessa amostra aleatória estão provavelmente errados, mas podemos utilizar os teoremas da estatística matemática para determinar como tirar uma amostra e medi-la de forma ótima, assegurando que, com o decorrer do tempo, nossos números ficarão mais perto da verdade do que quaisquer outros. Além disso, conhecemos a fórmula matemática da distribuição de probabilidade de amostras aleatórias, e podemos calcular limites de confiança sobre os valores verdadeiros das coisas que queremos estimar.

Assim, a amostra aleatória é melhor do que a oportunista ou de julgamento não porque garanta respostas corretas, mas porque podemos calcular uma série de respostas que, com alta probabilidade, conterão a resposta correta.

O New Deal e a amostragem

A matemática da teoria de amostragem desenvolveu-se rapidamente durante os anos 1930, em parte no Instituto Indiano de Estatística de Mahalanobis, em parte apoiada em dois artigos de Neyman no final dos anos 1930, e em parte por um grupo de impacientes jovens universitários que se reuniram em Washington, D.C., durante o começo do New Deal. Muitos dos problemas práticos de como tirar amostras de uma grande população foram enfrentados e resolvidos por esses jovens, nos Departamentos de Comércio e do Trabalho do governo federal.

Um rapaz ou uma moça que recebesse um título de bacharel entre 1932 e 1939 frequentemente saía da universidade para um mundo em que não havia empregos. A Grande Depressão cuidara disso. Margaret Martin, que cresceu em Yonkers, Nova York, que frequentou o Barnard College e chegou a ser funcionária do Departamento de Orçamento dos Estados Unidos, declarou:

Quando me formei, em junho de 1933, não consegui encontrar nenhum emprego ... Uma amiga, que se formou um ano depois, se sentiu muito afortunada. Ela conseguiu um emprego de vendedora na loja de departamentos B. Altman; trabalhava 48 horas por semana e ganhava 15 dólares. Mas mesmo esses empregos eram relativamente raros. Nós tínhamos uma orientadora vocacional, em Barnard, e fui falar com ela sobre a possibilidade de ir para a escola de secretárias Katherine Gibbs. Não sabia onde conseguir o dinheiro para isso, mas pensei que, com essa capacitação, eu poderia pelo menos ganhar alguma coisa. A srta. Doty ... não era pessoa de fácil convivência, e muitos estudantes tinham medo dela ... Voltando-se para mim, ela argumentou: "Jamais recomendaria que você fizesse um curso de secretária. Se aprender a usar uma máquina de escrever, e mostrar que sabe usá-la, nunca fará nada além de usar a máquina de escrever ... Você deve procurar um cargo profissional."

Margareth Martin conseguiu seu primeiro emprego em Albany, como economista júnior, no setor de pesquisa e estatística da Divisão de Emprego e Desemprego do Estado de Nova York, e o usou como trampolim para estudos de pós-graduação.

Outros jovens recém-formados foram diretamente para Washington. Morris Hansen foi para o Census Bureau em 1933, com um título de economia da Universidade de Wyoming; lá usou a matemática da graduação e uma rápida leitura dos artigos de Neyman para planejar o primeiro levantamento compreensivo do desemprego. Nathan Mantel recebeu seu título de biólogo do City College of New York (CCNY) e empregou-se no National Cancer Institute. Jerome Cornfield, especialista em história do CCNY, aceitou o cargo de analista no Departamento do Trabalho.

Era uma época instigante para participar do governo: a nação jazia em queda, com a maior parte da atividade econômica ociosa, e o novo governo em Washington procurava ideias para retomar o vigor. Primeiro, era preciso saber quão mal andavam as coisas por todo o país. Começou-se a fazer levantamentos de emprego e atividade econômica. Pela primeira vez na história da nação tentava-se determinar exatamente o que estava acontecendo no país – uma oportunidade óbvia para levantamentos por amostragem.

Esses entusiasmados jovens profissionais tiveram de vencer, inicialmente, as objeções daqueles que não entendiam matemática. Quando uma das primeiras pesquisas do Departamento do Trabalho indicou que 10% da população detinha quase 40% da renda, ela foi denunciada pela Câmara do Comércio dos Estados Unidos. Como isso podia ser verdade? A pesquisa entrara em contato com menos de 0,5% da população trabalhadora, e essas pessoas eram escolhidas por meios aleatórios! A Câmara do Comércio tinha suas próprias pesquisas, tiradas das opiniões de seus próprios integrantes, sobre o que estava acontecendo. A nova pesquisa foi rejeitada pela Câmara, por ser inexata, pois era apenas uma coleta aleatória de dados.

Em 1937, o governo tentou obter uma contagem completa da taxa de desemprego, e o Congresso autorizou que se fizesse o censo de desemprego de 1937. A lei, pela forma como foi aprovada pelo Congresso, pedia a todos que estivessem desempregados que preenchessem um cartão de inscrição e o entregassem na agência de correio mais próxima. Naquele tempo, as estimativas do número de desempregados variavam de três a 15 milhões, e as únicas contagens confiáveis eram alguns levantamentos feitos em Nova York. Um grupo de jovens sociólogos liderados por Cal Dedrick e Fred Stephan, no Census Bureau, entendeu que haveria muitos desempregados que não responderiam e o resultado produziria números cheios de erros desconhecidos. Decidiram que se deveria realizar o primeiro levantamento aleatório sério em todo o país. O jovem Morris Hansen planejou a pesquisa, e o Bureau escolheu 2% de todas as rotas postais, aleatoriamente. Os carteiros dessas rotas levaram questionários a todas as famílias dessas rotas.

Mesmo com a amostra de 2%, o Census Bureau viu-se inundado por enorme número de questionários. O Serviço Postal dos Estados Unidos tentou organizá-los e fez as tabulações iniciais. O questionário fora planejado para coletar informações detalhadas sobre demografia e o histórico de trabalho dos questionados, e ninguém sabia como examinar quantidades tão grandes de informação detalhada. Lembrem-se de que isso foi antes dos computadores, e a única ajuda para as tabulações feitas com lápis e papel eram máquinas de calcular manuais. Hansen entrou em contato com Jerzy Neyman, cujos artigos tinham servido de base para o planejamento da pesquisa. Nas palavras de Hansen, Neyman indicou que "não precisaríamos conhecer e comparar todos os casos nem entender todas as relações" a fim de encontrar respostas para as perguntas mais importantes. Seguindo o conselho de Neyman, Hansen e seus ajudantes deixaram de lado a maioria dos detalhes confusos e complicados dos questionários e passaram a contar o número de desempregados.

Foi necessária uma série de estudos cuidadosos no Census Bureau, dirigida por Hansen, para provar que essas pequenas pesquisas aleatórias eram muito mais precisas do que as amostras de julgamento antes empregadas. No final, o U.S. Bureau of Labor Statistics e o Census Bureau lideraram o caminho para um novo mundo de amostragem aleatória. George Gallup e Louis Bean levaram esses métodos para a área de pesquisa de opinião política.[2] Para o censo de 1940, o Census Bureau fez projetos elaborados de pesquisas por amostragem no interior do censo geral. O jovem estatístico William Hurwitz fora recém-contratado pelo Bureau. Hansen e Hurwitz tornaram-se colaboradores próximos e amigos; publicaram uma série de artigos importantes e influentes, culminando, em 1953, no livro didático *Sample Survey Methods and Theory* (escrito com um terceiro autor, William Madow). Os artigos de Hansen e Hurwitz tornaram-se tão importantes no campo de pesquisas por amostragem e foram citados com tamanha frequência que muitos dos profissionais da área passaram a acreditar que havia uma única pessoa chamada Hansen Hurwitz.

Jerome Cornfield

Muitos dos jovens profissionais que chegaram a Washington durante o New Deal tornaram-se figuras importantes no governo e na academia. Alguns deles estavam tão ocupados criando novos métodos matemáticos e estatísticos que não chegaram a se candidatar à pós-graduação. Exemplo disso é Jerome Cornfield, que participou de algumas das primeiras pesquisas no Departamento de Estatística do Trabalho e depois mudou-se para o Instituto Nacional de Saúde. Publicou artigos com algumas das figuras-chave da academia e resolveu os problemas matemáticos envolvidos em estudos controlados de caso. Seus artigos científicos vão de trabalhos sobre a teoria da amostragem aleatória à economia dos padrões de emprego, investigação de tumores em galinhas, problemas de fotossíntese e efeitos de toxinas ambientais sobre a saúde humana. Criou muitos dos métodos estatísticos que depois se tornaram padrões nos campos de medicina, toxicologia, farmacologia e economia.

Uma das realizações mais importantes de Cornfield foi o planejamento e a análise inicial do Estudo Framingham, iniciado em 1948. A ideia era tomar a cidade de Framingham, em Massachusetts, como "cidade típica", medir um grande número de variáveis de saúde em todos os habitantes e depois acompanhar essas pessoas durante alguns anos. O estudo, agora com mais de 50 anos, teve existência semelhante à de *Perigos de Pauline*,* pois, de tempos em tempos,

---

* *Perils of Pauline*: filme mudo estreado em 1914, em episódios; é considerada a mais famosa série de mistério dos Estados Unidos e foi relançada em 1937.

foram feitas tentativas para cortar seu financiamento com o intuito de reduzir o orçamento do governo. Sua importância, entretanto, se mantém como fonte de informação sobre os efeitos a longo prazo de dietas e estilos de vida sobre doenças do coração e câncer.

Para analisar os dados dos primeiros cinco anos do Estudo Framingham, Cornfield deparou com problemas fundamentais que não haviam sido mencionados na literatura teórica. Trabalhando com membros da Universidade Princeton, ele resolveu esses problemas. Outros profissionais continuaram a produzir artigos sobre o desenvolvimento teórico que ele iniciou, mas Cornfield estava satisfeito de haver encontrado um método. Em 1967, foi coautor do primeiro artigo médico do estudo, pioneiro em mostrar os efeitos do colesterol elevado sobre a probabilidade de doenças do coração.

Eu integrava um comitê com Jerry Cornfield, reunido em 1973 como parte de uma série de audiências ante uma comissão do Congresso. Durante uma pausa em nosso trabalho, Cornfield foi chamado ao telefone. Era Wassily Leontief, economista da Universidade de Columbia, comunicando-lhe que acabara de ganhar o Prêmio Nobel de Economia e agradecendo a Cornfield por seu papel no trabalho que levara Leontief a receber o prêmio, originado no final dos anos 1940, época em que Leontief pedira a ajuda do Bureau de Estatísticas do Trabalho.

Leontief acreditava que a economia podia ser separada em setores, como agricultura, manufatura de aço, varejo etc. Cada setor usa materiais e serviços dos outros setores para produzir um material ou um serviço, que por sua vez é fornecido aos demais setores. Essa inter-relação pode ser descrita sob a forma de matriz matemática e é frequentemente chamada de "análise de produção e consumo". Quando começou a investigar esse modelo, no final da Segunda Guerra Mundial, Leontief foi ao Bureau de Estatísticas do Trabalho para ajudar a reunir os dados de que necessitava, e o Bureau então designou como seu assistente um jovem analista que na época trabalhava na instituição, Jerome Cornfield.

Leontief podia dividir a economia em alguns setores maiores, colocando todas as manufaturas em um setor, ou subdividir os setores em outros mais específicos. A teoria matemática da análise de produção e consumo requer que a matriz que descreve a economia tenha um único inverso. Isso significa que a matriz, uma vez montada, deve ser submetida a procedimento matemático denominado "inverter a matriz". Naquela época, antes da ampla disponibilidade de computadores, inverter uma matriz era procedimento difícil e tedioso, desenvolvido apenas com uma calculadora. Quando eu estava na faculdade, cada um de nós tinha de inverter uma matriz – suspeito de que era um rito de passagem "para o bem de nossas almas". Lembro-me de tentar inverter uma matriz de 5 x 5 e ter levado vários dias, cuja maior parte gastei localizando minhas falhas e refazendo o que tinha errado.

O conjunto inicial de setores de Leontief levava a uma matriz de 12 x 12, e Cornfield inverteu-a para verificar se havia uma solução única. Ele levou quase uma semana, e o resultado final foi concluir que o número de setores deveria ser ampliado. Assim, com algum temor, Cornfield e Leontief começaram a subdividir os setores até que terminaram com a matriz mais simples, praticável, de 24 x 24. Ambos sabiam que isso estava além da capacidade de um único ser humano. Cornfield estimou que, para inverter essa matriz, levariam várias centenas de anos, trabalhando os sete dias da semana.

Durante a Segunda Guerra Mundial, a Universidade Harvard tinha desenvolvido um dos primeiros e muito primitivos computadores. Usava interruptores de relés mecânicos e frequentemente travava. Já não havia trabalho de guerra para ele, e Harvard estava procurando aplicações para sua máquina monstruosa. Cornfield e Leontief decidiram enviar a matriz de 24 x 24 para Harvard, onde o computador Mark I faria os tediosos cálculos e computaria o inverso. Quando pediram verba para pagar o projeto, o processo ficou empacado no escritório de contabilidade do Bureau de Estatísticas do Trabalho. O governo tinha naquela época a política de pagar por bens, mas não por serviços, apoiado na teoria de que possuía todos os tipos de especialistas trabalhando para ele. Se algo precisasse ser feito, deveria haver alguém no governo apto a realizá-lo.

Cornfield e Leontief explicaram ao contador do governo que, embora aquilo fosse algo que uma pessoa pudesse em teoria fazer, ninguém viveria o bastante para tanto. O contador foi simpático, mas não podia encontrar um meio de evitar o regulamento. Cornfield então deu uma sugestão. Como resultado, o Bureau emitiu uma ordem de compra para bens de capital. Que bem de capital? A fatura pedia ao Bureau para comprar, de Harvard, "uma matriz, invertida".

Índices econômicos

O trabalho desses jovens homens e mulheres que acorreram para o governo durante os primeiros dias do New Deal continua a ser de importância fundamental para a nação. Ele levou às séries regulares de indicadores econômicos que agora são usados para fazer a sintonia fina da economia. Esses indicadores incluem o Índice de Preços ao Consumidor (para a inflação), o Levantamento da População Real (para as taxas de desemprego), o Censo de Manufaturas, os ajustes intermediários das estimativas do Census Bureau da população entre os censos decenais e muitas outras pesquisas menos conhecidas, que têm sido copiadas e são usadas por todas as nações industriais do mundo.

P.C. Mahalanobis tornou-se amigo pessoal do primeiro-ministro Jawaharlal Nehru no princípio do novo governo da Índia. Sob sua influência, as tentativas que Nehru fez de imitar o planejamento central da União Soviética foram com frequência modificadas por pesquisas de amostragem cuidadosamente conduzidas, que mostravam o que de fato estava acontecendo na economia da nova nação. Na Rússia, os burocratas produziam números de produção e de atividade econômica falsos, para agradar aos governantes, o que encorajava os maiores excessos dos planos econômicos centralizados. Na Índia, boas estimativas verdadeiras estavam sempre disponíveis. Nehru e seus sucessores podem não ter gostado, mas tinham de lidar com isso.

Em 1962, R.A. Fisher foi à Índia, onde, aliás, já estivera muitas vezes, a convite de Mahalanobis. Aquela, no entanto, era uma ocasião especial: uma ampla reunião dos principais estatísticos do mundo para comemorar o trigésimo aniversário da fundação do Instituto de Estatística Indiano. Fisher, Neyman, Egon Pearson, Hansen, Cornfield e outros, dos Estados Unidos e da Europa, reuniram-se. As sessões eram animadas, porque o campo da estatística matemática ainda estava em fermentação, cheio de problemas sem solução. Os métodos de análise estatística penetravam todos os campos da ciência. Novas técnicas de análise eram constantemente propostas e analisadas. Havia quatro sociedades científicas devotadas ao assunto e ao menos oito revistas principais (uma das quais fundada por Mahalanobis).

Quando a conferência se encerrou, os participantes seguiram caminhos diferentes e, chegando em casa, ouviram a notícia: R.A. Fisher morrera; infartara no navio que o levava de volta à Austrália. Tinha 72 anos. A coletânea de artigos científicos de sua autoria enche cinco volumes, e seus sete livros continuam a influenciar tudo o que atualmente é feito em estatística. Suas realizações originais e brilhantes chegaram ao fim.

18. Fumar causa câncer?

Em 1958, R.A. Fisher publicou um artigo intitulado "Cigarros, câncer e estatística" na *Centennial Review*, e dois artigos na *Nature*, intitulados "Câncer de pulmão e cigarros?" e "Câncer e fumar". Depois, reuniu esses textos, mais um extenso prefácio, em um panfleto intitulado "Fumar: a controvérsia sobre o câncer. Algumas tentativas de avaliar as evidências". Nesses artigos, Fisher (que foi frequentemente fotografado fumando cachimbo) insistia que a evidência usada para mostrar que fumar causava câncer de pulmão era cheia de imperfeições.

Fisher não estava sozinho em suas críticas aos estudos sobre a relação entre fumo e câncer naquela época. Joseph Berkson, estatístico-chefe da Clínica Mayo e líder entre os bioestatísticos norte-americanos, também questionava os resultados. Jerzy Neyman levantara objeções ao raciocínio utilizado nos estudos que associavam o câncer de pulmão ao hábito de fumar. Fisher era o mais contundente em suas críticas. Enquanto as evidências se acumulavam nos anos seguintes – e tanto Berkson quanto Neyman se mostravam satisfeitos com a prova da correlação –, Fisher permanecia inflexível, acusando alguns dos principais pesquisadores de manipular seus dados, o que se tornou um embaraço para muitos estatísticos. Naquele tempo, as companhias de cigarros negavam a validade dos estudos, mostrando que eram apenas "correlações estatísticas", não havendo provas de que os cigarros causavam câncer de pulmão. Na superfície, parecia que Fisher concordava com eles, e seus argumentos pareciam polêmicos. Aqui está, por exemplo, o parágrafo de um de seus artigos:

> A necessidade de tal escrutínio [da pesquisa que parecia mostrar a relação] me foi anunciada de forma muito convincente, um ano atrás, em nota publicada pelo *Journal* da British Medical Association, levando à conclusão quase radical de que era necessário que todos os instrumentos da publicidade moderna fossem empregados para alertar o mundo desse terrível perigo. Quando li aquilo, não fiquei seguro

de ter gostado de "todos os instrumentos da publicidade moderna", e me pareceu que uma distinção moral deve ser marcada nesse ponto ... Não é bem o trabalho de um bom cidadão plantar o medo na cabeça talvez de cem milhões de fumantes pelo mundo – plantá-lo com a ajuda de todos os meios da publicidade moderna apoiados por dinheiro público – sem saber ao certo se eles têm algo a temer do hábito particular contra o qual a propaganda deve ser dirigida...

Desafortunadamente, em sua raiva contra o uso da propaganda governamental para espalhar esse medo, Fisher não declara suas objeções com clareza. Divulgou-se sua imagem no papel do velho rabugento que não queria abandonar seu adorado cachimbo. Em 1959, Jerome Cornfield uniu-se a cinco importantes especialistas em câncer do National Cancer Institute (NCI), da American Cancer Society e do Sloan-Kettering Institute para escrever um artigo de 30 páginas que revisava todos os estudos até então publicados. Eles examinaram as objeções de Fisher, Berkson e Neyman e também as levantadas pelo Tobacco Institute (em apoio às companhias de cigarros). Forneceram um relato cuidadosamente pensado sobre a controvérsia e mostraram como a evidência estava esmagadoramente a favor de mostrar que "fumar é um fator causador da incidência – que aumenta rapidamente – do carcinoma epidermoide do pulmão humano".

Isso resolveu o assunto para toda a comunidade médica. O Tobacco Institute continuou a pagar anúncios de página inteira em revistas populares afirmando que a associação de fumo e câncer era mera correlação estatística. Mas não surgiu artigo algum que questionasse a descoberta, depois de 1960, em qualquer revista científica renomada. Em quatro anos, Fisher estava morto; não pôde continuar a discussão, e ninguém mais a levantou.

Existem causa e efeito?

Seria aquilo apenas uma tolice dita por um velho que queria fumar seu cachimbo em paz ou havia algo nas objeções de Fisher? Li seus artigos sobre fumo e câncer, e comparei-os com artigos prévios que havia escrito sobre a natureza do raciocínio indutivo e a relação entre modelos estatísticos e conclusões científicas. Disso emerge uma consistente linha de raciocínio. Ele estava lidando com um profundo problema filosófico, o mesmo que o filósofo inglês Bertrand Russell enfrentara no começo dos anos 1930, um problema que perturba a essência do pensamento científico, que a maioria das pessoas nem mesmo reconhece como questão: o que significa "causa e efeito"? As respostas a isso estão longe de ser simples.

Bertrand Russell pode ser lembrado por muitos leitores como o filósofo de cabelos brancos mundialmente famoso que conferiu voz à crítica do envolvimento dos Estados Unidos na Guerra do Vietnã nos anos 1960. Naquela época, lorde Russell recebera reconhecimento oficial e acadêmico como uma das grandes cabeças da filosofia no século XX. Seu primeiro trabalho importante, escrito com Alfred North Whitehead – que era muitos anos mais velho –, lidava com os fundamentos filosóficos da aritmética e da matemática. Intitulado *Principia Mathematica*, tentava estabelecer as ideias básicas da disciplina, como os números e a adição, em simples axiomas que lidavam com a teoria dos conjuntos. Uma das ferramentas essenciais do trabalho de Russell-Whitehead era a lógica simbólica, método de investigação que se tornou uma das grandes novas criações do começo do século XX. O leitor deve lembrar-se de ter estudado lógica aristotélica com exemplos como "Todos os homens são mortais. Sócrates é um homem. Portanto, Sócrates é mortal".

Apesar de estudada por mais de 2.500 anos, a codificação da lógica de Aristóteles é ferramenta relativamente inútil. Trabalha sobre o óbvio, estabelece regras arbitrárias sobre o que é e o que não é lógica, e não consegue imitar o uso da lógica no raciocínio matemático, em que tem sido usada para produzir novos conhecimentos. Enquanto os estudantes memorizavam categorizações da lógica baseadas na mortalidade de Sócrates e na negritude das penas dos corvos, os matemáticos descobriam novas áreas de pensamento, como o cálculo, com o uso de métodos lógicos que não se ajustavam elegantemente às categorias de Aristóteles.

Tudo isso mudou com o desenvolvimento da teoria dos conjuntos e da lógica simbólica, no final do século XIX e nos primeiros anos do XX. Em sua forma primitiva, explorada por Russell e Whitehead, a lógica simbólica começa com átomos de pensamento conhecidos como "proposições". Cada proposição tem um valor chamado "V" ou "F".[1] As proposições são combinadas e comparadas com símbolos para "e", "ou", "não" e "é igual a". Como cada proposição atômica tem um valor, qualquer combinação delas tem um valor também, e esse valor pode ser computado por uma série de passos algébricos. Sobre esse fundamento simples, Russell, Whitehead e outros foram capazes de construir combinações de símbolos que descreviam números e aritmética, e que pareciam descrever todos os tipos de raciocínio.

Todos menos um! Parecia não haver forma de criar um conjunto de símbolos que significasse "A causa B". O conceito de causa e efeito escapou aos melhores esforços dos lógicos para encaixá-lo nas regras da lógica simbólica. Claro que todos sabemos o que "causa e efeito" significam. Se eu derrubo um copo de vidro no chão do banheiro, esse ato é a causa da quebra do copo. Se o dono do cachorro puxa a cadeira sempre que ele vai na direção errada, esse ato faz com que o cachorro aprenda a ir na direção certa. Se o fazendeiro utiliza fertilizantes em suas plantações, isso é a causa do crescimento das plantas. Se uma mulher toma talidomida durante o primeiro trimestre da gravidez, esse ato causa o nascimento de seu filho com malformações dos membros defeituosos. Se outra mulher sofre inflamação da pélvis, ela foi causada pelo DIU (dispositivo intrauterino) que usou.[2] Se existem poucas mulheres em posições de gerência sênior na firma ABC, isso foi causado pelo preconceito dos gerentes. Se meu primo tem temperamento irritado, isso foi causado pelo seu nascimento sob o signo de Leão.

Como Bertrand Russell mostrou muito efetivamente no começo dos anos 1930, a noção comum de causa e efeito é inconsistente. Diferentes exemplos de causa e efeito podem não ser conciliados pelos mesmos passos de raciocínio. Não existe, de fato, essa coisa de causa e efeito. Trata-se de uma quimera popular, uma noção vaga que não suportará os golpes da razão pura; contém um conjunto inconsistente de ideias contraditórias e é de pouco ou nenhum valor no discurso científico.

Implicação material

No lugar de causa e efeito, Russell propôs o uso de um conceito bem definido da lógica simbólica, chamado "implicação material". Usando as primitivas noções de proposições atômicas e os símbolos conectores para "e", "ou", "não" e "é igual a", podemos produzir o conceito de que a proposição A implica a proposição B. Isso equivale à proposição de que não B implica não A. Tudo começa a soar um pouco como o paradoxo que se esconde por trás do teorema de Bayes (que examinamos no Capítulo 13); existem, entretanto, diferenças muito profundas que analisaremos adiante.

No final do século XIX, o médico alemão Robert Koch propôs um conjunto de postulados necessários para provar que um certo agente infeccioso causava uma doença específica. Esses postulados exigiam que:

1. Sempre que o agente pudesse ser cultivado, a doença existia.
2. Sempre que a doença não existia, o agente não podia ser cultivado.

Fumar causa câncer? 157

3. Quando o agente era removido, a doença terminava.

Com alguma redundância, Koch estava afirmando as condições para a implicação material. Isso pode ser adequado para determinar que uma espécie particular de bactéria causa a doença infecciosa. Quando chegamos a algo como hábito de fumar e câncer, no entanto, os postulados de Koch são de pouca valia. Consideremos como se ajusta a conexão entre câncer de pulmão e fumar cigarros aos postulados de Koch (e portanto à implicação material de Russell). O agente é um histórico de fumar cigarros. A doença é carcinoma epidermoide do pulmão humano. Existem fumantes de cigarro que não contraem câncer de pulmão. O primeiro postulado de Koch não vale. Existem algumas pessoas que contraem câncer de pulmão e alegam jamais ter fumado. Se acreditamos em suas alegações, o segundo postulado de Koch não vale. Se restringirmos o tipo de câncer ao carcinoma das pequenas células em forma de aveia, o número de não fumantes com a doença parece ser zero, e talvez assim o segundo postulado seja atendido. Se tirarmos o agente, isto é, se o paciente deixar de fumar, a doença ainda pode vir a ser contraída, e o terceiro postulado de Koch não vale.

Se aplicarmos os postulados de Koch (e com eles a implicação material de Russell), as únicas doenças em que eles se verificam são condições agudas, causadas por agentes infecciosos específicos que podem ser cultivados a partir do sangue ou de outros fluidos do corpo. Isso não se sustenta para doenças do coração, diabetes, asma, artrite ou câncer em outras formas.

A solução de Cornfield

Voltemos ao artigo de 1959, de Cornfield e de cinco eminentes especialistas em câncer.[3] Um por um, eles descrevem todos os estudos sobre o assunto. O primeiro foi o de Richard Doll e A. Bradford Hill,[4] publicado no *British Medical Journal*, em 1952. Alarmados com o rápido crescimento do número de pacientes que morriam de câncer de pulmão no Reino Unido, Doll e Hill localizaram várias centenas de casos e os compararam com pacientes similares (mesma idade, sexo, status socioeconômico) admitidos no mesmo hospital, na mesma época, e que não adquiriram câncer de pulmão. Havia quase dez vezes mais fumantes entre os pacientes com câncer de pulmão do que entre os outros (chamados de "controles" nesse estudo). No final de 1958, havia cinco outros estudos dessa natureza, usando pacientes na Escandinávia, nos Estados Unidos, no Canadá, na França e no

Japão. Todos mostraram os mesmos resultados: uma percentagem muito maior de fumantes entre os pacientes com câncer do que entre os controles.

Esses são chamados de "estudos retrospectivos". Começam com a doença e trabalham para trás, a fim de ver que condições anteriores estão a ela associadas. Eles precisam de controles (pacientes sem a doença) para se assegurar de que as condições anteriores estão associadas à doença e não a algumas características mais gerais dos pacientes. Os controles podem ser criticados por não se ajustar aos casos de doença. Um famoso estudo retrospectivo foi realizado no Canadá sobre os efeitos dos adoçantes artificiais, sugerindo seu uso como causa de câncer de bexiga. O estudo parecia mostrar associação entre os dois fatos, mas uma análise cuidadosa dos dados mostrou que os casos de doença eram quase todos em pessoas de classes socioeconômicas baixas, enquanto os controles eram quase todos de classes socioeconômicas altas. Isso significava que os casos de doença e os de controle não eram comparáveis. No começo dos anos 1990, Alvan Feinstein e Ralph Horvitz, da Yale Medical School, propuseram regras muito rígidas para esses estudos, de maneira a assegurar que casos e controles fossem comparáveis. Se aplicássemos as regras de Feinstein-Horvitz a esses estudos retrospectivos controlados de caso sobre o câncer e o hábito de fumar, todos eles falhariam.

Um enfoque alternativo é o estudo prospectivo. Nesse caso, um grupo de indivíduos é identificado de antemão. Seus históricos de fumantes são cuidadosamente registrados, e eles são acompanhados para ver o que lhes acontecerá. Por volta de 1958 foram feitos três estudos prospectivos independentes. O primeiro (apresentado pelos mesmos Hill e Doll que haviam feito o primeiro estudo retrospectivo) envolvia 50 mil médicos do Reino Unido. Na verdade, no estudo de Hill e Doll, os sujeitos não foram acompanhados por um longo período de tempo. Em vez disso, os 50 mil médicos foram entrevistados sobre seus hábitos de saúde, incluindo hábitos de fumar, e acompanhados por cinco anos, quando muitos começaram a desenvolver câncer de pulmão. Agora a evidência fez mais do que sugerir uma relação. Eles foram capazes de dividir os doutores em grupos, dependendo de quanto fumavam. Os médicos que fumavam mais tinham maior probabilidade de adquirir câncer de pulmão. Isso foi uma resposta dose-dependente, a prova-chave de um efeito em farmacologia. Nos Estados Unidos, Hammond e Horn fizeram um estudo prospectivo (publicado em 1958) com 187.783 homens, a quem seguiram por quatro meses. Eles também encontraram uma resposta dose-dependente.

Existem, porém, alguns problemas com os estudos prospectivos. Se forem de pequeno porte, podem estar lidando com uma população particular. Não faz sentido extrapolar os resultados para uma população maior. Por exemplo, a maioria desses primeiros estudos prospectivos era feita com homens. Naquele tempo, a incidência de câncer de pulmão em mulheres era baixa demais para permitir análise. Um segundo problema com os estudos prospectivos é que pode ser necessário um longo período para ocorrer eventos suficientes (câncer de pulmão) que permitam uma análise sensível. Ambos os problemas são resolvidos acompanhando-se um número maior de pessoas. Os números grandes dão crédito à sugestão de que os resultados se mantêm para uma população maior. Se a probabilidade do evento é pequena em curto período de tempo, examinar um grande número de pessoas em período curto ainda assim produzirá eventos suficientes para permitir análise.

O segundo estudo de Doll e Hill usou médicos porque se acreditava ser possível confiar em seus relatos sobre hábitos de fumar e por ser certo que todos os casos de câncer de pulmão ocorridos no grupo seriam registrados. Podemos extrapolar os resultados de médicos profissionais, com alto nível de escolaridade, para o que aconteceria com um estivador com educação inferior ao ensino médio? Hammond e Horn usaram quase 200 mil homens, esperando que sua amostra fosse mais representativa – com o risco de obter informações menos precisas. Neste ponto, o leitor talvez se lembre da objeção às amostras de dados de Karl Pearson, por serem "oportunistas". Estas não seriam também amostras oportunistas?

Para responder à questão, H.F. Dorn analisou, em 1958, os atestados de óbito de três importantes cidades e fez entrevistas com as famílias dos falecidos. Sendo o estudo de todas as mortes, não poderia ser considerado de amostragem oportunista. Outra vez, a relação entre fumar e apresentar câncer de pulmão era esmagadora. No entanto, se poderia argumentar que as entrevistas com os membros da família eram falhas. Na época em que o estudo foi realizado, a relação entre câncer de pulmão e hábito de fumar era amplamente conhecida. É possível que parentes dos pacientes que morreram de câncer de pulmão se lembrassem mais que o paciente era fumante do que os parentes de pacientes que morreram de outras doenças.

Assim acontece com a maior parte dos estudos epidemiológicos. Cada um é falho de alguma forma. Para cada estudo, um crítico pode encontrar possibilidades que produzam viés nas conclusões. Cornfield e coautores reuniram 30 estudos epidemiológicos feitos antes de 1958 em diferentes países e referentes a populações diferentes. Como indicaram, é a esmagadora consistência, nesses estudos, de todo tipo, que dá crédito à conclusão final. Uma a uma, eles discutem cada objeção. Consideram as objeções de Berkson e mostram como um estudo ou outro pode ser usado para enfrentá-las. Neyman sugere que os estudos retrospectivos iniciais poderiam ser viciados se os pacientes que fumassem vivessem mais do que os não fumantes e se o câncer de pulmão fosse doença característica da velhice. Cornfield et al. produziram dados sobre os pacientes incluídos nos estudos para mostrar que essa não era uma descrição razoável dos pacientes.

Abordaram de dois modos a questão de saber se as amostras oportunistas não eram representativas. Mostraram a faixa de abrangência das populações de pacientes envolvidos, aumentando a probabilidade de as conclusões se estenderem a outras populações. Também indicaram que, se a relação de causa e efeito se sustenta como resultado da biologia fundamental, as diferenças socioeconômicas e raciais dos pacientes seriam irrelevantes. Revisaram estudos de toxicologia que mostravam efeitos carcinogênicos da fumaça do tabaco em animais de laboratório e culturas de tecido.

Esse artigo de Cornfield et al. é exemplo clássico de como se prova a causa em estudos epidemiológicos. Embora cada estudo apresente falhas, a evidência continua se acumulando, enquanto estudo após estudo reforçam as mesmas conclusões.

O hábito de fumar e o câncer *versus* o agente laranja

Um contraste disso pode ser observado nas tentativas de indiciar o agente laranja como causa dos problemas de saúde sofridos por veteranos da Guerra do Vietnã em fases posteriores de suas vidas. Os supostos agentes de causa eram contaminantes no herbicida utilizado. Quase todos os exames lidaram com o mesmo pequeno número de homens expostos ao herbicida de diferentes formas. Estudos em outras populações não apoiavam as descobertas. Nos anos 1970, um acidente em uma fábrica química no norte da Itália resultou em grande número de pessoas expostas a níveis muito mais altos do contaminante, sem efeitos de longo prazo. Estudos com trabalhadores de fazendas de turfa da Nova Zelândia expostos ao herbicida sugeriram aumento em um tipo específico de malformação congênita, mas os trabalhadores, em sua maioria, eram maori, que apresentam tendência geneticamente relacionada a essa malformação em particular.

Outra diferença entre os estudos do hábito de fumar e os do agente laranja é que as supostas consequências do hábito de fumar são altamente específicas (carcinoma epidermoide do pulmão humano). Os eventos pretensamente causados pela exposição ao agente laranja consistiam em amplo leque de problemas neurológicos e reprodutivos. Isso contraria a descoberta, usual em toxicologia, de que agentes específicos causam tipos de lesões específicas. Para os estudos do agente laranja, não há indicação de resposta dose-dependente, mas os dados são insuficientes para determinar as diferentes doses às quais os indivíduos foram expostos. O resultado é um retrato confuso, em que objeções como as de Berkson, Neyman e Fisher continuam sem resposta.

Com a análise de estudos epidemiológicos, avançamos um longo caminho desde a exatidão altamente específica de Bertrand Russell e a implicação material. Muitas investigações falhas de populações humanas são agora atribuídas ao binômio causa e efeito. As relações são estatísticas em que as mudanças nos parâmetros de distribuição parecem estar relacionadas a causas específicas. Espera-se que observadores cuidadosos integrem um grande número de estudos com falhas e verifiquem os traços comuns entre eles.

Viés de publicação

Que importa se os estudos foram selecionados? Que importa se tudo que está disponível para o observador é um subconjunto cuidadosamente selecionado dos estudos realmente feitos? Que importa se, para cada estudo positivo publicado, um estudo negativo foi suprimido? Afinal de contas, nem todo estudo é publicado. Alguns nunca são escritos porque os investigadores não querem ou são incapazes de completar o trabalho. Alguns são rejeitados pelos editores porque não cumprem os padrões da revista. Muito frequentemente, em especial quando há alguma controvérsia associada ao assunto, os editores se veem tentados a publicar o que é aceitável para a comunidade científica e a rejeitar o que não é aceitável.

Essa foi uma das acusações de Fisher. Ele afirmou que o trabalho inicial de Hill e Doll fora censurado. Durante anos, tentou que os autores publicassem dados detalhados para apoiar suas conclusões. Eles só publicaram sumários, mas Fisher sugeriu que esses sumários tinham inconsistências ocultas que provinham, na verdade, dos dados. E indicou que, no primeiro estudo de Hill e Doll, os autores tinham perguntado se os pacientes que fumavam tragavam ao fumar. Quando os dados são organizados em termos de "tragantes" e "não tragantes", estes últimos são os que apresentam maior ocorrência de câncer de pulmão. Os que tragam parecem apresentar menor ocorrência de câncer de pulmão. Hill e Doll disseram que isso provavelmente se devia à má compreensão do conteúdo da pergunta. Fisher escarneceu e perguntou por que eles não deram publicidade às conclusões reais do estudo: fumar é ruim, mas, se tiver de fazê-lo, é melhor tragar do que não tragar a fumaça.

Para desgosto de Fisher, Hill e Doll deixaram a pergunta fora de sua investigação quando fizeram o estudo prospectivo com os médicos. O que mais vinha sendo cuidadosamente selecionado? Fisher queria saber; estava consternado, pois o poder e o dinheiro do governo iriam ser usados para lançar o medo entre a população. Não considerava isso diferente do uso de propaganda pelos nazistas para manipular a opinião pública.

A solução de Fisher

Fisher também fora influenciado pela discussão de Bertrand Russell a respeito de causa e efeito. E reconheceu que a implicação material era inadequada para descrever a maioria das conclusões científicas. Escreveu longamente sobre a natureza do raciocínio indutivo e propôs que era possível concluir alguma coisa em geral sobre a vida com base nas investigações específicas, desde que se seguissem os princípios do bom desenho experimental. Mostrou que o método da experimentação, no qual tratamentos eram aleatoriamente especificados para os sujeitos, fornecia base lógica e matematicamente sólida para a inferência indutiva.

Os epidemiologistas estavam usando as ferramentas que Fisher desenvolvera para a análise de experimentos planejados, tais como seus métodos de estimativa e testes de significância. Eles aplicavam essas ferramentas a amostras oportunistas, nas quais a especificação do tratamento não provinha de algum mecanismo aleatório externo ao estudo – era antes intricada parte do próprio estudo. Suponhamos, refletiu ele, que houvesse alguma determinação genética que levasse algumas pessoas a fumar, e outras não. Suponhamos, além disso, que essa mesma disposição genética envolvesse a ocorrência de câncer de pulmão. Era bem conhecido o fato de que muitos cânceres tinham componente familiar. Suponhamos, propôs então, que essa relação entre fumo e câncer se devesse ao mesmo evento, à mesma disposição genética. Para provar seu caso, ele reuniu dados de gêmeos idênticos e mostrou que havia forte tendência familiar para que ambos os gêmeos se tornassem fumantes ou não fumantes. E desafiou os outros a mostrar que o câncer de pulmão não era também geneticamente influenciado.

De um lado estava R.A. Fisher, o irascível gênio que colocou toda a teoria das distribuições estatísticas sobre um firme terreno matemático, sustentando uma batalha final. De outro lado estava Jerry Cornfield, o homem cuja educação formal se resumia a título de bacharel em história, que aprendera estatística sozinho e que estava ocupado demais criando importantes estatísticas para obter um título mais elevado. Nada se pode provar sem um desenho experimental aleatório, afirmou Fisher. Algumas coisas não se prestam a esses desenhos, mas a acumulação de evidências deve servir de prova, ponderou Cornfield. Ambos estão mortos, mas seus descendentes intelectuais ainda se encontram entre nós. Esses argumentos ressoam nos tribunais, em que se fazem tentativas para provar a discriminação com base em resultados. Eles desempenham um importante papel nas tentativas de identificar os resultados daninhos da atividade humana sobre a biosfera. Estão presentes sempre que grandes questões sobre vida e morte surgem na medicina. Mas, afinal, causa e efeito não são tão simples de provar.

19. Se você quiser a melhor pessoa...

No final do verão de 1913, George W. Snedecor deixou a Universidade de Kentucky, colocou seus poucos pertences em uma mala e foi de carro até a Universidade de Iowa, pois soubera que ali havia uma vaga para ensinar matemática. Lamentavelmente, ele nada sabia sobre a geografia de Iowa e foi parar em Ames, a cidade do Iowa State College, e não em Iowa City, onde teria encontrado a instituição que procurava. Disseram-lhe que não haviam posto anúncio pedindo um matemático, mas estavam interessados em um professor de álgebra. Seis anos depois, ele convenceu o corpo docente da faculdade de que deveria preparar um curso sobre as novas ideias dos métodos estatísticos. Assim, ele atuava, em uma escola agrícola, sintonizado com as ideias da estatística, quando os primeiros artigos de R.A. Fisher sobre experimentos agrícolas começaram a ser publicados.

Snedecor, cuja educação em matemática não incluía cursos de teoria probabilística, ficou em Ames para estudar esses novos desenvolvimentos e fundar um laboratório de estatística. Finalmente, ele criou um Departamento de Estatística, o primeiro do gênero numa universidade norte-americana. Estudou os artigos de Fisher e recapitulou os trabalhos de Pearson, do Student, de Edgeworth, Yates, Von Mises e outros. Embora não tenha contribuído muito em termos de pesquisas originais, Snedecor foi um grande sintetizador. Nos anos 1930 escreveu um livro, *Statistical Methods*, cuja primeira versão circulou mimeografada, mas que afinal foi publicado em 1940, tornando-se o texto fundamental dessa área. Aprimorou o *Statistical Methods for Research Workers*, de Fisher, incluindo as derivações matemáticas básicas e reunindo as ideias similares, e ainda apresentou um extenso conjunto de tabelas para calcular valores de p e intervalos de confiança com mínimo esforço. Nos anos 1970, um levantamento de citações em artigos científicos publicados em todas as áreas da ciência mostrou que o *Statistical Methods*, de Snedecor, foi o livro mais frequentemente mencionado.

Snedecor também foi administrador eficiente. Convidou as principais figuras da pesquisa estatística para passar verões em Ames. Em quase todos os anos da década de 1930, o próprio Fisher foi a Ames dar palestras e prestar consultoria, passando ali várias semanas de cada vez. O Laboratório Estatístico e o Departamento de Estatística em Ames, Iowa, tornaram-se uns dos mais importantes centros de pesquisa estatística no mundo. A lista de homens e mulheres que ali deram aula como professores visitantes durante os anos anteriores à Segunda Guerra Mundial formava um rol das pessoas mais famosas da área.

Gertrude Cox foi estudar no Iowa State College nesse período. Ela sonhava em tornar-se missionária e salvar almas em terras distantes. Durante quase sete anos depois que se formara no ensino médio, ela dedicou sua vida ao serviço social da Igreja metodista. Mas ela precisava ter educação universitária para se candidatar ao serviço missionário que tanto a atraía. Snedecor convenceu-a de que a estatística era a área mais interessante, e ela permaneceu em Ames, depois de graduar-se, para trabalhar com ele no Laboratório Estatístico. Em 1931, Gertrude recebeu o primeiro título de mestrado em estatística concedido pelo Iowa State, e Snedecor a contratou para lecionar em seu departamento. Ela ficou particularmente interessada nas teorias de Fisher sobre o desenho experimental e deu aulas nos primeiros cursos de desenho experimental em Ames. Snedecor encontrou um lugar para ela no programa de pós-graduação em psicologia da Universidade da Califórnia, onde Gertrude continuou seus estudos por mais dois anos. Regressou a Ames com o doutorado e ficou encarregada do Laboratório Estatístico.

Nesse meio-tempo, a corrente de estatísticos eminentes continuava a fluir por Ames, Iowa. William Cochran ficou por ali durante algum tempo, ocupando um cargo na faculdade. Uniu-se a Gertrude Cox para lecionar em cursos de desenho experimental (havia então vários desses cursos), e juntos escreveram, em 1950, um livro didático sobre a matéria intitulado *Experimental Designs*. Como *Statistical Methods*, de Snedecor, o livro de Cochran e Cox conduz o leitor pelos métodos estatísticos com firme fundamentação na matemática. Nele há um conjunto de tabelas muito úteis que permitem ao experimentador modificar um desenho experimental de acordo com situações específicas e também analisar os resultados. O *Science Citation Index* publica listas de citações de revistas científicas a cada ano. O *Index* é impresso em letras pequenas, com as citações colocadas em cinco colunas. O livro de Cochran e Cox habitualmente ocupa pelo menos uma coluna inteira, todos os anos.

As contribuições das mulheres

O leitor provavelmente terá notado que, com exceção de Florence Nightingale David, todos os estatísticos mencionados até agora neste livro são homens. Os primeiros anos de desenvolvimento da estatística foram de fato dominados pelos homens. Muitas mulheres trabalhavam nesse campo, mas quase todas se dedicavam a fazer os cálculos detalhados necessários para a análise estatística, e na verdade tornaram-se conhecidas como "computadoras". As computações extensivas deviam ser feitas em máquinas de calcular manuais, e esse trabalho tedioso era comumente delegado às mulheres, que tendiam a ser mais dóceis e pacientes, segundo se acreditava, e mais confiáveis do que os homens para comprovar e voltar a comprovar a exatidão de seus cálculos. Um retrato típico do laboratório biométrico de Galton, sob a coordenação de Karl Pearson, mostraria este e vários homens andando entre as mesas, examinando resultados de computações ou discutindo profundas ideias matemáticas, enquanto, ao lado deles, fileiras de mulheres se dedicavam a computar.

À medida que o século XX avançava, a situação começou a mudar. Jerzy Neyman, em particular, ajudava e encorajava muitas mulheres, orientando suas teses de doutorado, publicando artigos com elas e lhes encontrando lugares elevados na comunidade acadêmica. Nos anos 1990, quando eu frequentava as reuniões nacionais das sociedades estatísticas, metade dos participantes era composta de mulheres. Elas se destacam na American Statistical Association, na Biometric Society, na Royal Statistical Society e no Institute of Mathematical Statistics. No entanto, ainda não têm representação igual à dos homens. Aproximadamente 30% dos artigos publicados nas revistas estatísticas têm um ou mais autores do sexo feminino, e apenas 13% dos membros da American Statistical Association homenageados são mulheres. Essa disparidade, entretanto, está mudando. Nos últimos anos do século XX, a metade feminina da raça humana mostrou que é capaz de desempenhar grande atividade matemática.

Esse não era o caso em 1940, quando George Snedecor conheceu Frank Graham, diretor da Universidade da Carolina do Norte, em um trem. Sentaram-se juntos e tinham muito sobre o que falar. Graham ouvira algo a respeito da revolução estatística, e Snedecor pôde contar-lhe acerca dos grandes avanços feitos na pesquisa agrícola e na química com os modelos estatísticos. Graham ficou surpreso ao saber que o único departamento de estatística habilitado nos Estados Unidos era o do Iowa State. Na Universidade Princeton, Sam Wilks estava desenvolvendo um grupo de estatísticos matemáticos, mas dentro do Departamento de Matemática. Situação similar ocorria na Universidade de Michigan, com Henry Carver.[1] Graham pensou muito sobre o que aprendeu naquela viagem de trem.

Semanas depois, ele entrou em contato com Snedecor; convencera uma escola-irmã, a Universidade Estadual da Carolina do Norte, em Raleigh, que o tempo era propício para estabelecer um laboratório estatístico e por fim um departamento de estatística, a exemplo de Ames. Snedecor poderia recomendar um homem para chefiar esse departamento? Snedecor sentou-se e fez uma lista de dez homens a indicar. Chamou Gertrude Cox para verificar a lista e perguntou o que ela pensava. Ela leu e perguntou: "E eu?"

Snedecor acrescentou uma linha a sua carta. "Esses são os dez melhores homens que consigo pensar para o cargo, mas, se você quiser a melhor pessoa, eu recomendaria Gertrude Cox."

Gertrude Cox foi não apenas excelente cientista experimental e professora maravilhosa, mas também notável administradora. Formou uma faculdade de renomados estatísticos que também eram bons professores. Seus alunos saíram de lá para ocupar posições de importância na indústria, na academia e no governo. Gertrude foi tratada por todos com grande respeito e afeição. Quando a encontrei pela primeira vez em uma reunião da American Statistical Association, vi-me sentado diante de uma mulher pequena, tranquila e de idade madura. Quando ela falava, seus olhos brilhavam de entusiasmo, enquanto ela se animava com o assunto em discussão, fosse ele teórico ou envolvesse alguma aplicação particular. Seus comentários eram salpicados de delicioso, embora controlado, humor. Não me dei conta de que ela sofria de leucemia, o que acabaria com sua vida logo depois. Desde sua morte, seus ex-alunos se encontram a cada verão, na tradicional reunião das sociedades estatísticas, patrocinam uma corrida de carros em sua homenagem e arrecadam dinheiro para bolsas de estudo em seu nome.

Em 1946, o Departamento de Estatísticas Aplicadas de Gertrude Cox era tão bem-sucedido que Frank Graham pôde estabelecer o Departamento de Estatística Matemática da Universidade da Carolina do Norte em Chapel Hill, e logo depois um departamento de bioestatística. O "triângulo" formado pela Universidade da Carolina do Norte e Universidade Duke tornou-se um centro de pesquisa estatística, gerando empresas privadas de pesquisa que se aproveitam das especialidades dessas escolas. O mundo que Gertrude Cox construiu excedeu a criação de seu professor, George Snedecor.

O desenvolvimento de indicadores econômicos

As mulheres desempenharam importante papel nas atividades estatísticas do governo dos Estados Unidos, servindo em muitas posições seniores no Census Bureau, Bureau of Labor Statistics, National Center for Health Statistics e o Bureau of Management and Budget. Uma das mais conceituadas foi Janet Norwood, que se aposentou como diretora do Bureau of Labor Statistics em 1991.

Janet Norwood estudava no Douglass College, o ramo feminino da Universidade Rutgers em New Brunswick, Nova Jersey, quando os Estados Unidos entraram na Segunda Guerra Mundial. Seu namorado, Bernard Norwood, ia partir para a guerra, e decidiram casar-se. Ela tinha 19 anos, e ele 20. Ele não foi logo para ultramar, e puderam ficar juntos. O casamento, no entanto, colocou um problema para o mundo protegido do Douglass College. Nunca haviam tido estudantes casados antes. As regras para as visitas masculinas serviriam para Janet e o marido? Ela precisaria ter permissão dos pais a fim de deixar o campus e ir até a cidade de Nova York para vê-lo? Essa experiência de ser pioneira acompanharia Janet Norwood. Em 1949, completou seu doutorado na Universidade Tufts – até então, a pessoa mais jovem a ter o título de doutor nessa instituição. "Ocasionalmente", ela escreveu, "eu era a primeira mulher eleita para ocupar altos cargos em organizações nas quais atuava." Foi a primeira mulher a ser nomeada diretora de estatísticas do trabalho, posição que manteve de 1979 a 1991.

A administração talvez não tivesse entendido bem quem estava colocando nessa posição em 1979. Antes de Janet Norwood ocupar a diretoria, era prática do Departamento do Trabalho indicar um representante do braço político do departamento para participar de todas as revisões de comunicados à imprensa planejados pelo Bureau of Labor Statistics. Janet Norwood informou ao representante que ele não seria mais bem-vindo nessas reuniões, pois acreditava que a informação econômica produzida pelo Bureau não só tinha de ser exata e não partidária, como ainda deveria *parecer* assim. Ela queria que todas as atividades do Bureau fossem completamente isoladas da menor possibilidade de influência política.

> Achei que era importante deixar claro que estava pronta a renunciar, por princípio, se a questão fosse suficientemente importante ... No governo, você tem a independência que reivindica e defende enfaticamente ... Independência no governo não é fácil de conseguir. Por exemplo, como lidar com situações nas quais você deve corrigir o presidente dos Estados Unidos? Nós fizemos isso.

Janet Norwood e o marido fizeram doutorado em economia. Nos primeiros anos da vida de casados, especialmente quando Bernard estava ocupado montando as instituições do Mercado Comum Europeu, ela não trabalhou fora de casa, mas criou dois filhos e escreveu artigos para manter-se ativa em sua área. Com a família estabelecida em Washington, D.C., e com o segundo filho já no ensino médio, Janet Norwood procurou um emprego que lhe deixasse algumas tardes livres para ficar em casa quando o filho voltasse do colégio. O emprego apareceu no Bureau of Labor Statistics, onde ela pôde combinar seu horário de trabalho com três tardes livres por semana.

O Bureau of Labor Statistics parecia ser um escritório menor do Departamento do Trabalho – que é, por sua vez, um braço do governo que raramente aparece nas manchetes. O que acontece nesse modesto escritório, comparado à agitação da Casa Branca ou do Departamento de Estado? No entanto, ele é um elo importantíssimo na engrenagem que move a máquina governamental. O governo precisa trabalhar com informações. Os brilhantes homens e mulheres que chegaram a Washington com o New Deal logo descobriram que a política não poderia ser feita sem alguma informação essencial sobre o estado econômico da nação, e esse tipo de informação não estava disponível. Uma inovação importante do New Deal consistiu no estabelecimento da maquinaria necessária para produzi-la.

O Bureau of Labor Statistics realiza as pesquisas necessárias para tanto e analisa os dados acumulados de outros departamentos, como o Census Bureau. Janet Norwood entrou no Bureau of Labor Statistics em 1963. Por volta de 1970, já ascendera internamente e estava encarregada do Índice de Preços ao Consumidor (IPC). Esse índice é usado para indexar os pagamentos da seguridade social, acompanhar a inflação e ajustar a maioria das transferências de pagamento do governo federal para os estaduais. Em 1978, o Bureau of Labor Statistics empenhou-se em importante revisão do IPC, que Janet Norwood planejou e supervisionou.

O IPC e outras séries geradas pelo Bureau do qual Janet Norwood seria diretora envolviam complexos modelos matemáticos, com parâmetros relativamente ocultos que fazem sentido em modelos econométricos, mas que frequentemente são difíceis de explicar para alguém que não tenha treinamento na parte matemática da economia.

O IPC é comumente citado nos jornais, quando se diz, por exemplo, que a inflação subiu 0,2% no último mês. Trata-se de um complexo conjunto de números indicando as mudanças nos padrões de preços pelos diferentes setores da economia e em diferentes regiões do país. Começa com o conceito de cesta básica, a qual é formada por um conjunto de bens e serviços que uma família típica poderia comprar. Antes que a cesta básica seja montada, realizam-se estudos de amostragem para determinar o que as famílias compram e quantas vezes compram. Pesos matemáticos são computados de modo a levar em conta o fato de que uma família pode comprar pão todas as semanas, mas só pode adquirir um carro uma vez a cada tantos anos e uma casa ainda com menor frequência.

Uma vez que a cesta básica e os pesos matemáticos a ela associados estão montados, funcionários do Bureau são enviados para escolher aleatoriamente lojas em que recolhem os preços correntes dos itens em sua lista. Os preços recolhidos são combinados de acordo com fórmulas matemáticas de pesagem, e um número geral é computado, representando, em certo sentido, o custo de vida médio, para uma família de dado tamanho, naquele mês.

Em termos de conceito, a ideia de um índice para descrever o padrão médio de alguma atividade econômica é fácil de compreender. Tentar *construir* esse índice é mais difícil. Como levar em conta o surgimento de um novo produto (como um computador pessoal) no mercado? Como levar em conta a possibilidade de o consumidor escolher outro produto, embora similar, se o preço está alto demais (por exemplo, escolher iogurte em lugar de creme de leite)? O IPC e outras medidas da saúde econômica da nação estão constantemente sujeitos a reexames. Janet Norwood supervisionou a última grande revisão do IPC, mas haverá outras no futuro.

O IPC não é o único índice da saúde econômica nacional. Existem outros, gerados para cobrir a atividade manufatureira, os inventários e os padrões de emprego. Também existem indicadores sociais, estimativas de população carcerária – todos eles parâmetros associados a outras atividades não econômicas; são na verdade parâmetros no sentido de Karl Pearson. Fazem parte de distribuições de probabilidade, modelos matemáticos cujos parâmetros não descrevem um evento observável específico, mas são "coisas" que governam o padrão dos eventos observáveis. Dessa forma, não existe uma família nos Estados Unidos cujos custos mensais sejam exatamente iguais aos do IPC; a taxa de desemprego não pode descrever o número real de trabalhadores desempregados, que muda a cada hora. Quem, aliás, é "desempregado"? Alguém que nunca foi empregado e está procurando um emprego agora? É alguém mudando de um emprego para outro enquanto recebe seguro-desemprego e indenização? É alguém procurando um trabalho de apenas algumas horas por semana? O mundo dos modelos econômicos está cheio de respostas arbitrárias a tais questões e envolve um grande número de parâmetros que nunca podem ser observados exatamente, mas que interagem uns com os outros.

Não existe um R.A. Fisher para estabelecer os critérios ótimos na derivação dos indicadores econômicos e sociais. Em cada caso, tentamos reduzir uma interação complexa entre pessoas a uma pequena coleção de números. Decisões arbitrárias devem ser tomadas. No primeiro censo de desemprego nos Estados Unidos, só eram computados chefes de família (habitualmente homens). As contagens comuns de desempregados incluíam qualquer um que estivesse procurando trabalho no mês anterior. Janet Norwood, ao supervisionar uma revisão importante do IPC, teve de conciliar as diferentes opiniões sobre definições igualmente arbitrárias – e sempre haverá críticos sinceros se opondo a algumas dessas definições.

As mulheres na estatística teórica

Gertrude Cox e Janet Norwood, as duas mulheres descritas neste capítulo, foram em primeiro lugar administradoras e professoras. Houve mulheres, porém, que também desempenharam importante papel no desenvolvimento da teoria estatística na última metade do século XX. Lembrem-se da primeira assíntota do extremo, de L.H.C. Tippett, usada para prever "inundações de 100 anos", como descrito no Capítulo 6. Uma versão dessa distribuição, conhecida como "distribuição de Weibull", encontrou significativa utilização na indústria aeroespacial. O problema da distribuição de Weibull é que ela não preenche as condições de regularidade de Fisher, e não existem claramente formas ótimas de estimar seus parâmetros. Isto é, não existiam formas ótimas até que Nancy Mann, na North American Rockwell, descobriu um vínculo entre a distribuição de Weibull e outra, muito mais simples, e desenvolveu os métodos agora usados nesse campo.

Grace Wahba, da Universidade de Wisconsin, examinou um conjunto de métodos *ad hoc* de ajuste de curvas, chamados de "ajustes de encaixe", e descobriu uma formulação teórica que agora domina as análises estatísticas de encaixes.

Yvonne Bishop fazia parte de um comitê de estatísticos e cientistas médicos que, no final dos anos 1960, tentava determinar se o anestésico halotano, amplamente usado, era a causa do aumento de falência do fígado entre pacientes. A análise foi confusa, porque a maioria dos dados estava sob a forma de contagem de eventos. Durante os dez anos anteriores, haviam feito tentativas para organizar as complicadas tabelas multidimensionais de contagem como essas, do estudo do halotano, mas nenhuma delas foi particularmente bem-sucedida. Pesquisas prévias tinham sugerido analisar tais tabelas de forma semelhante à análise da variância de Fisher, mas esse trabalho estava incompleto. Yvonne Bishop retomou-a e examinou as ramificações teóricas, estabelecendo critérios para estimação e interpretação. Polindo a técnica no estudo de halotano, ela publicou um texto definitivo sobre o tema. Os "modelos log-lineares", como esse método passou a ser denominado, são agora o primeiro passo-padrão na maioria dos estudos sociológicos.

Desde os dias de Snedecor e Cox, a "melhor pessoa" tem sido, com frequência, uma mulher.

20. Apenas um peão de fazenda do Texas

No final dos anos 1920, quando Samuel S. Wilks deixou a fazenda da família, no Texas, para estudar na Universidade de Iowa, a pesquisa matemática atingia os pincaros de uma bela abstração. Campos puramente abstratos como a lógica simbólica, a teoria dos conjuntos, a topologia de um conjunto de pontos e a teoria dos números transfinitos assolavam as universidades. O nível de abstração era tão alto, que qualquer inspiração nos problemas da vida real que tivesse dado impulso às ideias iniciais na área há muito se perdera. Os matemáticos mergulhavam nos axiomas que o grego antigo Euclides proclamara como os fundamentos da matemática; e encontraram suposições não expressas por trás desses axiomas. Livraram a matemática dessas suposições, exploraram os blocos de construção fundamentais do pensamento lógico e emergiram com ideias notáveis, aparentemente autocontraditórias, como curvas de preenchimento do espaço e formas tridimensionais que tocavam todos os lugares e lugar algum ao mesmo tempo. Investigaram as diferentes ordens de infinito e "espaços" com dimensões fracionárias. A matemática estava na crista de uma imensa onda de puro pensamento abstrato, completamente divorciada de qualquer sentido de realidade.

Em nenhum lugar esse impulso para a abstração, além de qualquer espírito prático, era tão forte como nos departamentos de matemática das universidades norte-americanas. As publicações da American Mathematical Society eram reconhecidas no alto escalão das revistas de matemática do mundo todo, e os matemáticos americanos forçavam as fronteiras das abstrações além das abstrações. Como Sam Wilks diria com arrependimento, alguns anos mais tarde, esses departamentos, com seu canto de sereia em torno das oportunidades para desenvolver o pensamento puro, sugavam os melhores cérebros em meio aos estudantes de pós-graduação nos Estados Unidos.

O primeiro curso de matemática de Sam Wilks na Universidade de Iowa foi dado por R.I. Moore, o mais renomado membro da Faculdade de Matemática daquela universidade. O curso de Moore sobre topologia de um conjunto de pontos apresentou Wilks a esse mundo maravilhoso de abstração não prática. Moore logo esclareceu que desdenhava o trabalho útil e afirmou enfaticamente que a matemática aplicada estava no mesmo plano que lavar pratos ou varrer ruas. Essa atitude flagelou a matemática desde o tempo dos antigos gregos. Existe uma história sobre Euclides, tutor do filho de um nobre, provando um teorema de forma particularmente bela. Apesar do entusiasmo de Euclides, o aluno não parecia impressionado e perguntou que uso aquilo poderia ter; ao que Euclides chamou seu escravo e disse: "Dê ao rapaz uma moeda de cobre. Parece que ele precisa ganhar pelo seu conhecimento."

A inclinação de Wilks por aplicações práticas foi resolvida por seu orientador de tese, Everett F. Linquist, quando começou a procurar um tema para sua tese de doutorado em Iowa. Linquist, que trabalhara em matemática para seguros, estava interessado no novo campo, então em desenvolvimento, da estatística matemática e propôs um problema daquela área para Wilks. Na época, havia um leve preconceito com relação à estatística matemática, pelo menos nos departamentos de matemática das universidades norte-americanas e européias. O grande trabalho pioneiro de Fisher fora publicado em revistas "fora do circuito", como *Philosophical Transactions of the Royal Society of Edinburgh. The Journal of the Royal Statistical Society* e *Biometrika* eram consideradas publicações que apresentavam tabulações de coleções estatísticas de números. Henry Carver, da Universidade de Michigan, começara a publicar uma nova revista chamada *Annals of Mathematical Statistics*, mas seus padrões eram muito baixos para que a maioria dos matemáticos a levasse em conta. Linquist sugeriu um problema interessante em matemática abstrata que emergia de um método de medição utilizado em psicologia educacional. Wilks resolveu esse problema, usou-o em sua tese de doutorado, e os resultados foram publicados em *Journal of Educational Psychology*.

Para o universo da matemática pura, essa não era uma grande realização. O campo da psicologia educacional estava bem abaixo de seu horizonte de interesses. Mas supõe-se que uma tese de doutorado seja apenas o primeiro passo no campo da pesquisa, e não se espera que muitos estudantes dêem contribuições significativas em suas teses. Wilks foi para a Universidade de Columbia, a fim de fazer um ano de estudos de pós-doutorado (num curso em que se supunha que ele aumentasse sua capacidade de manejar as frias e rarefeitas abstrações da matemática de fato importante). No outono de 1933, ele chegou à Universidade Princeton, onde foi empregado como instrutor de matemática.

Estatística em Princeton

O Departamento de Matemática de Princeton estava imerso nas frias e belas abstrações tanto quanto qualquer outra instituição similar nos Estados Unidos. Em 1939, próximo dali se estabeleceria The Institute of Advanced Studies, e entre seus primeiros integrantes estava H.M. Wedderburn, que desenvolvera a completa generalização de todos os grupos matemáticos finitos. Também estavam no instituto Hermann Weyl, famoso por seu trabalho em espaços vetoriais não dimensionais, e Kurt Gödel, que desenvolvera a álgebra da metamatemática. Esses homens influenciaram a Universidade Princeton, que tinha sua cota de matemáticos mundialmente renomados, destacando-se entre eles Solomon Lefshetz, que abrira as portas para o novo campo abstrato da topologia algébrica.[1]

Apesar da tendência geral para a abstração dos membros da faculdade em Princeton, Sam Wilks teve a sorte de ter Luther Eisenhart como chefe do Departamento de Matemática. Eisenhart estava interessado em todos os tipos de esforço matemático e gostava de encorajar os membros juniores da faculdade a seguir seus próprios interesses. Contratou Wilks porque achava que esse novo campo da estatística matemática representava uma notável promessa. Sam Wilks chegou a Princeton com sua esposa, numa busca da visão de matemática aplicada que o separava dos demais integrantes do departamento. Ele era um lutador gentil. Desarmava qualquer um com sua atitude de fazendeiro do Texas. Interessava-se pelas pessoas como indivíduos, conseguiu persuadir outros a seguir sua perspectiva e revelou-se extremamente eficiente em organizar atividades de trabalho para atingir objetivos difíceis.

Wilks frequentemente alcançaria o cerne de um problema e descobria uma forma de solucioná-lo enquanto os outros ainda tentavam entender a pergunta. Trabalhava arduamente e persuadia os demais a trabalhar tanto quanto ele. Logo depois de chegar a Princeton, tornou-se editor de *Annals of Mathematical Statistics*, revista lançada por Henry Carver; elevou os padrões da publicação e chamou seus alunos de pós-graduação para editar a revista; convenceu John Tukey – novo membro da faculdade com interesse inicial por matemática abstrata – a unir-se a ele na pesquisa estatística; empregou uma série de alunos de pós-graduação que saíram dali para fundar – ou trabalhar – novos departamentos de estatística em diversas universidades depois da Segunda Guerra Mundial.

A tese inicial de Wilks sobre um problema de psicologia educacional levou-o a trabalhar no Educational Testing Service, onde ajudou a formular os procedimentos de amostragem e as técnicas de pontuação usadas para o ingresso na faculdade e outros exames escolares profissionais. Seu trabalho teórico estabeleceu o grau em que os esquemas de pontuação ponderados poderiam diferir e ainda assim produzir resultados similares. Estava em contato com Walter Shewhart,[2] dos Bell Telephone Laboratories, que começava a aplicar as teorias de desenho experimental de Fisher no controle de qualidade industrial.

A estatística e o esforço de guerra

Já perto dos anos 1940, talvez o mais importante trabalho de Wilks tenha sido a consultoria para o Office of Naval Research (ONR), em Washington. Wilks estava convencido de que os métodos de desenho experimental poderiam melhorar as armas e a doutrina de fogo das Forças Armadas, e encontrou ouvidos receptivos no ONR. Quando os Estados Unidos entraram na Segunda Guerra Mundial, o Exército e a Marinha estavam prontos para aplicar métodos estatísticos na versão norte-americana da pesquisa de operações. Wilks estabeleceu o Statistical Research Group-Princeton (SRG-P), sob a tutela do National Defense Research Council. O SRG-P recrutou alguns dos mais brilhantes matemáticos e estatísticos, muitos dos quais dariam importantes contribuições para a ciência nos anos posteriores à guerra: John Tukey (que se voltou inteiramente para o estudo de aplicações), Frederick Mosteller (que fundaria os vários departamentos estatísticos de Harvard), Theodore W. Anderson (cujo livro didático sobre estatísticas multivariadas se tornaria a bíblia nessa área), Alexander Mood (que promoveria importantes avanços na teoria dos processos estocásticos) e Charles Winsor (que daria seu nome a uma classe inteira de métodos de estimação), entre outros.

Richard Anderson, naquela época ainda estudante de pós-graduação que trabalhava com o SRG-P, descreve tentativas feitas para encontrar um método de destruir minas terrestres. Quando se preparava a conquista do Japão, o Exército norte-americano soube que os japoneses tinham desenvolvido uma mina terrestre não metálica que não podia ser detectada por nenhum meio conhecido. Eles plantavam essas minas segundo padrões aleatórios nas praias do Japão e ao longo de qualquer possível rota de invasão. Estimativas de mortes causadas por essas minas terrestres eram de centenas de milhares. Tornava-se urgente encontrar um meio de destruí-las. Tentativas de usar bombas lançadas por aviões sobre campos minados haviam falhado. Anderson e outros do SRG-P ficaram encarregados de planejar experimentos sobre o uso de linhas de cordão explosivo para destruir as minas. De acordo com Anderson, uma das razões pelas quais os Estados Unidos lançaram a bomba atômica sobre o Japão foi o fato de todos os experimentos e cálculos mostrarem ser impossível destruir aquelas minas com esses meios.

O grupo trabalhou sobre a eficácia de detonadores de proximidade em projéteis antiaéreos – um detonador de proximidade envia sinais de radar e explode quando está perto de um alvo – e o grupo ajudou a desenvolver a primeira das bombas inteligentes, que podem ser guiadas até o alvo. Eles trabalharam com visores de alcance e diferentes tipos de explosivos. Membros do SRG-P passaram a projetar experimentos e analisar dados em laboratórios de material bélico e nas instalações do Exército e da Marinha em todo o país. Wilks ajudou a organizar um segundo grupo, chamado Statistical Research Group-Princeton, Junior (SRG-Pjr), na Universidade de Columbia. Do SRG-Pjr veio a "análise sequencial". Essa era uma forma de modificar o desenho de um experimento enquanto ele era realizado. As modificações permitidas pela análise sequencial envolviam os próprios tratamentos testados. Mesmo nos experimentos planejados com maior cuidado, algumas vezes os resultados obtidos sugerem que o desenho original deve ser modificado para produzir resultados mais completos. A matemática da análise sequencial permite ao cientista saber quais modificações pode e quais não pode fazer, sem afetar a validade das conclusões.

Os estudos iniciais em análise sequencial foram imediatamente declarados segredo de Estado. Nenhum dos estatísticos que neles trabalhavam foi autorizado a publicar até vários anos depois do término da guerra. Uma vez que os artigos sobre análise sequencial e sua prima-irmã, a "estimativa sequencial", começaram a aparecer, nos anos 1950, o método seduziu a imaginação de outros estatísticos, e o campo logo se desenvolveu. Hoje, métodos sequenciais de análise estatística são amplamente usados no controle de qualidade industrial, na pesquisa médica e na sociologia.

A análise sequencial foi apenas uma das muitas inovações que saíram dos grupos de pesquisa estatística de Wilks durante a Segunda Guerra Mundial. Depois do conflito, Wilks continuou a trabalhar com as Forças Armadas, ajudando-as a melhorar o controle de qualidade de seus equipamentos, usando métodos estatísticos para aprimorar o planejamento de futuras necessidades e introduzindo os métodos estatísticos em todos os aspectos da doutrina militar. Uma das críticas de Wilks aos matemáticos que continuaram a habitar seu mundo de abstrações puras era a de que eles não eram patriotas. Ele sentiu que o país necessitava do poder dos cérebros que eles estavam sugando nessas abstrações expressamente inúteis. Esse poder cerebral precisava ser aplicado, primeiramente ao esforço de guerra e depois na Guerra Fria.

Não existe registro de que alguém tenha se aborrecido com Samuel S. Wilks. Ele tratava todos com quem lidava, fosse um novo aluno ou um general de quatro estrelas, com o mesmo ar informal. Não passava de um fazendeiro do Texas, parecia dizer, e sabia que tinha muito que aprender, mas ele se perguntava se... O que se seguia a isso seria uma análise cuidadosamente pensada sobre o problema em discussão.

A estatística na abstração

Sam Wilks trabalhou para fazer da estatística matemática parte respeitável da matemática e ferramenta útil para as aplicações. Tentou tirar seus colegas matemáticos do frio mundo da abstração pela abstração. Na verdade, existe uma beleza fundamental nas abstrações matemáticas. Elas atraíram o filósofo grego Platão de tal modo que ele declarou que todas as coisas que podemos ver e tocar são, de fato, meras sombras da verdadeira realidade, e que as coisas reais do Universo só podem ser encontradas pelo uso da razão pura. O conhecimento de Platão sobre matemática era relativamente ingênuo, e muitas das purezas da matemática grega mostraram-se falhas. No entanto, a beleza do que pode ser descoberto com a razão pura continua a atrair.

Desde que Wilks passou a editar *Annals of Mathematical Statistics*, os artigos que apareceram na revista[3] e em *Biometrika* tornaram-se cada vez mais abstratos. O mesmo aconteceu com os artigos do *Journal of the American Statistical Association* (cujas primeiras edições eram devotadas a descrições de programas estatísticos do governo) e do *Journal of the Royal Statistical Society* (cujos números iniciais continham artigos listando estatísticas agrícolas e econômicas detalhadas de todo o Império Britânico).

As teorias da estatística matemática, que os matemáticos consideravam demasiadamente imersos em confusos problemas práticos, tornaram-se mais claras e argutas em beleza matemática. Abraham Wald unificou o trabalho sobre a teoria da estimativa ao criar generalização altamente abstrata conhecida como "teoria da decisão", na qual diversas propriedades teóricas produzem diferentes critérios para as estimativas. O trabalho de Fisher sobre o desenho de experimentos fez uso de teoremas da teoria de grupo finito e mostrou formas fascinantes de observar comparações de diferentes tratamentos. Daí surgiu um ramo da matemática denominado "desenho de experimentos", mas os artigos publicados nessa área em geral lidam com experimentos tão complicados, que nenhum cientista praticante jamais os usaria.

Finalmente, enquanto outros estatísticos continuavam a examinar o trabalho inicial de Andrei Kolmogorov, os conceitos de espaços probabilísticos e processos estocásticos tornaram-se cada vez mais próximos, porém muito mais abstratos. Nos anos 1960, artigos publicados em revistas estatísticas lidavam com conjuntos infinitos sobre os quais eram impostas uniões infinitas e interseções formando "campos sigma" de conjuntos – com campos sigma aninhados no interior de campos sigma. As sequências infinitas resultantes convergiam no infinito, e os processos estocásticos se arremessavam pelo tempo, para conjuntos de estados de pequenas fronteiras através das quais estão condenados a circular até o fim dos tempos. A escatologia da estatística matemática é tão complicada como a de qualquer religião, ou mais. Além disso, as conclusões da estatística matemática são não apenas verdadeiras, como, ao contrário das verdades da religião, podem ser *provadas*.

Nos anos 1980, os estatísticos matemáticos despertaram para a compreensão de que seu campo se havia afastado demais dos problemas da realidade. Para alcançar a urgente necessidade de aplicações, as universidades começaram a instalar departamentos de bioestatística, epidemiologia e estatística aplicada. Foram feitas tentativas para retificar essa separação da área que já fora unificada. Conferências no Institute of Mathematical Statistics eram devotadas a problemas "práticos". *Journal of the American Statistical Association* destacou uma seção em cada número para tratar de aplicações. Uma das três revistas da Royal Statistical Society foi chamada de *Applied Statistics*.[4] Os cantos de sereia da abstração, no entanto, continuam. A Biometric Society, estabelecida em 1950, criou uma revista chamada *Biometrics*, que publicaria os artigos aplicados que não fossem acolhidos pela *Biometrika*. A *Biometrics* se tornara então tão abstrata em seu conteúdo, que se criaram outras revistas, como *Statistics in Medicine*, para suprir a necessidade de artigos aplicados.

Os departamentos de matemática das universidades norte-americanas e europeias perderam o trem quando a estatística matemática entrou em cena. A exemplo de Wilks, muitas universidades desenvolveram departamentos de estatística em separado. Os departamentos de matemática perderam o trem outra vez quando o computador digital apareceu – eles o desdenharam como mera máquina para fazer cálculos de engenharia. Apareceram departamentos independentes de ciência da computação, alguns deles saídos de departamentos de engenharia, outros de departamentos de estatística. A próxima grande revolução que envolveu novas ideias matemáticas foi o desenvolvimento da biologia molecular, ainda nos anos 1980. Como será visto no Capítulo 28, tanto os departamentos de matemática como os de estatística perderam esse trem também.

Samuel S. Wilks morreu aos 58 anos em 1964. Seus alunos vêm desempenhando papéis importantes no desenvolvimento da estatística durante os últimos 50 anos. Sua memória é homenageada pela American Statistical Association com a entrega anual da Medalha S.S. Wilks àquele que alcance os padrões de Wilks na criatividade matemática e no compromisso com o "mundo real". O velho fazendeiro do Texas deixou sua marca.

21. Um gênio na família

O primeiro quarto do século XX testemunhou uma migração em massa do leste e do sul da Europa para a Inglaterra, os Estados Unidos, a Austrália e a África do Sul. A maioria desses milhões de imigrantes vinha das classes mais pobres de seus países natais. Procuravam oportunidades econômicas, libertar-se de soberanos opressores ou de governos caóticos. Muitos se estabeleceram nas áreas pobres das grandes cidades, e seus filhos eram estimulados a se livrar da pobreza pela varinha de condão da educação. Algumas dessas crianças representaram notáveis promessas. Algumas eram até geniais. Eis a história de dois desses filhos de imigrantes, um que acumulou um doutorado em filosofia e dois em ciência, e outro que abandonou a escola aos 14 anos.

I.J. Good

Moses Goodack não amava o czar nem a sua possessão polonesa, onde nascera. Em especial, não queria alistar-se no Exército do czar. Aos 17 anos, fugiu para o Ocidente com um amigo que pensava como ele. Juntos, tinham 35 rublos e um grande queijo. Sem passagens, dormiam entre os assentos dos trens que tomavam e usavam o queijo para subornar os fiscais. Goodack chegou ao miserável bairro judeu de Whitechapel, em Londres, com nada mais do que a coragem e a saúde. Abriu uma relojoaria, tendo aprendido o ofício observando outros relojoeiros trabalharem à janela de suas lojas (onde a luz é melhor). Interessou-se por antigos camafeus e conseguiu abrir uma loja perto do Museu Britânico especializada em joias antigas (usando dinheiro que tomou emprestado de sua noiva). O letrista contratado para pintar o nome do novo negócio no vidro da loja estava bêbado demais para entender como se escrevia Goodack, e assim a loja passou a se chamar "Good's Cameo Corner" – e a família adotou o nome Good.

O filho de Moses Goodack, I.J. Good, nasceu em Londres, no dia 9 de dezembro de 1916. Seu primeiro nome era Isidore. O jovem Isidore Good ficou embaraçado quando a cidade amanheceu coberta de cartazes anunciando uma peça intitulada *The Virtuous Isidore*. Desde então, ficou conhecido como Jack, e publicou seus artigos e livros como I.J. Good.

Em entrevista a David Banks, em 1993, Jack Good lembrou que, quando tinha nove anos, descobriu os números e tornou-se afiadíssimo em aritmética mental. Teve difteria e precisou ficar de cama. Uma de suas irmãs mais velhas mostrou-lhe como extrair uma raiz quadrada. Naquela época, a extração de raízes quadradas era ensinada como parte do currículo escolar, depois que os estudantes tivessem aprendido a fazer divisões com grandes números. Implicava uma sequência de operações de dividir pela metade e elevar ao quadrado, que eram colocadas em um papel de forma similar a uma divisão longa.

Forçado a ficar quieto na cama, Good começou a trabalhar mentalmente com a raiz quadrada de dois. Descobriu que a operação continuava sem cessar, e que quando elevava ao quadrado a resposta parcial, o quadrado da resposta era apenas um pouquinho menor que dois. Continuou examinando os números que apareciam, procurando um padrão, mas não conseguiu achá-lo. Compreendeu que a operação poderia ser pensada como a diferença entre um quadrado e duas vezes outro quadrado. Por isso, só podia ser representada como uma razão entre dois números se houvesse um padrão. Deitado na cama, trabalhando apenas mentalmente, Jack Good, aos dez anos, descobriu a irracionalidade da raiz quadrada de dois. No mesmo período, também encontrou a solução para um problema de Diofante conhecido como "equação de Pell". O fato de a irracionalidade da raiz quadrada de dois ter sido descoberta pela Irmandade Pitagórica na Grécia Antiga e o de a equação de Pell ter sido resolvida no século XVI não diminuem esse notável sucesso da aritmética mental de um menino de dez anos.

Na entrevista de 1993, Jack Good brincou: "Não foi uma descoberta ruim, que Hardy [matemático britânico dos anos 1920 e 1930] descreveu como uma das grandes realizações dos antigos matemáticos gregos. Ser antecipado por grandes homens agora me é familiar, mas não em 2.500 anos."

Aos 12 anos, Good ingressou na Haberdasher's Aske's School[1] em Hampstead, escola secundária para meninos cujo lema é "servir e obedecer". Recebia os filhos de caixeiros de lojas e mantinha padrões rigorosos de ensino. Apenas 10% dos alunos eram capazes de seguir até o grau mais alto, e apenas um sexto deles conseguia entrar na universidade. No começo de sua formação, Good teve aulas com um professor chamado sr. Smart, que costumava escrever no quadro-negro um conjunto de exercícios; alguns eram tão difíceis que ele sabia que os alunos ficariam muito tempo resolvendo-os, o que permitia ao sr. Smart ficar trabalhando em sua própria mesa. Quando terminou de escrever a última pergunta, o jovem I.J. Good anunciou: "Acabei." "Você quer dizer o primeiro problema?", perguntou o sr. Smart, atônito. "Não", respondeu Jack. "Todos eles."

Fascinado por livros de desafios matemáticos, Good preferia, porém, ver as respostas primeiro e depois encontrar uma forma de chegar à solução proposta. Confrontado com um problema que envolvia pilhas de grãos de chumbo, ele olhou a resposta e entendeu que ela podia ser alcançada por meio de cálculos tediosos, mas ficou intrigado pela possibilidade de generalizar a resposta. Ao fazer isso, descobriu o princípio da indução matemática. Good estava melhorando – essa descoberta fora feita por matemáticos há apenas 300 anos.

Precedido por sua fama de prodígio matemático, Good entrou para a Universidade Cambridge aos 19 anos. Lá, no entanto, descobriu muitos outros estudantes tão brilhantes quanto ele. Seu tutor matemático no Jesus College, de Cambridge, parecia deliciado em apresentar provas que tivessem sido de tal modo polidas que as ideias intuitivas por trás delas ficavam completamente obliteradas. Para tornar as coisas mais difíceis, ele apresentava as provas tão rapidamente aos alunos, que eles tinham dificuldade de copiá-las do quadro-negro antes que ele apagasse as primeiras linhas para começar a escrever as outras. Good teve desempenho excelente em Cambridge, atraindo a atenção de alguns dos matemáticos seniores da universidade. Em 1941, obteve o doutorado em matemática. Sua tese lidava com o conceito topológico de dimensão parcial, uma extensão das ideias desenvolvidas por Henri Lebesgue (lembrem-se do Lebesgue cujo trabalho Jerzy Neyman admirou, mas que foi tão rude com o jovem Neyman quando se encontraram).

Havia uma guerra em curso, e Jack Good tornou-se criptógrafo nos Laboratórios de Bletchley Park, perto de Londres, onde se tentava quebrar os códigos secretos alemães. Um código secreto consiste em converter as letras de uma mensagem em uma sequência de símbolos ou números. Em 1940, esses códigos tornaram-se muito complicados, porque o padrão de conversão mudava para cada letra. Suponhamos, por exemplo, que você queira codificar a mensagem *War has begun*. Uma forma é designar números para cada letra, e o código passa a ser: "12 06 14 09 06 23 11 19 20 01 13." O criptógrafo notaria a múltipla ocorrência do número 06 e concluiria que essa era a repetição de uma letra. Com uma mensagem suficientemente longa, e algum conhecimento da frequência estatística das diferentes letras na língua codificada, com algumas adivinhações e um tanto de sorte, o criptógrafo habitualmente decodifica a mensagem em algumas horas.

Os alemães desenvolveram durante os últimos anos da Primeira Guerra Mundial uma máquina capaz de mudar o código a cada letra. A primeira letra podia estar codificada com 12, mas, antes de codificar a próxima letra, a máquina pegava um código inteiramente diferente, de modo que a segunda letra pudesse ser codificada como 14, com uma mudança na próxima letra, e assim por diante. Dessa forma, o criptógrafo não depende de números repetidos para representar as mesmas letras. Esse novo tipo de código deve ser entendido pelo destinatário. Desse modo, deve haver algum grau de regularidade na forma como a máquina muda de um código para outro. O criptógrafo pode olhar para padrões estatísticos, estimar a natureza da regularidade e descobrir o código dessa maneira. A tarefa pode ficar ainda mais difícil para o criptógrafo: uma vez que os códigos iniciais podem ser alterados por um plano fixo, é possível mudar o plano através de um plano superfixo, e torna-se ainda mais difícil quebrar o código.

Tudo isso pode ser representado em um modelo matemático que se parece com os modelos hierárquicos de Bayes, do Capítulo 13. O padrão de mudança a cada nível de codificação pode ser representado por parâmetros; assim temos medições, os números iniciais nas mensagens codificadas observadas, parâmetros que descrevem o primeiro nível de codificação, hiperparâmetros que descrevem as mudanças nesses parâmetros, hiper-hiperparâmetros que descrevem as mudanças nesses hiperparâmetros, e assim por diante. Como o código precisa ser quebrado pelo destinatário, deve existir um nível final de hierarquia em que os parâmetros são fixos e inalteráveis, e assim todos os códigos, teoricamente, são passíveis de quebra.

Uma das principais realizações de I.J. Good foi a contribuição que deu para o desenvolvimento dos métodos empíricos e hierárquicos de Bayes, que ele derivou do trabalho que fez em Bletchley. Emergiu dessas experiências de tempo de guerra com profundo interesse pelas teorias subjacentes da estatística matemática. Lecionou por pouco tempo na Universidade de Manchester, mas o governo britânico o atraiu de novo para a Inteligência, onde se tornou importante figura na adoção de computadores para lidar com problemas de criptoanálise. O poder que o computador tem de examinar vastos números de possíveis combinações levou-o a investigar a teoria da classificação, em que unidades observadas são organizadas em termos de diferentes definições de "proximidade".

Enquanto trabalhava com a Inteligência britânica, Good obteve dois títulos mais avançados, um doutorado em ciências, em Cambridge, e um doutorado em ciências, em Oxford. Foi para os Estados Unidos em 1967 e aceitou o cargo de professor emérito na universidade, no Virginia Polytechnic Institute, e ali ficou até se aposentar, em 1994.

Good sempre teve curiosidade pelas coincidências aparentes na ocorrência dos números. "Cheguei a Blacksburg [Virgínia] na sétima hora do sétimo dia do sétimo mês do ano sete da sétima década, e fui colocado no apartamento 7 do bloco 7 ... Tudo por acaso." E continuou, de modo extravagante: "Eu tenho a ideia de que Deus fornece mais coincidências quanto mais duvidamos da existência Dele, desse modo fornecendo-nos provas sem nos obrigar a acreditar." Esse olhar para as coincidências levou-o a trabalhar na teoria das estimativas estatísticas. Ele pergunta: uma vez que o olho humano é capaz de enxergar padrões em números puramente aleatórios, até que ponto um padrão aparente realmente significa alguma coisa? A mente de Good sondou o significado subjacente dos modelos utilizados em estatística matemática, e seus últimos artigos e livros tendem a se tornar mais filosóficos.

Persi Diaconis

Carreira completamente diferente esperava Persi Diaconis, filho de imigrantes gregos nascido em Nova York no dia 31 de janeiro de 1945. Como I.J. Good, o jovem Persi tinha curiosidade pelos desafios matemáticos. Enquanto Good se entretinha com os livros de H.E. Dudeney – cujos desafios matemáticos divertiram a Inglaterra vitoriana –, Diaconis lia a coluna "Mathematical Recreations", de Martin Gardner, na *Scientific American*. Quando ainda estava no ensino médio, Diaconis encontrou-se com Martin Gardner, cuja coluna se referia com frequência a trapaças com cartas e métodos usados para fazer com que as coisas tivessem aparência diferente, e isso interessou Diaconis, especialmente quando envolviam intricados problemas de probabilidade.

Tão intrigado estava Persi Diaconis com cartas e truques que fugiu de casa aos 14 anos. Fazia truques de mágica desde os cinco anos. Em Nova York, frequentava lojas e restaurantes onde outros mágicos se reuniam. Em um restaurante conheceu Dia Vernon, que viajava pelos Estados Unidos com um show de mágica. Vernon convidou Persi a unir-se a seu show como ajudante. "Agarrei aquela oportunidade", relata Diaconis. "Eu fui. Não disse nada aos meus pais; apenas fui."

Vernon tinha 60 e poucos anos na época. Diaconis viajou com ele por dois anos, aprendendo o repertório de truques e a usar os aparelhos. Então Vernon deixou a estrada para estabelecer-se em uma loja de mágica em Los Angeles, e Diaconis continuou com seu próprio show de mágica itinerante. As pessoas tinham dificuldade em pronunciar seu nome, e ele adotou o nome artístico de Persi Warren. Como relata:

> Não é uma grande vida, mas é legal. Trabalhando nas [montanhas] Catskills, o que acontece é que alguém vê o show, gosta e diz: "Ei, você não gostaria de ir a Boston? ... Eu pago sua passagem, a estada e 200 dólares." ... E você vai para Boston ... e se registra em uma casa de cômodos para artistas. Você faz aquele trabalho e talvez um agente consiga outro enquanto você está ali, e assim por diante.

Aos 24 anos, Diaconis voltou a Nova York, cansado do papel de mágico itinerante. Não tinha diploma de ensino médio. Estava adiantado na escola, mas quando saiu, aos 14 anos, faltava menos de um ano para completar o curso. Sem diploma, inscreveu-se no programa de estudos gerais do City College of New York (CCNY). Descobriu que nos anos em que estivera fora de casa, recebera vasta correspondência do Exército e de diferentes institutos técnicos e faculdades. Eram todas cartas formais convidando-o a filiar-se às instituições, e todas começavam com "Caro bacharel". Acontece que, quando ele fugiu de casa, seus professores decidiram fazer com que ele se formasse de qualquer maneira, atribuindo-lhe notas finais pelos cursos que estava fazendo, notas suficientes para que se formasse. Sem saber, o jovem Persi era oficialmente formado pela George Washington High School de Nova York.

Ele foi para a faculdade por uma estranha razão. Tinha comprado um exemplar de um livro didático de nível universitário sobre teoria da probabilidade, de William Feller, da Universidade Princeton. Teve dificuldades de entendê-lo (como a maioria das pessoas que tenta avançar no difícil *Introduction to Probability Theory and Its Applications*, v.I,[2] de Feller). Diaconis ingressou no CCNY para aprender matemática formal e entender Feller. Em 1971, aos 26 anos, recebeu o título do CCNY.

Foi aceito por várias universidades diferentes para fazer pós-graduação em matemática. Tinham-lhe dito que ninguém conseguira entrar no Departamento de Matemática de Harvard vindo do CCNY (o que não era verdade), e assim

Diaconis decidiu candidatar-se ao Departamento de Estatística. Ele queria ir para Harvard e pensou, como disse depois, que, se não gostasse de estatística, "Bom, eu me transfiro para matemática ou alguma outra coisa. Eles saberão como sou espetacular e aceitarão minha transferência". A estatística, porém, despertou seu interesse e ele concluiu o doutorado em estatística matemática em 1974 e conseguiu um cargo na Universidade Stanford, onde chegou à posição de professor efetivo. Enquanto escrevo este livro, ele é professor da Universidade Harvard.

O computador eletrônico reestruturou completamente a natureza da análise estatística. Primeiro, foi usado para fazer o mesmo tipo de análise que vinha sendo feito por Fisher, Yates e outros, só que muito mais rápido e com muito maior ambição. Lembre-se (no Capítulo 17) da dificuldade de Jerry Cornfield quando foi necessário inverter uma matriz de 24 x 24. Hoje, o computador que está em minha mesa pode inverter matrizes da ordem de 100 x 100 (embora a pessoa que esteja nessa situação provavelmente não tenha feito um bom trabalho ao definir o problema). Matrizes mal condicionadas podem ser operadas para produzir inversas generalizadas, conceito puramente teórico nos anos 1950. Grandes e complicadas análises de variância podem ser feitas sobre dados gerados por desenhos experimentais que envolvem tratamentos múltiplos e indexações cruzadas. Esse tipo de esforço envolve modelos matemáticos e conceitos estatísticos que voltam aos anos 1920 e 1930. O computador pode ser usado para alguma coisa diferente?

Nos anos 1970, na Universidade Stanford, Diaconis uniu-se a um grupo de outros jovens estatísticos que observavam a estrutura do computador e da estatística matemática, fazendo-se a mesma pergunta. Uma das primeiras respostas foi um método de análise de dados conhecido como "busca de projeção". Uma das fatalidades do computador moderno é que é possível montar conjuntos de dados de dimensões enormes. Suponhamos, por exemplo, que estamos acompanhando um grupo de pacientes sobre os quais se diagnosticaram altos riscos de desenvolver doenças do coração. Nós os trazemos para a clínica, para observação, uma vez a cada seis meses. A cada visita, tiramos 10cc de sangue e o analisamos para verificar os níveis de mais de 100 enzimas diferentes, muitas das quais devem estar relacionadas com doenças do coração. Também submetemos os pacientes a ecocardiogramas, produzindo seis medições diferentes, e a monitoramento de eletrocardiograma (talvez pudesse fazê-los usar um aparelho que registra todos os 900 mil batimentos do coração em um dia). Eles são medidos, pesados, cutucados e sondados em busca de sinais e sintomas clínicos, resultando em outras 30 a 40 medições.

O que pode ser feito com todos esses dados?

Suponhamos que tenhamos 500 medições a cada visita clínica, no caso de cada paciente, e que os pacientes são vistos em dez visitas diferentes no decorrer do estudo. Cada paciente nos fornece cinco mil medições. Se existem 20 mil pacientes no estudo, isso pode ser representado como 20 mil pontos em um espaço de cinco mil dimensões. Esqueça a ideia de viajar em um espaço de quatro dimensões, que preocupa tanto a ficção científica. No mundo real da análise estatística, não é incomum ter de lidar com um espaço de milhares de dimensões. Nos anos 1950, Richard Bellman criou um conjunto de teoremas que chamou de "a maldição da dimensionalidade". O que esses teoremas dizem é que, à medida que a dimensão do espaço aumenta, torna-se cada vez menos possível obter boas estimativas dos parâmetros. Uma vez que o analista está em um espaço de 10 a 20 dimensões, não é possível detectar nada com menos de centenas de milhares de observações.

Os teoremas de Bellman estavam baseados na metodologia-padrão da análise estatística. O que o grupo de Stanford compreendeu foi que os dados reais não estão espalhados de qualquer maneira nesse espaço de cinco mil dimensões. Os dados na verdade tendem a acomodar-se nas dimensões inferiores. Imaginem uma dispersão de pontos em três dimensões que na verdade jazem todos em um único plano ou mesmo em uma única linha. Isso é o que acontece com os dados reais. As cinco mil observações sobre cada paciente no estudo clínico não estão espalhadas sem alguma estrutura. Isso acontece porque muitas das medições estão relacionadas entre si. (John Tukey, de Princeton e dos Laboratórios Bell, uma vez propôs que, pelo menos em medicina, a verdadeira "dimensionalidade" dos dados frequentemente é não superior a cinco.) Trabalhando com essa visão, o grupo de Stanford desenvolveu técnicas intensivas de computação para pesquisar as dimensões mais baixas que de fato estão ali. A técnica mais amplamente usada é a busca de projeção.

Enquanto isso, essa proliferação da informação em grandes e mal estruturadas massas atraiu a atenção de outros cientistas, e criou-se o campo da ciência da informação em várias universidades. Em muitos casos, esses cientistas da informação são treinados em engenharia e não conhecem muitos dos recentes desenvolvimentos da estatística matemática. Desse modo, tem havido desenvolvimento paralelo no mundo da ciência da computação, que algumas vezes redescobre o material da estatística e algumas vezes abre novas portas nunca antecipadas por Fisher e seus seguidores. Esse é o tema do último capítulo deste livro.

22. O Picasso da estatística

Quando terminei minha tese de doutorado, em 1966, percorri algumas universidades, falando sobre os resultados que obtivera e sendo entrevistado para um possível emprego. Uma de minhas primeiras paradas foi a Universidade Princeton, e John Tukey foi encontrar-se comigo na estação ferroviária.

Em meus estudos, aprendi sobre os contrastes de Tukey, o grau de liberdade para a interação de Tukey, as transformadas rápidas de Fourier por Tukey, o teste rápido de Tukey e o lema de Tukey. Ainda não aprendera seus desenvolvimentos em análise exploratória de dados ou qualquer dos trabalhos que fluiriam de sua mente fecunda nos anos seguintes. John Tukey era chefe do Departamento de Estatística (e também tinha um cargo adjunto nos Laboratórios da Bell Telephone), e me surpreendeu que ele fosse pessoalmente receber-me. Usava calça cáqui de algodão, camisa esporte para fora da calça e tênis; eu estava de terno e gravata. A revolução nas roupas dos anos 1960 ainda não chegara à universidade, de modo que meu estilo de vestir era mais apropriado que o dele.

Tukey caminhou comigo pelo campus. Discutimos as condições de vida em Princeton. Ele perguntou sobre os programas de computação que eu escrevera enquanto trabalhava em minha tese. Mostrou-me alguns truques para evitar erros de arredondamento em meus programas. Finalmente chegamos ao salão onde eu faria uma palestra sobre minha tese. Depois de apresentar-me, foi sentar-se na última fileira de cadeiras da sala. Enquanto apresentava meus resultados, notei que ele corrigia trabalhos.

Quando terminei minha apresentação, várias das pessoas da plateia (que consistia em alunos de pós-graduação e membros da faculdade) fizeram algumas perguntas ou sugeriram ramificações do que eu tinha feito. Quando ficou claro que ninguém mais tinha comentários ou perguntas a fazer, John Tukey veio da última fileira, pegou um pedaço de giz e reproduziu meu teorema principal no quadro-negro, completo, com toda a minha notação.[1] Então ele me mostrou uma prova alternativa do teorema que eu havia levado meses para provar do meu modo. "Uau", disse a mim mesmo, "isso é jogar na primeira divisão!"

John Tukey nasceu em 1915, em New Bedford, Massachusetts. O som prolongado de seu sotaque dos arredores de Boston incrementava sua fala. Seus pais cedo reconheceram seu gênio, e ele foi educado em casa até ir para a Universidade Brown, onde obteve seus títulos de bacharel e mestre em química. A matemática abstrata o intrigara e ele continuou sua formação na Universidade Princeton, onde completou o doutorado em matemática em 1939. Seu trabalho inicial foi no campo da topologia. A topologia geral (conhecida em inglês como *point-set topology*) fornece fundamento teórico subjacente para a matemática. Na fundamentação topológica está um ramo difícil e obscuro da filosofia conhecido como "metamatemática", que lida com questões como o que significa "resolver" um problema matemático e quais são as suposições não declaradas por trás do uso da lógica. Tukey mergulhou nesses obscuros fundamentos e emergiu com o "lema de Tukey", uma importante contribuição para a área.

No entanto, John Tukey não estava destinado a permanecer na matemática abstrata. Samuel S. Wilks atuava na Faculdade de Matemática de Princeton, atraindo alunos e jovens membros da faculdade para o universo da estatística matemática. Depois de completar seu doutorado, Tukey foi nomeado instrutor do Departamento de Matemática da universidade. Em 1938, enquanto ainda trabalhava em sua tese, publicou o primeiro artigo sobre estatística matemática. Em 1944, quase todas suas publicações eram naquele campo.

Durante a Segunda Guerra Mundial, Tukey ingressou no Fire Control Research Office, trabalhando sobre problemas de pontaria de armas, avaliando instrumentos de alcance e problemas relacionados ao material bélico. Essa experiência lhe proporcionou muitos exemplos de problemas estatísticos que investigaria em anos futuros. Também lhe deu grande apreço pela natureza dos problemas práticos. Ele é conhecido pelos aforismos que ocupam apenas uma linha e resumem experiências importantes. Um deles, decorrente de seu trabalho prático, é: "É melhor ter uma resposta aproximada à pergunta certa do que ter uma resposta exata à pergunta errada."

A versatilidade de Tukey

Pablo Picasso causou admiração no mundo da arte nos primeiros anos do século XX com sua produção variada. Por um tempo, ele brincou com pinturas monocromáticas, depois inventou o cubismo, depois examinou uma forma de classicismo, depois foi para a cerâmica. Cada uma dessas incursões resultou em revolucionária mudança na arte, que outros continuavam a explorar depois que Picasso partia para fazer outras coisas. Assim foi com John Tukey. Nos anos 1950, ele se envolveu com as ideias de Andrei Kolmogorov sobre processos estocásticos e inventou uma técnica baseada em computação para analisar longas séries de resultados correlatos, conhecida como a "transformada rápida de Fourier" (FFT). Como Picasso e o cubismo, Tukey não precisava fazer mais nada, e sua influência sobre a ciência já teria sido imensa.

Em 1945, o trabalho de guerra de Tukey levou-o aos Laboratórios Bell, em Murray Hill, Nova Jersey, onde se envolveu com diferentes problemas práticos. "Nós tínhamos um engenheiro chamado Budenbom", disse em uma conversa gravada em 1987, "que estava construindo um novo radar rastreador especialmente bom para alvos aéreos. Ele queria ir à Califórnia para fazer uma palestra e precisava de uma imagem para mostrar como eram seus erros de rastreamento". Budenbom tinha formulado seu problema no domínio da frequência, mas não sabia como obter estimativas consistentes das amplitudes de frequência. Embora Tukey, como matemático, estivesse familiarizado com as transformadas de Fourier, ainda não entrara em contato com os usos dessa técnica em engenharia. Ele propôs um método que pareceu satisfazer o engenheiro (lembre-se do aforismo de Tukey sobre a utilidade de uma resposta aproximada à pergunta certa). No entanto, o próprio Tukey não estava satisfeito, e continuou a pensar no problema.

O resultado foi a transformada rápida de Fourier, uma técnica de ajuste que, para usar expressão dele, "toma emprestada a energia" de frequências vizinhas, de modo que grandes quantidades de dados não precisam ter boas estimativas. Também é solução teórica cuidadosamente pensada, com ótimas propriedades. Finalmente, é um algoritmo de computação altamente eficiente. Tal algoritmo era necessário nos anos 1950 e 1960, quando os computadores eram muito mais lentos e tinham memórias menos potentes. Continua a ser usado no século XXI, porque é superior em exatidão a algumas estimativas mais complexas de transformadas que podem ser feitas hoje.

O computador e sua capacidade vêm empurrando continuamente as fronteiras da pesquisa estatística. Vimos como ele tornou possível equacionar as inversões de matrizes grandes (coisa que Jerry Cornfield teria levado centenas de anos com uma calculadora mecânica). Existe outro aspecto do computador que ameaça dominar a teoria estatística: sua capacidade de armazenar e analisar enormes quantidades de dados.

Nos anos 1960 e 1970, engenheiros e estatísticos dos Laboratórios Bell Telephone foram pioneiros na análise de enormes quantidades de dados. A monitoração de linhas telefônicas, procurando erros e problemas aleatórios, produziu milhões e milhões de dados reunidos em um único arquivo de computador. Dados telemetrados a partir de sondas espaciais enviadas para examinar Marte, Júpiter e outros planetas produziram novos arquivos de milhões de itens. Como examinar tantos dados? Como começar a estruturá-los para que possam ser examinados?

Sempre é possível estimar os parâmetros das distribuições de probabilidade seguindo as técnicas pioneiras de Karl Pearson. Isso exige admitirmos algo sobre aquelas distribuições: elas pertencem ao sistema de Pearson, por exemplo. Podemos achar métodos para examinar essa vasta coleção de números e aprender alguma coisa sobre elas sem impor suposições sobre suas distribuições? Em algum sentido, isso é o que os bons cientistas sempre fizeram. Gregor Mendel fez uma série de experimentos com cruzamento de plantas, examinando o resultado e gradualmente desenvolvendo suas teorias sobre genes dominantes e recessivos. Ainda que grande parte da pesquisa científica implique coletar dados e ajustá-los a um molde preconcebido de algum tipo específico de distribuição, é frequentemente útil e importante apenas coletar dados e examiná-los cuidadosamente à procura de eventos inesperados.

Como uma vez indicou o matemático norte-americano Eric Temple Bell: "Números não mentem, mas têm a propensão de dizer a verdade com intenção de enganar."[2] O ser humano tem tendência a ver padrões e costuma vê-los onde só existe ruído aleatório.[3]

Isso é particularmente perturbador em epidemiologia, quando um exame de dados descobre com frequência um "grupo" de doenças em certo lugar ou tempo. Suponhamos que encontremos um número inusitadamente alto de crianças com leucemia em uma pequena cidade de Massachusetts. Isso significa que existe alguma causa de câncer atuando nessa cidade? Ou é apenas um grupo aleatório que apareceu aqui como poderia ter aparecido em outro lugar? Suponhamos que as pessoas da cidade descubram que uma fábrica vem despejando lixo químico em um lago de uma cidade próxima. Suponhamos que eles também encontrem traços de aminas aromáticas no reservatório de água da cidade em que o grupo de leucemia ocorreu. É essa uma possível causa da leucemia? Em um sentido mais geral, até onde podemos examinar os dados procurando padrões e esperar encontrar algo além de um aleatório fogo-fátuo?

Nos anos 1960, John Tukey começou a considerar seriamente esses problemas, do que resultou uma versão altamente refinada do enfoque de Karl

Pearson sobre os dados. Entendeu que a distribuição de dados observados pode ser examinada como uma distribuição, sem impor algum modelo probabilístico arbitrário sobre ela. O resultado foi uma série de artigos, palestras e finalmente livros lidando com o que ele chamava de "análise exploratória de dados". Enquanto trabalhava nos problemas, o modo de apresentação de Tukey tomou forma surpreendentemente original. Para chocar seus ouvintes e leitores e fazê-los reexaminar suas suposições, ele começou a dar nomes diferentes às características das distribuições de dados que tinham sido usadas no passado. Também se afastou das distribuições probabilísticas-padrão como ponto de partida da análise, voltando-se para o exame dos padrões dentro dos próprios dados. Observou a forma como os valores extremos podem influenciar nossas observações de padrões. Para ajustar-se a essas impressões falsas, desenvolveu um grupo de ferramentas gráficas para exposição de dados.

Tukey mostrou, por exemplo, que os histogramas padronizados para expor a distribuição de um conjunto de dados tendem a ser enganosos. Eles guiam o olho para notar a classe mais frequente de observações. Propôs então que, em vez de plotar a frequência das observações, se plotasse a *raiz quadrada* da frequência. Chamou a isso de *rootgram* (raizgrama), em oposição a histograma. Tukey também propôs que a região central dos dados fosse plotada como uma caixa, e os valores extremos, como linhas (ou, como as chamou, "bigodes") emanando da caixa. Algumas das ferramentas que propôs tornaram-se parte de muitos pacotes-padrão de programas estatísticos, e os analistas agora podem pedir "diagramas de caixa" e "diagramas de caule e folha". Sua imaginação fértil assolou a paisagem da análise de dados, e muitas de suas propostas ainda precisam ser incorporadas aos programas de computação. Duas de suas invenções foram incorporadas à língua inglesa. Tukey inventou as palavras bit (dígito binário) e software (programas de computação, em oposição a hardware – o computador).

Nada era demasiado mundano para ser atacado por Tukey com uma visão original, e nada era demasiado sacrossanto para que ele o questionasse. A maioria dos leitores provavelmente foi exposta ao uso de figuras de marcação ao contar algo. A que nos é mais habitualmente apresentada por gerações de professores consiste em fazer quatro marcas verticais e uma quinta cortando as quatro. Quantos filmes o leitor viu em que um prisioneiro maltrapilho faz séries dessas marcas de giz na parede de sua cela?

É uma forma tola de marcação, afirma John Tukey. Considere como é fácil cometer um erro. Você pode colocar a cruz sobre três linhas, e não sobre quatro, ou pode colocar cinco linhas verticais e depois cruzá-las. Essa marcação incorreta é difícil de descobrir. Ela parece uma marcação correta, a não ser que examinemos cuidadosamente o número de linhas verticais. Faz mais sentido usar uma marcação cujos erros possam ser facilmente percebidos. Tukey propôs uma marcação de dez números. Primeiro marcam-se quatro pontos, formando os cantos de uma caixa. Depois se unem os pontos com quatro linhas, completando a caixa. Finalmente se traçam duas marcas diagonais, formando uma cruz dentro da caixa.

Esses exemplos, a transformada rápida de Fourier e a análise exploratória de dados são apenas parte da enorme produção de Tukey. Como Picasso do cubismo ao classicismo, à cerâmica, aos tecidos, John Tukey marchou pelo cenário estatístico da segunda metade do século XX, das séries de tempo para os modelos lineares, para generalizações de alguns dos trabalhos esquecidos de Fisher, para a estimativa robusta, para a análise exploratória de dados. Da profunda teoria da metamatemática, ele emergiu para considerar problemas práticos e, finalmente, para considerar a avaliação não estruturada de dados. Onde quer que tenha colocado sua marca, a estatística já não é mais a mesma. Até o dia em que morreu, no verão de 2000, John Tukey ainda desafiava seus amigos e colaboradores com novas ideias e perguntas sobre velhas ideias.

23. Lidando com a contaminação

Os teoremas matemáticos que justificam o uso de métodos estatísticos habitualmente pressupõem que as medições feitas em uma experiência científica, ou as observações, são todas igualmente válidas. Se o analista escolhe os dados utilizando apenas aqueles números que parecem ser corretos, a análise estatística pode conter sérios erros. É claro que foi exatamente isso que os cientistas muitas vezes fizeram. No começo dos anos 1980, Stephen Stigler examinou os cadernos de notas de grandes cientistas dos séculos XVIII e XIX, como Albert Michelson, que recebeu o Prêmio Nobel em 1907 por ter determinado a velocidade da luz. Stigler descobriu que todos eles haviam descartado alguns de seus dados antes de começar os cálculos. Johannes Kepler, que descobriu, no começo do século XVII, que os planetas orbitavam o Sol em elipses, fez isso revisando os registros de astrônomos e recuando até alguns dos antigos gregos; descobriu com frequência que algumas posições observadas não se ajustavam às elipses que estava computando – assim, ignorou esses valores falhos.

Os cientistas respeitáveis, contudo, já não dispensam os dados que parecem errados. A revolução estatística na ciência tem sido tão ampla que os cientistas experimentais aprendem agora a não descartar nenhum de seus dados. Os teoremas matemáticos da estatística exigem que todas as medições sejam consideradas igualmente válidas. O que deve ser feito quando algumas delas estão obviamente erradas? Um dia, em 1972, um farmacologista foi a meu escritório com um problema. Ele comparava dois tratamentos para a prevenção de úlcera em ratos. Tinha certeza de que os tratamentos produziam resultados diferentes, e seus dados pareciam confirmar isso. Quando, porém, fez um teste de hipótese formal seguindo a formulação Neyman-Pearson, a comparação não era significativa. O problema, achava ele, vinha dos dados de dois ratos que tinham sido tratados com o mais fraco dos dois compostos. Nenhum dos dois tinha úlcera, o que tornava seus resultados bem melhores do que o melhor resultado do outro tratamento. Vimos no Capítulo 16 como métodos não paramétricos foram desenvolvidos para lidar com esse tipo de problema. Esses dois valores discrepantes estavam do lado errado dos dados, e havia dois deles, tornando-os até os testes não paramétricos não significativos.

Se isso tivesse acontecido 100 anos antes, o farmacologista teria jogado fora os dois valores errados e feito seus cálculos. E ninguém teria objetado. No entanto, como ele fora treinado no enfoque estatístico moderno das medições, sabia que não podia fazer isso. Afortunadamente, eu tinha em mãos um novo livro, intitulado *Robust Estimates of Location: Survey and Advances*, que descrevia um esforço maciço, orientado por computadores, conhecido como Estudo de Robustez de Princeton, sob a coordenação de John Tukey. A resposta para o problema estava naquele livro.

"Robusto", nesse contexto, pode parecer palavra estranha aos ouvidos. Grande parte da terminologia estatística vem de profissionais britânicos e frequentemente reflete o uso que eles fazem da linguagem. Próximo, é comum referir-se a leves flutuações aleatórias nos dados como "erros".[1] Algumas vezes, os dados incluem valores que não só estão obviamente errados, mas em que é possível identificar a razão pela qual estão errados (tais como o completo fracasso de uma safra em um lote dado de terra). Tais dados foram chamados de "disparates" por Fisher.

Assim, George Box, genro de Fisher, tirou a palavra "robusto" de seu uso britânico. Box tem forte sotaque que reflete suas origens, perto da foz do Tâmisa. Seu avô fora um comerciante de máquinas, e o negócio produziu o suficiente para dar aos tios mais velhos de Box educação universitária; um deles tornou-se professor de teologia. Na época em que o pai de Box alcançou a maioridade, porém, a empresa falira, e ele não teve educação superior, tentando criar a família com o salário de assistente de lojista. George Box frequentou o ensino fundamental, e sabendo que não haveria dinheiro suficiente para estudar na universidade, começou a cursar química em um instituto politécnico. Então começou a Segunda Guerra Mundial, e Box foi recrutado pelo Exército.

Como havia estudado química, foi enviado para trabalhar na estação experimental de defesa química, onde alguns dos mais importantes farmacologistas e fisiologistas do Reino Unido tentavam encontrar antídotos para diferentes gases venenosos. Entre esses cientistas estava sir John Gaddum, que trouxera a revolução estatística para a ciência da farmacologia no final dos anos 1920, e que colocara os conceitos básicos sobre firme base matemática.

Box torna-se estatístico

O coronel com quem George Box trabalhava estava desorientado com uma grande quantidade de dados que se havia acumulado sobre os efeitos de diferentes gases venenosos, em doses diferentes, sobre camundongos e ratos. E não conseguia entendê-los. Como Box relatou em 1986:

> Eu disse [ao coronel] um dia: "Senhor, precisamos que um estatístico olhe esses dados porque eles são muito variáveis." E ele respondeu: "Sim, eu sei, mas não temos como conseguir um estatístico; não existe nenhum disponível. O que você sabe sobre isso?" Ponderei: "Bom, não sei nada sobre isso, mas uma vez tentei ler um livro intitulado *Statistical Methods for Research Workers*, de um homem chamado R.A. Fisher. Não o compreendi, mas acho que entendi o que ele estava tentando fazer." Então ele falou: "Bem, se você leu o livro, é melhor que o faça."

Box contatou o corpo de educação do Exército para perguntar a respeito de um curso por correspondência sobre métodos estatísticos. Não havia cursos disponíveis. Os métodos de análise estatística ainda não haviam entrado no currículo das universidades. Em vez disso, lhe enviaram uma lista de leituras, que não passava de uma relação dos livros publicados até então. Incluía dois livros de Fisher, um livro de métodos estatísticos em pesquisa educacional, outro sobre estatística médica e um que lidava com silvicultura e gerenciamento de pastagens.

Box ficou intrigado com as ideias de Fisher sobre desenho experimental. Ele encontrou desenhos específicos usados no livro de silvicultura e adaptou-os para os experimentos com animais. (O livro de Cochran e Cox, com seu grande número de desenhos experimentais cuidadosamente descritos, ainda não fora publicado.) Muitas vezes os desenhos não eram bastante apropriados, de forma que, usando as descrições gerais de Fisher e construindo sobre o que havia encontrado, Box produziu seus próprios desenhos experimentais. Um experimento que era muito frustrante ocorria quando pediam aos voluntários que expusessem pequenos quadrados de pele de cada braço ao gás mostarda e se submetessem a diferentes tratamentos. Os dois braços de cada sujeito estavam correlacionados, e alguma coisa tinha de ser feita por conta disso na análise. Algo devia ser feito, mas não havia nada disso no livro de silvicultura, nem Fisher discutira o assunto em seu livro. Trabalhando com base nos princípios matemáticos fundamentais, Box, o homem cuja única educação fora um curso incompleto de química em uma escola politécnica, construiu o planejamento apropriado.

Pode-se ter ideia do poder do desenho experimental de Box em um resultado negativo. Um oftalmologista norte-americano chegou à estação experimental com o que achava ser o antídoto perfeito para os efeitos da lewisita, capaz de cegar uma pessoa com uma pequena gota. Ele tinha feito numerosos experimentos em coelhos, nos Estados Unidos, e seus artigos provavam que aquela era a resposta perfeita. Claro que ele nada sabia sobre o desenho experimental de Fisher. Na verdade, seus experimentos eram todos gravemente falhos: não era possível desvencilhar os efeitos do tratamento dos efeitos de fatores estranhos, confusamente espalhados em seu experimento. O fato de os coelhos terem dois olhos permitiu que Box propusesse um experimento simples, que fez uso em seu novo planejamento para blocos correlatos. Esse experimento logo mostrou que o antídoto proposto era inútil.

Um relatório foi preparado para descrever os resultados. O autor era um major do Exército inglês, e o sargento Box escreveu o apêndice estatístico, que explicava como os resultados foram obtidos. Os funcionários que tinham de aprovar o relatório insistiram em que o anexo de Box fosse retirado. Era complicado demais para que alguém o entendesse. (Isto é, os revisores não o entendiam.) Mas sir John Gaddum lera o relatório original. Veio felicitar Box pelo apêndice e soube que estava para ser suprimido do relatório final. Arrastando Box atrás de si, Gaddum tomou de assalto a tenda principal do complexo e entrou em uma reunião do comitê encarregado de revisar os relatórios. Para citar as palavras de Box: "Eu fiquei muito embaraçado. Ali estava aquele cara tão distinto, lendo o pomo da discórdia para todos aqueles funcionários civis, e dizendo: 'Ponham a droga do apêndice de volta.' E eles imediatamente o fizeram."

Quando a guerra acabou, Box decidiu que valeria a pena estudar estatística. Como lera Fisher e sabia que ele lecionava no University College da Universidade de Londres, Box escolheu essa universidade. O que ele não sabia é que Fisher deixara Londres em 1943, para dirigir o Departamento de Genética em Cambridge. Box foi entrevistado por Egon Pearson, que sofrera um pouco do ácido desdém de Fisher por seu trabalho com Neyman a respeito dos testes de hipótese. Box lançou-se numa animada descrição do trabalho de Fisher, explicando o que tinha aprendido sobre desenho experimental. Pearson escutou em silêncio e depois disse: "Bom, claro que você pode vir para cá. Mas acho que você vai aprender que existem uma ou duas pessoas além de Fisher na estatística."

Box estudou no University College, obteve seu título de bacharel e depois continuou para completar o mestrado. Apresentou parte de seu trabalho em desenho experimental e lhe disseram que era suficientemente bom para uma tese, e assim ele fez o doutorado. Nessa altura, a Imperial Chemicals Industry (ICI) era a principal companhia na Grã-Bretanha na descoberta de novas substâncias químicas e drogas. Box foi convidado a unir-se ao grupo de serviços matemáticos da ICI. Lá trabalhou de 1948 a 1956, produzindo uma notável série de artigos (frequentemente com coautores) que ampliavam as técnicas de desenho experimental, examinavam métodos para ajustar gradualmente a produção de um processo manufatureiro para melhorar o rendimento e re-presentavam o começo de seu trabalho posterior sobre aplicações práticas das teorias de Kolmogorov dos processos estocásticos.

Box nos Estados Unidos

George Box chegou à Universidade Princeton para ser diretor de seu Grupo de Pesquisa de Técnicas Estatísticas, e depois partiu para fundar o Departamento de Estatística da Universidade de Wisconsin. Sentiu-se honrado ao ser nomeado membro de todas as mais importantes organizações estatísticas, recebeu vários prêmios prestigiosos por suas realizações e continuou ativo na pesquisa e seu planejamento depois da aposentadoria. Suas realizações abarcavam muitas áreas da pesquisa estatística, lidando tanto com teoria quanto com suas aplicações.

Box chegou a conhecer Fisher na época em que trabalhava para a ICI, mas nunca ficaram íntimos. Quando estava dirigindo o Grupo de Pesquisa de Técnicas Estatísticas em Princeton, uma das filhas de Fisher, Joan, teve a oportunidade de ir para os Estados Unidos, onde alguns amigos conseguiram emprego para ela como secretária em Princeton. Eles se conheceram e se casaram, e Joan Fisher Box publicou uma biografia definitiva de seu pai em 1978.

Uma das contribuições de Box para a estatística foi a palavra *robusto*. Ele estava preocupado, porque muitos métodos estatísticos se apoiavam em teoremas matemáticos que continham suposições sobre as propriedades distributivas dos dados que poderiam não ser verdadeiras. Seria possível achar métodos úteis, mesmo que as condições para o teorema não se mantivessem? Box propôs chamar tais métodos de "robustos". Ele fez algumas investigações matemáticas iniciais, mas decidiu que o conceito de robustez era muito vago. Opôs-se às tentativas de dar-lhe um significado mais sólido, porque pensava que havia certa vantagem em ter uma ideia geral, vaga, para guiar a escolha de procedimentos. No entanto, a ideia tomou vida própria. A robustez de um teste de hipótese foi definida em termos da probabilidade de erro. Ao estender uma das ideias geométricas de Fisher, Bradley Efron, da Universidade Stanford, provou em 1968 que o teste t de Student era robusto nesse sentido. Os métodos de E.J.G. Pitman foram usados para mostrar que a maioria dos testes não paramétricos era robusto no mesmo sentido.

Então, no final dos anos 1960, John Tukey, em Princeton, e um grupo de colegas e alunos membros da faculdade atacaram o problema do que fazer com medições que são aparentemente erradas. O resultado disso foi o Estudo de Robustez de Princeton, publicado em 1972. A ideia básica por trás desse estudo é a de uma distribuição contaminada. Assume-se que as medições consideradas, pelo menos a maioria delas, venham da distribuição de probabilidade cujos parâmetros queremos estimar. As medições, entretanto, foram contaminadas por alguns valores originários de outra distribuição.

Exemplo clássico de distribuição contaminada ocorreu durante a Segunda Guerra Mundial. A Marinha dos Estados Unidos tinha desenvolvido um novo visor óptico de profundidade, que exigia que o usuário visse uma imagem tridimensional estereoscópica do alvo e colocasse um grande triângulo "sobre" ele. Fez-se uma tentativa para determinar o grau de erro estatístico nesse instrumento, colocando várias centenas de marinheiros no visor sobre um alvo que estava a uma distância conhecida. Antes que cada marinheiro olhasse pelo visor de profundidade, a posição era reajustada de acordo com uma tabela de números aleatórios, de modo que a posição anterior não o influenciaria.

Os engenheiros que planejaram o estudo não sabiam que 20% dos seres humanos não têm visão estereoscópica. Eles têm o que se conhece como olho preguiçoso. Aproximadamente 1/5 das medições feitas com o visor de profundidade era completamente errado. Apenas com os dados do estudo em mãos, não havia forma de saber quais vieram de marinheiros com olho preguiçoso, de forma que as medições individuais da distribuição contaminadora não podiam ser identificadas.

O Estudo de Robustez de Princeton modelou num computador um grande número de distribuições contaminadas em um gigantesco estudo de Monte Carlo.[2] Eles procuravam métodos de estimar a tendência central de uma distribuição. Uma coisa que aprenderam foi que a muito amada média é medição muito pobre quando os dados estão contaminados. Um exemplo clássico dessa situação foi a tentativa feita pela Universidade Yale, em 1950, de estimar a renda de seus alunos dez anos depois da graduação. Se tomassem a média de todas as rendas, ela seria bem alta, já que um número muito pequeno de alunos era composto de multimilionários. Na verdade, mais de 80% dos alunos tinham rendas abaixo da média.

O Estudo de Robustez de Princeton descobriu que a média era fortemente influenciada até mesmo por um único dado discrepante da distribuição contaminada. Isso era o que estava acontecendo com os dados que o farmacologista me trouxe de seu estudo sobre úlcera em ratos. Os métodos estatísticos que lhe ensinaram a usar dependiam da média. O leitor talvez proteste: suponhamos que essas medições extremas e aparentemente erradas sejam verdadeiras; suponhamos que elas venham da distribuição que estamos examinando, e não de uma distribuição contaminadora. Jogá-las fora somente daria um viés às conclusões.

O Estudo de Robustez de Princeton buscou uma solução que fizesse duas coisas:

1. diminuísse a influência das medições contaminadoras, se existissem;
2. produzisse respostas corretas se as medições não tivessem sido contaminadas.

Propus que o farmacologista usasse uma dessas soluções, e ele foi capaz de avaliar seus dados. Experimentos futuros produziram conclusões consistentes, mostrando que a análise de robustez funcionava.

Box e Cox

Quando ainda estava na ICI, George Box frequentava o grupo estatístico no University College, onde conheceu David Cox, que se havia transformado em importante inovador da estatística e fora editor de *Biometrika*, a revista de Karl Pearson. Ambos observaram como era engraçada a rima de seus sobrenomes e o fato de "*Box* and *Cox*" ser expressão usada no teatro inglês para descrever duas partes menores desempenhadas por um mesmo ator. Também há o esquete de um musical inglês clássico envolvendo dois homens chamados Box e Cox que alugam a mesma cama em uma casa de cômodos, um deles durante o dia, o outro à noite.

George Box e David Cox resolveram escrever um artigo juntos. No entanto, seus interesses estatísticos não estavam na mesma área; enquanto passavam os anos e eles tentavam, de tempos em tempos, terminar o artigo, seus interesses começaram a divergir completamente, e o artigo teve de acomodar duas posições filosóficas diferentes sobre a natureza da análise estatística. Em 1964, foi finalmente publicado em *Journal of the Royal Statistical Society*. "Box and Cox", como é conhecido o artigo, tornou-se desde então uma parte importante dos métodos estatísticos. Nele, os autores mostram como converter as medições de forma a aumentar a robustez da maioria dos procedimentos estatísticos. As "transformações de Box-Cox", como são chamadas, têm sido usadas na análise de estudos toxicológicos dos efeitos mutagênicos de substâncias químicas sobre células vivas, em análises econométricas e até na pesquisa agrícola, área na qual se originaram os métodos de R.A. Fisher.

24. O homem que refez a indústria

Em 1980, a rede de televisão norte-americana NBC levou ao ar um documentário intitulado *Se o Japão pode, por que nós não podemos?*. As fábricas de automóveis nos Estados Unidos eram sacudidas por desafios vindos do Japão. A qualidade dos automóveis japoneses era muito superior à dos norte-americanos dos anos 1970, e seus preços eram mais baixos. Não apenas nos automóveis, mas em outras áreas da indústria, do aço à eletrônica, os japoneses tinham ultrapassado a empresa americana tanto em qualidade como em custos. O documentário da NBC examinava como isso tinha acontecido. Era na verdade a descrição da influência que um único homem teve na indústria japonesa. Esse homem era um estatístico norte-americano de 80 anos, W. Edwards Deming.

Deming, que trabalhara como consultor para a indústria desde que saiu do Departamento de Agricultura dos Estados Unidos em 1939, subitamente viu-se muito solicitado. Em sua longa carreira de consultor, fora convidado muitas vezes para ajudar as companhias automobilísticas americanas no controle de qualidade. Desenvolvera ideias firmes sobre como melhorar os métodos industriais, mas a gerência sênior dessas companhias não tinha interesse nos detalhes "técnicos" do controle de qualidade. Eles ficavam satisfeitos de contratar especialistas e deixá-los fazerem o controle de qualidade – fosse isso o que fosse. Então, em 1947, o general Douglas MacArthur foi nomeado supremo comandante dos Aliados sobre o Japão conquistado. Ele forçou o Japão a adotar uma Constituição democrática e chamou os melhores especialistas no "modo de vida americano" para educar o país. Sua equipe localizou o nome de W. Edwards Deming como especialista em métodos estatísticos de amostragem, e ele foi convidado a ir ao Japão a fim de mostrar aos japoneses "como nós fazemos nos Estados Unidos".

O trabalho de Deming impressionou Ichiro Ishikawa, presidente da Japanese Union of Scientists and Engineers (Juse), e ele foi convidado a voltar para ensinar métodos estatísticos em uma série de seminários organizados por amplo espectro da indústria japonesa. Ishikawa também tinha a atenção das gerências de muitas companhias japonesas, cujos integrantes com frequência compareciam às palestras de Deming. Naquela época, a frase "feito no Japão" significava imitações baratas e de baixa qualidade de produtos feitos em outros países. Deming abalou sua audiência ao falar que eles poderiam mudar isso em cinco anos. Disse-lhes que, com o uso adequado de métodos estatísticos de controle de qualidade, poderiam fabricar produtos de tão boa qualidade e a preços tão baixos que dominariam os mercados no mundo todo. Deming mencionou, em palestras posteriores, que errara ao prever que o processo levaria cinco anos. Os japoneses adiantaram sua previsão em quase dois anos.

Os japoneses ficaram tão impressionados com Deming, que a Juse instituiu um Prêmio Deming anual para encorajar o desenvolvimento de novos métodos efetivos de controle de qualidade na indústria japonesa. O governo ficou animado com as possibilidades de usar os métodos estatísticos para o melhoramento de todas as atividades, e o Ministério da Educação instituiu um Dia da Estatística, no qual alunos concorriam a prêmios, apresentando soluções estatísticas. Os métodos estatísticos varreram o Japão – quase todos derivados dos seminários de Deming.

A mensagem de Deming à gerência sênior

Depois do documentário da NBC de 1980, Deming foi bem recebido pela indústria norte-americana. Organizou uma série de seminários para apresentar suas ideias às gerências locais. Lamentavelmente, a gerência sênior da maioria das companhias não entendeu o que Deming havia feito, e mandou para os seminários seus especialistas técnicos que já conheciam o controle de qualidade. Com muito poucas exceções, os membros dos níveis mais altos da gerência raramente compareciam. A mensagem de Deming era, em primeiro lugar, dirigida às gerências. Uma mensagem grave e crítica. A gerência, em especial o alto escalão, vinha falhando em realizar seu trabalho. Para ilustrar a mensagem, Deming fazia a plateia de seus seminários se empenhar em um experimento manufatureiro.

Dividia-a em trabalhadores de fábrica, inspetores e gerentes. Os trabalhadores eram treinados em um único procedimento. Era-lhes dado um grande barril cheio de contas brancas e algumas contas vermelhas, todas misturadas.

O treinamento lhes ensinava a misturar o conteúdo do barril vigorosamente, girando-o várias vezes. Enfatizava-se ainda que o aspecto crucial do trabalho era a mistura. Então eles pegavam uma pá com 50 pequenas cavidades, cada uma apenas suficiente para conter uma conta. Passando a pá pelo barril, os trabalhadores tiravam exatamente 50 contas. Diziam-lhes que o departamento de marketing determinara que os clientes não tolerariam encontrar mais de três contas vermelhas entre as 50, e deveriam tentar alcançar essa meta. Cada vez que os operários apareciam com uma pá cheia de contas, o inspetor contava o número de contas vermelhas e o anotava. O gerente examinaria os relatórios e elogiaria aqueles trabalhadores cuja contagem de contas vermelhas fosse menor ou próxima ao máximo de três, e criticaria os trabalhadores cuja contagem de contas vermelhas fosse maior. De fato, o gerente frequentemente dizia aos trabalhadores ruins que parassem de trabalhar e observassem os bons trabalhadores para ver como eles faziam, para aprender a tarefa da maneira correta.

Um quinto no barril era de contas vermelhas. A chance de conseguir três ou menos contas vermelhas era menor que 1%. Mas a chance de conseguir seis ou menos era de aproximadamente 10%, e, assim, os trabalhadores muitas vezes chegariam, tortuosamente, perto da mágica meta de não mais de três contas vermelhas. Na média, eles obtinham dez contas vermelhas, o que era inaceitável para os gerentes; por puro acaso, alguns obteriam de 13 a 15 contas vermelhas, resultado claro de um trabalho muito ruim.

A ideia de Deming era que, muito frequentemente, a gerência impunha padrões impossíveis e não fazia tentativa alguma para determinar se os padrões poderiam ser alcançados ou o que teria de ser feito para modificar o equipamento a fim de alcançar esses padrões. Em lugar disso, sustentava, a alta gerência norte-americana se apoiava em especialistas em controle de qualidade para manter os padrões, ignorando a frustração que os trabalhadores da fábrica poderiam sentir. Ele era um crítico mordaz das novidades de gerenciamento que se iriam disseminar por toda a indústria dos Estados Unidos. Nos anos 1970, a novidade se chamava "defeito zero". Eles não teriam nenhum defeito em seus produtos – condição que Deming sabia ser completamente impossível. Nos anos 1980 (justamente quando Deming estava deixando sua marca na indústria americana), a novidade foi chamada de "gestão da qualidade total", ou GQT. Deming considerava que isso não passava de palavras vazias e exortações da gerência, que em vez disso deveria estar fazendo seu trabalho.

Em seu livro *Out of the Crisis*, Deming citou um relatório que escreveu para a gerência de uma empresa:

Este relatório está sendo feito a seu pedido, depois de um estudo de alguns dos problemas que vocês vêm tendo de baixa produção, altos custos e qualidade variável ... Meu ponto inicial é que nenhum impacto permanente jamais é obtido na melhoria da qualidade se a alta gerência não cumpre com suas responsabilidades ... A falha de sua própria gerência em aceitar e agir sobre suas responsabilidades no tocante à qualidade é, na minha opinião, a primeira causa de seus problemas ... O que vocês têm na empresa ... não é controle de qualidade, mas tiros de guerrilha – nenhum sistema organizado, nenhuma provisão nem apreciação do controle de qualidade como sistema. Vocês têm dirigido um corpo de bombeiros que esperam chegar a tempo para impedir que os incêndios se espalhem ...

Vocês têm um lema, afixado por todos os lados, pedindo a todos que façam um trabalho perfeito, e nada mais. Eu me pergunto como alguém pode viver de acordo com esse lema. Cada homem fazendo seu trabalho melhor? Como ele pode fazê-lo, se não tem meios de saber qual é o seu trabalho, nem como fazê-lo melhor? Como pode fazê-lo, quando é prejudicado por materiais defeituosos, mudança de suprimentos, máquinas enguiçadas? ... Outro obstáculo é a suposição da gerência de que os trabalhadores da produção são responsáveis por todos os problemas: que não haveria problemas na produção se os trabalhadores fizessem seu trabalho da forma que sabem ser a correta ... Na minha experiência, a maioria dos problemas na produção tem sua origem em causas comuns, que só a gerência pode reduzir ou remover.

A ideia principal de Deming sobre controle de qualidade é que o resultado de uma linha de produção é variável. O que o cliente quer, insiste Deming, não é um produto perfeito, mas um produto *confiável*. O cliente quer um produto com baixa variabilidade, de modo que possa saber o que esperar. A análise de variância de Fisher permite ao analista separar a variabilidade do produto em duas fontes. Uma delas foi chamada de "causas especiais", a outra, de causas "comuns" ou "ambientais". Ele dizia que o procedimento-padrão na indústria norte-americana era colocar limites na variabilidade total permitida. Se a variabilidade excedia esses limites, a linha de produção era fechada, e eles procuravam a causa especial disso. Mas, como insistia Deming, as causas especiais são poucas e podem ser facilmente identificadas. As causas ambientais estão sempre ali e são o resultado de uma gerência ruim, já que frequentemente assumem a forma de máquinas com má manutenção, ou qualidade variável na matéria-prima utilizada na manufatura, ou outras condições de trabalho não controladas.

Deming propôs que a linha de produção fosse considerada uma sucessão de atividades que começa com a matéria-prima e termina com um produto acabado. Cada atividade pode ser medida, porque cada uma delas tem sua própria variabilidade produzida por causas ambientais. Em vez de esperar que o produto final exceda os limites arbitrários de variabilidade, os gerentes deveriam observar a variabilidade de cada uma dessas atividades. A mais variável delas é a que se deve enfrentar. Uma vez que for reduzida, haverá outra atividade "mais variável", e *ela* então deve ser enfrentada. Assim, o controle de qualidade torna-se um processo contínuo, em que o aspecto mais variável da linha de produção é constantemente trabalhado.

O resultado final do enfoque de Deming consistiu em carros japoneses que andavam 160 mil quilômetros ou mais sem precisar de consertos importantes, navios que tinham um mínimo de manutenção, aço de qualidade consistente de fornada em fornada, e outros resultados de uma indústria na qual a variabilidade da qualidade estava sob controle.

A natureza do controle de qualidade

Walter Shewhart, dos Laboratórios Bell Telephone, e Frank Youden, do National Bureau of Standards, trouxeram a revolução estatística para a indústria, organizando os primeiros programas de controle de qualidade estatística nos Estados Unidos, durante os anos 1920 e 1930. Deming levou a revolução estatística para os escritórios da alta gerência. Em *Out of the Crisis*, escrito para gerentes com mínimos conhecimentos matemáticos, ele observou que muitas ideias são vagas demais para ser usadas na indústria. Um pistão de automóvel deve ser redondo; mas essa frase nada significa, a não ser que exista uma maneira de medir a esfericidade de um pistão determinado. Para melhorar a qualidade de um produto, essa qualidade deve ser medida. Para medir a propriedade de um produto é necessário que essa propriedade (nesse caso a esfericidade) esteja bem definida. Como todas as medições são, por natureza, variáveis, o processo manufatureiro precisa voltar-se para os parâmetros das distribuições dessas medições. Assim como Karl Pearson procurou encontrar evidência da evolução nas mudanças nos parâmetros, Deming insistiu que a gerência tem a responsabilidade de monitorar os parâmetros dessas distribuições de medições e mudar aspectos fundamentais do processo manufatureiro para melhorar esses parâmetros.

Encontrei Ed Deming pela primeira vez em reuniões de estatística nos anos 1970. Alto e com aparência severa quando tinha alguma coisa crítica a dizer, ele era uma figura respeitada entre os estatísticos. Raras vezes eu o vi levantar-se durante as perguntas, depois de uma palestra, para criticar, mas frequentemente levava alguém para um canto, depois da sessão, a fim de criticá-lo por ter falhado em ver o que para ele era óbvio. Esse crítico de rosto severo que conheci não era o Deming que seus amigos conheciam. Eu vi sua figura pública. Ele era conhecido pela amabilidade e consideração com as pessoas com quem trabalhava, pelo forte humor, mesmo que muito sutil, e por seu interesse por música: cantava em um coro, tocava bateria e flauta, e publicou várias peças originais de música sacra. Uma de suas publicações musicais foi uma nova versão do "Star-Spangled Banner"*, que ele sustentava ser mais cantável do que a habitual.

Deming nasceu em Sioux City, Iowa, em 1900, e frequentou a Universidade de Wyoming, onde estudou matemática, com forte interesse em engenharia. Conquistou seu título de mestre em matemática e física da Universidade do Colorado. Lá conheceu sua esposa, Agnes Belle. Eles se mudaram para Connecticut em 1927, e ali ele começou a estudar para o doutorado em física na Universidade Yale.

O primeiro emprego industrial de Deming foi na fábrica Hawthorne[1] da Western Electric, em Cicero, Illinois, onde trabalhava durante os verões, quando estudava em Yale. Walter Shewhart lançara as bases dos métodos estatísticos de controle de qualidade nos Laboratórios Bell em Nova Jersey. A Western Electric era parte da mesma companhia (AT&T), e fizeram-se tentativas de aplicar os métodos de Shewhart na fábrica Hawthorne, mas Deming observou que eles não tinham compreendido a mensagem de Shewhart. O controle de qualidade estava se tornando um conjunto de manipulações de rotina baseadas em estabelecer limites de variabilidade – frequentemente colocados de forma tal, que a cada 5% ou menos do tempo um produto defeituoso passaria pelo controle de qualidade. Deming mais tarde invalidaria essa versão do controle de qualidade que garantia que 5% dos clientes ficariam insatisfeitos.

Com seu título de Yale, Deming foi para o Departamento de Agricultura dos Estados Unidos, em 1927, e lá trabalhou com técnicas de amostragem e desenho experimental pelos 12 anos seguintes. Deixou o governo para estabelecer sua própria firma de consultoria e começou a apresentar seminários sobre o uso do controle de qualidade na indústria. Esses seminários foram ampliados

---

* Hino nacional norte-americano. (N.T.)

durante a Segunda Guerra Mundial, quando treinou aproximadamente dois mil projetistas e engenheiros que, por sua vez, começaram a apresentar seminários em suas próprias companhias, tendo a progênie de especialistas em controle de qualidade treinada por Deming chegado a quase 30 mil pessoas no final da guerra.

O último seminário de Deming foi em 10 de dezembro de 1993, na Califórnia. W. Edwards Deming, com 93 anos, dele participou, embora a maior parte do seminário tenha sido dirigida por seus assistentes mais jovens. Ele morreu no dia 20 de dezembro, em sua casa em Washington, D.C. O Instituto W. Edwards Deming fora fundado por sua família e amigos em novembro de 1993, "para fomentar a compreensão do Sistema Deming de Conhecimento Profundo para o avanço do comércio, da prosperidade e da paz".

Deming e os testes de hipótese

No Capítulo 11, vimos o desenvolvimento dos testes de hipótese por Neyman e Pearson e como eles chegaram a dominar grande parte da análise estatística moderna. Deming criticava muito os testes de hipótese; ridicularizava seu uso muito difundido porque, segundo ele, estava centrado sobre questões erradas. Como observou: "A questão na prática nunca é se a diferença entre dois tratamentos A e B é significativa. Dada uma diferença ... não importa quão pequena entre [eles], ... podemos encontrar um ... número de repetições do experimento ... que irão [atingir significância]." Assim, para Deming, a descoberta de uma diferença significativa não quer dizer nada. Importante é o *grau* de diferença encontrado. Além disso, salientou, o grau de diferença encontrado em uma situação experimental pode não ser igual ao encontrado em outra. Para ele, os métodos-padrão de estatística em si não poderiam ser usados para resolver problemas. Essas limitações dos métodos estatísticos são importantes. Segundo Deming: "Os estatísticos precisam se interessar pelos problemas, aprender e ensinar inferência estatística e suas limitações. Quanto melhor entendermos as limitações de uma inferência ... de um conjunto de resultados, mais útil se torna a inferência."

No capítulo final deste livro, examinaremos essas limitações da inferência estatística sobre as quais Deming nos alertou.

25. O conselho da senhora de preto

Embora os homens tenham dominado o desenvolvimento dos métodos estatísticos nos primeiros anos do século XX, quando aderi à profissão, nos anos 1960, muitas mulheres ocupavam posições elevadas, sobretudo na indústria e no governo. Judith Goldberg, na American Cyanamid, e Paula Norwood, na Johnson Pharmaceuticals, chefiaram departamentos de estatística de companhias farmacêuticas. Mavis Carroll estava encarregada da divisão de serviços matemáticos e estatísticos da General Foods. Em Washington, D.C., as mulheres controlavam o Census Bureau, o Bureau of Labor Statistics e o National Center for Health Statistics, entre outros. Isso também valia para o Reino Unido e a Europa continental. No Capítulo 19, vimos os papéis que algumas dessas mulheres desempenharam no desenvolvimento da metodologia estatística.

Não há nada típico sobre as experiências de mulheres que fizeram nome na estatística. Todas são notáveis, e seus desenvolvimentos e realizações pessoais são únicos. Não podemos escolher uma mulher representativa na estatística, assim como não podemos escolher um homem. Seria interessante, no entanto, examinar a carreira de uma mulher que chegou a se destacar tanto na indústria como no governo. Stella Cunliffe, da Grã-Bretanha, foi a primeira mulher a ser nomeada presidente da Royal Statistical Society. Grande parte desse capítulo foi tirada do discurso anual da presidência, que ela proferiu diante da sociedade, em 12 de novembro de 1975.

Aqueles que conheceram e trabalharam com Stella Cunliffe testemunham seu amplo bom humor, o agudo bom senso e a capacidade para reduzir os mais complicados modelos matemáticos a termos compreensíveis para os cientistas com quem colaborava. Muito disso aparece em seu discurso, que é um apelo aos membros da Royal Statistical Society para passar menos tempo desenvolvendo teoria abstrata e se dedicar mais à colaboração com cientistas

O conselho da senhora de preto   211

de outros campos. Por exemplo: "Não adianta para nós, como estatísticos, tratar com desdém os métodos pouco cuidadosos de muitos sociólogos, a não ser que estejamos preparados para guiá-los em direção a um pensamento cientificamente mais aceitável. Para fazer isso, deve haver interação entre nós." Ela faz uso frequente de exemplos de ocorrência do inesperado no processo de um experimento. "Testes de produção de cevada, mesmo em uma estação de pesquisa bem organizada, poderiam ser anulados por algum tolo motorista de trator com pressa de chegar em casa para o chá, cortando caminho por um atalho através da plantação."

Ela estudou estatística na London School of Economics no final dos anos 1930, uma época estimulante naquele lugar. Muitos dos estudantes e alguns dos membros da faculdade tinham se oferecido como voluntários para lutar na Guerra Civil Espanhola contra os fascistas. Economistas, matemáticos e outros cientistas eminentes, que haviam escapado da Alemanha nazista, obtiveram cargos temporários na escola. Quando ela saiu da faculdade com seu título, o mundo inteiro ainda sofria as consequências da Grande Depressão. O único trabalho que conseguiu encontrar foi na Danish Bacon Company, "onde a utilização da estatística era mínima, e eu, como estatística, em particular uma estatística mulher, era considerada algo muito estranho". Com a chegada da Segunda Guerra Mundial, Stella Cunliffe viu-se envolvida na questão da alocação de alimentos, em que suas habilidades matemáticas se provaram muito úteis.

Durante dois anos depois da guerra ela foi voluntária no trabalho de apoio à Europa devastada. Foi uma das primeiras a chegar a Rotterdam, na Holanda, quando o Exército alemão ainda se rendia, e a população civil morria de fome. Continuou ajudando as vítimas do campo de concentração de Bergen-Belsen logo depois de sua liberação. Terminou trabalhando nos campos de pessoas deslocadas na zona de ocupação britânica. Voltou de seu trabalho voluntário sem um centavo, e lhe ofereceram dois empregos. Um deles no Ministério dos Alimentos, para atuar no departamento de "óleos e gorduras". O outro era na Guinness Brewing Company, e ela o aceitou. Lembre-se de que William Sealy Gosset, que publicou sob o pseudônimo de Student, tinha fundado o Departamento de Estatística da Guinness. Stella Cunliffe chegou lá dez anos depois da morte de Gosset, mas a influência dele ainda era muito forte, e sua fama, reverenciada. A disciplina experimental que ele criara dominava o trabalho científico na empresa.

Estatística na Guinness

Os trabalhadores da Guinness acreditavam em seu produto e nas experiências que eram constantemente realizadas para melhorá-lo. Eles

> nunca pararam as experiências para tentar fabricar um produto de qualidade constante, variando as matérias-primas, variando clima, solo, tipos de lúpulo e cevada, e tão econômico quanto possível. Tinham orgulho do produto e, saiba-se ou não, não faziam propaganda até 1929, por causa da atitude – ainda endêmica quando eu saí – de que a Guinness é a melhor cerveja disponível, não precisa de propaganda, pois sua qualidade a venderá, e aqueles que não a bebem devem ser objeto de compaixão, mais do que alvo da propaganda!

Stella Cunliffe descreveu seus primeiros dias na Guinness:

> Ao chegar à cervejaria de Dublin para "treinamento", levando comigo, como tive na Alemanha, uma vida livre e de muitas formas estimulante, apresentei-me uma manhã à supervisora da "Equipe de senhoras", uma senhora de aspecto ameaçador, toda de preto, com pequenos pedaços de renda no pescoço, sustentados por barbatanas. ... Comentou o privilégio que era eu ter sido escolhida para trabalhar para a Guinness. Lembrou-me que se esperava que eu usasse meias e chapéu, e, se tivesse sorte suficiente para encontrar-me no corredor com um exemplar dessa raça escolhida conhecida como "cervejeiros", de maneira alguma eu poderia dar sinal de reconhecê-lo, mas sim baixar meu olhar até que ele tivesse passado.

Tal era a posição das mulheres na hierarquia da Guinness Brewing Company em 1946.

Stella Cunliffe logo provou seu valor na Guinness e tornou-se profundamente envolvida com os experimentos agrícolas na Irlanda. Ela não se contentava em ficar em sua mesa e analisar os dados que lhe eram enviados pelos cientistas de campo. Foi ao campo para ver com os próprios olhos o que estava acontecendo. (Todo novo estatístico faria bem seguindo seu exemplo. É impressionante quão frequentemente a descrição de um experimento, feita por alguém vários níveis acima dos trabalhadores do laboratório, não concorda com o que de fato aconteceu.)

> Muitas são as manhãs frias e úmidas que me encontram às sete horas, tremendo e faminta, em um jardim de lúpulo, participando de um experimento vital. Usei a

palavra "vital" deliberadamente, porque, a não ser que o experimento seja aceito como vital pelo estatístico, de forma que o entusiasmo do experimentador seja compartido por ele, sugiro que sua contribuição para o trabalho seja considerada menos que ótima. Um dos principais problemas de sermos estatísticos é que precisamos ser flexíveis, temos de estar preparados para mudar: ajudando um microbiologista na produção de uma nova variedade de fermento; ajudando um técnico agrícola a avaliar as qualidades de produção de esterco resultantes do uso de rações específicas para o gado; discutindo com um virologista a produção de anticorpos para a doença de Newcastle; ajudando um funcionário médico a avaliar os efeitos da poeira sobre a saúde nas lojas de malte; aconselhando um engenheiro sobre seus experimentos envolvendo um artigo de produção em massa movendo-se ao longo de uma esteira transportadora; aplicando teoria de filas em uma cantina; ou ajudando um sociólogo a testar suas teorias sobre comportamento de grupo.

Essa lista de tipos de colaboração é típica do trabalho de um estatístico na indústria. Em minha própria experiência, tive interações com químicos, farmacologistas, toxicologistas, economistas, clínicos e gerentes (para os quais desenvolvemos modelos de pesquisa operacional para a tomada de decisões). Essa é uma das coisas que faz o dia de um estatístico ser fascinante. Os métodos da estatística matemática são ubíquos, e o estatístico, assim como o especialista em modelagem matemática, é capaz de colaborar em quase qualquer área de atividade.

Variabilidade inesperada

Em seu discurso, Stella Cunliffe reflete sobre a maior fonte de variabilidade – o *Homo sapiens*:

> Foi um prazer ser responsável por muitos dos experimentos de provar e beber que são parte óbvia do desenvolvimento deste líquido delicioso – a cerveja Guinness. Foi em conexão com isso que comecei a entender como é impossível encontrar seres humanos sem vieses, sem preconceitos e sem as deliciosas idiossincrasias que os fazem tão fascinantes ... Todos temos preconceitos sobre certos números, letras ou cores, e todos somos muito supersticiosos. Todos nos comportamos irracionalmente. Lembro-me bem de um experimento caro, feito para descobrir a temperatura preferida para a cerveja. Isso envolvia pessoas sentadas em salas a

várias temperaturas, bebendo cerveja a várias temperaturas. Homens pequenos com aventais brancos corriam escadas acima e escadas abaixo com cervejas em baldes a várias temperaturas, com abundância de termômetros e certo ar de alvoroço. As cervejas estavam identificadas com selos coloridos em forma de coroa, e o único resultado claro desse experimento ... foi que nosso painel de bebedores mostrou que só lhes interessava a cor dos selos e que não gostavam de cerveja com selos amarelos.

Ela descreve uma análise de capacidade de pequenos barris de cerveja. Os barris eram feitos a mão, e sua capacidade era medida para determinar se eram do tamanho apropriado. A mulher que os media tinha de pesar cada barril vazio, enchê-lo de água e pesá-lo cheio. Se o barril diferisse de seu tamanho adequado por mais de 1,7 litro para baixo ou por mais de quatro litros para cima, era devolvido para modificação. Como parte do processo de controle de qualidade, os estatísticos acompanhavam as medidas da capacidade dos barris e quais eram descartados. Ao examinar o gráfico de medidas de capacidade, Stella Cunliffe se deu conta de que havia um número incomumente alto de barris que passavam no teste por muito pouco, e um número incomumente baixo de barris que eram rejeitados por muito pouco. Examinaram as condições de trabalho da mulher que media os barris. Ela devia jogar um barril descartado no alto de uma pilha e colocar um barril aprovado em uma esteira transportadora. Por sugestão de Stella Cunliffe, a posição da balança foi deslocada para acima do depósito de barris descartados. Então, tudo que ela tinha de fazer era chutar o barril rejeitado para o depósito. O excesso de barris que eram aprovados por pouco desapareceu.

Stella Cunliffe chegou a chefe do Departamento de Estatística da Guinness. Em 1970, foi chamada para a Unidade de Pesquisa do Ministério do Interior britânico, que supervisiona forças policiais, tribunais criminais e prisões.

Essa unidade, quando passei a integrá-la, estava preocupada principalmente com problemas criminológicos, e eu saí do bastante preciso, cuidadosamente planejado e meticulosamente analisável trabalho que fazia na Guinness diretamente para o que só posso descrever como mundo fantasioso dos sociólogos e, se me atrevo a dizê-lo, às vezes do psicólogo ... De nenhum modo estou menosprezando a capacidade dos pesquisadores da Unidade de Pesquisa do Ministério do Interior ... No entanto, foi um choque para mim dar-me conta de que aqueles princípios de estabelecer uma hipótese nula, de cuidadoso planejamento de experimentos, de amostragem adequada, de análise estatística meticulosa e de detalhada estimação dos resultados, com que tinha trabalhado por tanto tempo, fossem aplicados ou aceitos com muito menos rigor nos campos sociológicos.

Uma grande parte da "pesquisa" em criminologia era feita acumulando-se dados ao longo do tempo e examinando-os segundo os possíveis efeitos da política pública. Uma dessas análises tinha comparado a duração das sentenças dadas a prisioneiros adultos do sexo masculino com a percentagem desses homens novamente condenados antes de se passarem dois anos de sua libertação. Os resultados mostravam claramente que os prisioneiros com sentenças pequenas tinham taxa muito mais alta de reincidência. Isso era tomado como prova de que as sentenças longas tiravam os criminosos "habituais" das ruas.

Stella Cunliffe não estava satisfeita com uma simples tabela de taxa de reincidência *versus* duração de sentenças. Ela queria olhar cuidadosamente os dados brutos por trás da tabela. A forte relação aparente se devia, em grande parte, à alta taxa de reincidência entre prisioneiros com sentenças de três meses ou menos. Mas, depois de um exame cuidadoso, quase todos esses prisioneiros eram "as pessoas velhas, patéticas e loucas [que] acabavam em nossas prisões porque os hospitais psiquiátricos não as aceitavam. Eles formam uma brigada que entra e sai das prisões". De fato, por causa de seu frequente encarceramento, as mesmas pessoas continuavam aparecendo uma e outra vez, mas eram contadas como prisioneiros diferentes quando da elaboração da tabela. O resto do efeito aparente de sentenças longas sobre a reincidência ocorreu no outro extremo da tabela, indicando que prisioneiros com sentenças de dez ou mais anos tinham taxa de reincidência de menos de 15%. "Também existe aqui um fator de idade avançada", escreveu ela, "um forte fator ambiental e um fator de ofensa grave também. Grandes fraudes e falsificações tendem a atrair sentenças longas – mas quem cometeu uma fraude maior raramente comete outra." Assim, depois de ela ter ajustado a tabela para as duas anomalias nos extremos, a aparente relação entre sentença longa e reincidência desapareceu.

Ela declarou:

Acho as chamadas "velhas e tediosas estatísticas do Ministério do Interior" fascinantes. ... Penso que um dos trabalhos do estatístico é examinar os números, questionar por que eles têm aquela aparência. ... Estou sendo muito simplória esta noite, mas acredito que nosso trabalho é sugerir que os números são interessantes – e, se a pessoa a quem dizemos isso parece entediada, não tivemos êxito em fazê-la compreender isso ou os números não são interessantes. Afirmo que minhas estatísticas no Ministério do Interior não são tediosas.

Ela criticou a tendência que os funcionários do governo tinham de tomar decisões sem examinar com cuidado os dados disponíveis:

Não acho que seja falha do sociólogo, do engenheiro social, do planejador, ... mas que deva firmemente ser atribuída ao estatístico. Não aprendemos a atender àquelas disciplinas que são menos científicas do que desejaríamos e, portanto, não somos aceitos como pessoas que podem ajudá-los a aumentar seus conhecimentos. ... Segundo minha experiência, a força do estatístico nos campos aplicados ... está em sua capacidade de persuadir outras pessoas a formular perguntas; de considerar se essas questões podem ser respondidas com as ferramentas disponíveis para o experimentador; de ajudá-lo a estabelecer hipóteses nulas adequadas; de aplicar rígidas disciplinas de planejamento aos experimentos.

Por minha própria experiência, a tentativa de formular um problema em termos de um modelo matemático força o cientista a entender que pergunta está realmente sendo feita. Um cuidadoso exame dos recursos disponíveis frequentemente produz a conclusão de que não é possível responder àquela pergunta com aqueles recursos. Penso que algumas de minhas maiores contribuições como estatístico dizem respeito a ter desencorajado tentativas de fazer um experimento que estava condenado ao fracasso por falta de recursos adequados. Por exemplo, na pesquisa clínica, quando a pergunta médica exigirá um estudo envolvendo centenas de milhares de pacientes, é tempo de reconsiderar se vale a pena responder a essa pergunta.

Matemática abstrata *versus* estatística útil

Stella Cunliffe enfatizou a difícil tarefa de tornar útil a análise estatística. Ela desdenhava a matemática pela matemática e criticava modelos matemáticos que são

tudo de imaginação e nada de realidade. ... Muitas séries de peças secundárias interessantes, muita diversão, brilhantismo de conceitos, mas também a mesma falta de robustez e de realidade. O deleite na elegância, frequentemente às expensas da praticabilidade, parece-me, se o ouso dizer, um atributo masculino. ... Nós, estatísticos, somos educados para calcular ... com precisão matemática, ...[mas] não somos bons em ... persuadir os não iniciados de que nossas descobertas merecem a atenção deles. Não teremos sucesso nisso se citarmos solenemente "p menor que 0,001" para um homem ou uma mulher que não compreendam isso; devemos explicar nossas descobertas na linguagem deles e desenvolver poderes de persuasão.

Sem usar chapéu e recusando-se a curvar-se humildemente aos mestres cervejeiros, Stella Cunliffe voou para o reino da estatística, tolerando com elegância sua viva curiosidade e criticando os professores de estatística matemática que vinham escutar seu discurso. Enquanto escrevo este livro, ela ainda pode ser encontrada nas reuniões da Royal Statistical Society, espicaçando pretensões matemáticas com seu humor cáustico.

26. A marcha das acumuladas

A insuficiência cardíaca congestiva é uma das principais causas de morte no mundo. Embora acometa com frequência homens e mulheres na plenitude da vida, é sobretudo doença da velhice. Entre os cidadãos dos Estados Unidos com mais de 65 anos, a insuficiência cardíaca congestiva responde pela metade das mortes. Do ponto de vista da saúde pública, é mais do que uma causa de morte; também é a causa de consideráveis doenças entre os vivos. As hospitalizações recorrentes e os complexos procedimentos médicos, utilizados para estabilizar pacientes com insuficiência cardíaca congestiva, são os principais fatores no custo geral dos serviços médicos no país. Existe intenso interesse em encontrar cuidados ambulatoriais eficientes que possam reduzir a necessidade de hospitalizações e melhorar a qualidade de vida desses pacientes.

Lamentavelmente, a insuficiência cardíaca congestiva não é doença simples que possa ser atribuída a único agente infeccioso ou aliviada bloqueando-se um caminho enzimático particular. O sintoma primário de insuficiência cardíaca congestiva é a crescente fraqueza do músculo do coração. O coração torna-se cada vez menos capaz de responder aos sutis comandos dos hormônios que regulam sua taxa e força de contração para adaptar-se às necessidades variáveis do corpo. O músculo do coração fica dilatado e flácido. Aumentam os fluidos nos pulmões e nos tornozelos. O paciente fica sem ar ao mais leve esforço. A quantidade reduzida de sangue bombeada através do corpo significa que o cérebro recebe um nível de sangue reduzido quando o estômago exige sangue para digerir a comida, e o paciente fica confuso ou sonolento por longos períodos de tempo.

Para manter a homeostase, as forças vitais do paciente se adaptam a essa diminuição na atividade do coração. Em muitos pacientes, o equilíbrio de hormônios que regulam o coração e outros músculos muda para alcançar um estado de certa forma estável, em que alguns níveis hormonais e suas respostas são "anormais". Se o médico trata esse equilíbrio anormal com drogas, como os agonistas beta-adrenérgicos, ou bloqueadores de canal de cálcio, o resultado pode ser uma melhora na condição do paciente. Ou, fazendo cair aquele estado apenas estável, o tratamento pode levar o paciente a maior deterioração. Uma das causas mais importantes de morte entre os pacientes de insuficiência cardíaca congestiva costumava ser o aparecimento de fluidos nos pulmões (o que antigamente era chamado de hidropisia). A medicina moderna faz uso de diuréticos poderosos, que mantêm baixo o nível de líquido. No processo, porém, esses diuréticos podem, por sua vez, causar problemas na retroalimentação entre os hormônios gerados pelos rins e aqueles gerados pelo coração.

Continua a busca de tratamentos médicos efetivos para prolongar a vida desses pacientes, reduzir a frequência das hospitalizações e melhorar sua qualidade de vida. Como alguns tratamentos podem ter efeitos contraproducentes em alguns pacientes, qualquer estudo clínico desses tratamentos terá de levar em conta características específicas do paciente. Dessa forma, a análise final de dados de tal estudo pode identificar aqueles pacientes para os quais o tratamento é eficaz e aqueles para os quais é contraproducente. A análise estatística dos estudos sobre a insuficiência cardíaca congestiva pode tornar-se excessivamente difícil.

Ao planejar um estudo como esse, a primeira questão é o que medir. Poderíamos, por exemplo, medir o número médio de hospitalizações de pacientes sob um tratamento dado. Essa é uma medida geral bruta que deixa escapar importantes aspectos, como a idade dos pacientes, seu estado de saúde inicial, a frequência e duração dessas hospitalizações. Seria melhor considerar o curso do tempo da doença de cada paciente, levando em conta as hospitalizações que possam ocorrer, quanto duram, quanto tempo decorreu desde a última hospitalização, medições de qualidade de vida entre as hospitalizações – e ajustar todos esses resultados segundo a idade do paciente e outras doenças que possam estar presentes. Isso talvez seja o ideal do ponto de vista médico, mas provoca problemas estatísticos difíceis. Não existe um único número a associar a cada paciente. Em vez disso, o registro do paciente é um curso do tempo de eventos, alguns deles repetidos, outros que são medidos por parâmetros múltiplos. As "medições" desse experimento têm múltiplos níveis, e a função de distribuição, cujos parâmetros devem ser estimados, terá estrutura multidimensional.

Trabalho teórico inicial

A solução para esse problema começou com o matemático francês Paul Lévy, filho e neto de matemáticos. Nascido em 1886, foi logo identificado como estudante superdotado. Seguindo os procedimentos usuais na França daquela época, ele rapidamente percorreu uma série de escolas especiais para superdotados e ganhou honras acadêmicas. Recebeu o Prix du Concours Général em grego e matemática ainda na adolescência; recebeu o Prix d'Excellence em matemática, física e química no Lycée Saint-Louis; e um primeiro Concours d'Entrée na École Normale Supérieure e na École Polytechnique. Em 1912, aos 26 anos, completou o doutorado em ciências, e sua tese serviu de base para um importante livro que escreveu sobre análise funcional abstrata. Aos 35 anos, Paul Lévy era professor titular da École Polytechnique e membro da Académie des Sciences. Seu trabalho sobre as teorias abstratas da análise tornou-o famoso no mundo todo. Em 1919, sua escola pediu-lhe que preparasse uma série de conferências sobre a teoria da probabilidade, e ele começou a examinar o assunto em profundidade pela primeira vez.

Paul Lévy não estava satisfeito com a teoria da probabilidade como uma coleção de sofisticados métodos de contagem. (Andrei Kolmogorov ainda não tinha dado sua contribuição na área.) Procurou então alguns conceitos matemáticos abstratos subjacentes que lhe poderiam permitir unificar esses métodos. Sentiu-se atraído pela derivação de De Moivre da distribuição normal e pelo "teorema popular" entre os matemáticos de que o resultado de De Moivre deveria sustentar-se para muitas outras situações – o que veio a ser chamado de "teorema central do limite". Vimos como Lévy (assim como Lindeberg, na Finlândia), no começo dos anos 1930, finalmente provou o teorema central do limite e determinou as condições necessárias para que ele se mantivesse. Começou com a fórmula para a distribuição normal e trabalhou de trás para diante, perguntando quais eram as propriedades únicas dessa distribuição que a fariam surgir a partir de tantas situações.

Lévy então enfocou o problema em outra direção, perguntando o que se passava com as situações específicas que levavam à distribuição normal. Determinou que um simples conjunto de duas condições garantiria que os dados tendessem a ser normalmente distribuídos. Essas duas condições não são a única forma de gerar uma distribuição normal, mas a demonstração de Lévy do teorema central do limite estabeleceu o conjunto mais geral de condições que é sempre necessário. Essas duas condições eram adequadas para a situação em que temos uma sequência de números gerados aleatoriamente, um após o outro:

1. a variabilidade deve ser limitada, de forma que valores individuais não se transformem em infinitamente grandes ou infinitamente pequenos;
2. a melhor estimativa do próximo número é o valor do último número.

Lévy chamou essa sequência de "acumulada".

Ele se apropriou da palavra *martingale* usada em jogos de azar – trata-se de procedimento pelo qual o jogador dobra sua aposta cada vez que perde. Se ele tem a chance de 50:50 de vencer, a perda esperada é igual a sua perda anterior. Existem dois outros significados para a palavra. Um deles descreve um dispositivo usado pelos fazendeiros franceses para manter a cabeça do cavalo baixa e impedir que o animal ande para trás. A *martingale* do fazendeiro mantém a cabeça do cavalo em posição de ser movida ao acaso, mas a mais provável posição futura é aquela em que a cabeça ora se encontra. Uma terceira definição do termo é náutica: uma pesada peça de madeira, pendurada pela retranca de uma vela, para impedir que se balance demais de um lado para o outro. Aqui, também, a última posição da retranca é a melhor predição de sua próxima posição. A palavra deriva propriamente dos habitantes da cidade francesa de Martique, famosos por sua avareza, e a melhor estimativa do pouco dinheiro que eles dariam na semana que vem era o pouco que deram hoje.

Assim, os avaros habitantes de Martique deram seu nome a uma abstração matemática na qual Paul Lévy desenvolveu as características mais avaras possíveis de uma sequência de números que tendem a apresentar uma distribuição normal. Por volta de 1940, a acumulada se transformara em importante ferramenta da teoria matemática abstrata. Seus requisitos simples significavam que muitos tipos de sequências de números aleatórios poderiam revelar-se acumuladas. Nos anos 1970, Odd Aalen, da Universidade de Oslo, na Noruega, percebeu que o curso das respostas dos pacientes em um experimento clínico era uma acumulada.

Acumuladas em estudos de insuficiência cardíaca congestiva

Lembre-se dos problemas que surgiam no estudo da insuficiência cardíaca congestiva. As respostas dos pacientes tendiam a ser idiossincráticas. Existem questões sobre como interpretar eventos, tais como hospitalizações, quando eles ocorrem cedo no estudo ou mais tarde (quando os pacientes terão envelhecido). Essas são questões sobre como lidar com a frequência de hospitalizações e a duração da estada nos hospitais. Todas essas questões podem ser respondidas considerando como acumuladas a sequência de números medidos ao longo do tempo. Em particular, observou Aalen, um paciente que é hospitalizado pode ser tirado da análise e a ela devolvido quando tem alta. Hospitalizações múltiplas podem ser tratadas como se cada uma fosse um novo evento. A cada ponto no tempo, o analista precisa saber apenas o número de pacientes ainda no estudo (ou a ele devolvidos) e o número de pacientes que originalmente nele ingressaram.

No começo dos anos 1980, Aalen estava trabalhando com Erik Anderson, da Universidade de Aarhus, na Dinamarca, e com Richard Gill, da Universidade de Utrecht, na Holanda, explorando a perspectiva que tinha desenvolvido. No primeiro capítulo deste livro, observei que a pesquisa científica e matemática raramente é feita por uma só pessoa. As abstrações da estatística matemática são tão complexas, que é fácil cometer erros. Só pela discussão e pela crítica entre colegas alguns desses erros podem ser encontrados. A colaboração entre estes três, Aalen, Anderson e Gill, forneceu um dos mais frutíferos desenvolvimentos do assunto nas décadas finais do século XX.

O trabalho de Aalen, Anderson e Gill foi suplementado pelo de Richard Olsen e seus colaboradores, da Universidade de Washington, e por Lee-Jen Wei, na Universidade Harvard, no sentido de produzir uma variedade de novos métodos para analisar a sequência de eventos que ocorrem em um experimento clínico. L.J. Wei, particularmente, explorou o fato de que a diferença entre duas acumuladas também é uma acumulada para eliminar a necessidade de estimar muitos dos parâmetros do modelo. Hoje, o enfoque da acumulada domina a análise estatística de ensaios clínicos de longa duração sobre doenças crônicas.

A lendária avareza dos habitantes de Martique foi o ponto de partida. Um francês, Paul Lévy, teve os insights iniciais. A acumulada matemática passou por muitas outras cabeças, com contribuições de norte-americanos, russos, alemães, ingleses, italianos e indianos. Um norueguês, um dinamarquês e um holandês a trouxeram para a pesquisa clínica. Dois americanos – um deles nascido em Taiwan – elaboraram o trabalho dos três. Uma listagem completa dos autores de artigos e livros sobre esse tópico, que apareceram desde o final dos anos 1980, encheria muitas páginas e incluiria pesquisadores de muitas outras nações. A estatística matemática tornou-se verdadeiramente um trabalho internacional.

27. A intenção de tratar

No começo dos anos 1980, Richard Peto teve um problema. Ele era um dos principais bioestatísticos da Grã-Bretanha e estava analisando os resultados de vários ensaios clínicos comparando diferentes tratamentos contra o câncer. Seguindo os ditames de planejamento de experimentos de R.A. Fisher, o ensaio clínico típico identificava um grupo de pacientes que precisava de tratamento e os designava, aleatoriamente, para diferentes métodos experimentais de cura.

A análise de tais dados deveria ser relativamente simples. A percentagem de pacientes que sobreviveram por cinco anos seria comparada entre os grupos de tratamento, usando os métodos de Fisher. Uma comparação mais sutil poderia ter sido feita usando o enfoque de acumulada de Aalen para analisar o tempo, desde o início do estudo até a morte de cada paciente, como medida básica de efeito. Seguindo as máximas de Fisher, a indicação dos pacientes para o tratamento independia completamente do resultado do estudo, e os valores de p para os testes de hipótese podiam ser calculados.

O problema de Peto era que nem todos os pacientes receberam o tratamento escolhido aleatoriamente. Tratava-se de seres humanos, em sofrimento causado por doenças dolorosas e em muitos casos terminais. Os médicos que os tratavam sentiam-se impelidos a abandonar o tratamento experimental, ou pelo menos a modificá-lo, se percebesse que seria do interesse do paciente. O acompanhamento cego de um tratamento arbitrário, sem considerar as necessidades e respostas do paciente, não teria sido ético. Ao contrário das recomendações de Fisher, aos pacientes nesses estudos eram frequentemente oferecidos novos tratamentos, de modo que essa escolha dependia da resposta do paciente ao tratamento que estava sendo aplicado.

Esse era um problema típico dos estudos sobre câncer, presente desde as primeiras investigações a respeito do tema, nos anos 1950. Até Peto aparecer em cena, o procedimento comum era analisar apenas os pacientes que permaneciam nos tratamentos indicados aleatoriamente; todos os demais eram retirados da análise. Peto entendeu que isso poderia levar a sérios erros. Por exemplo, suponhamos que estivéssemos comparando um tratamento ativo com um tratamento com placebo, droga que não tem efeito biológico. Suponhamos que os pacientes que não respondessem fossem trocados para o tratamento-padrão. Os pacientes que respondem com o placebo seriam trocados e deixados fora da análise. Os únicos pacientes que permaneceriam com o placebo seriam aqueles que, por alguma outra razão, estariam respondendo. O placebo seria considerado tão efetivo quanto o tratamento ativo (ou talvez ainda mais) – se os pacientes que permanecessem com o placebo e respondessem fossem os únicos pacientes tratados com placebo usados na análise.

Edmund Gehan, que atuava no Hospital M.C. Anderson, no Texas, percebera o problema antes de Peto. Sua solução na época foi argumentar que esses estudos não preenchiam os requisitos de Fisher, e portanto não podiam ser considerados experimentos úteis para comparar tratamentos. Em vez disso, os registros desses estudos consistiam em cuidadosas observações de pacientes com diferentes tipos de tratamento. O melhor que se poderia esperar seria uma descrição geral do resultado, com indicações para possíveis futuros tratamentos. Mais tarde, Gehan considerou várias outras soluções para o problema, mas sua primeira conclusão reflete a frustração de alguém que tenta aplicar os métodos da análise estatística a um experimento mal planejado ou mal-executado.

Peto sugeriu uma solução direta. Os pacientes tinham sido distribuídos aleatoriamente para receber tratamentos específicos. O ato de tornar aleatório é que permite calcular os valores de p dos testes de hipótese, comparando esses tratamentos. Ele sugeriu que cada paciente fosse tratado na análise como se houvesse passado pelo tratamento para o qual fora escolhido aleatoriamente. A análise ignoraria todas as mudanças de tratamento feitas durante o desenrolar do estudo. Se o paciente tivesse sido escolhido aleatoriamente para o tratamento A e fora tirado desse tratamento logo antes do final do estudo, ele seria analisado como paciente do tratamento A. Se o paciente escolhido aleatoriamente para o tratamento A tivesse permanecido nele somente uma semana, seria analisado como paciente do tratamento A. Se o paciente escolhido aleatoriamente para o tratamento A nunca tomara nenhuma pílula do tratamento A, mas fora hospitalizado e colocado em terapias alternativas imediatamente depois de ingressar no estudo, ele seria analisado como paciente do tratamento A.

À primeira vista, esse enfoque pode parecer louco. Podemos produzir cenários nos quais um tratamento-padrão é comparado a um experimental, com pacientes que mudam para o tratamento-padrão se falham no experimental. Assim, se o tratamento experimental não tem valor, todos ou a maioria dos pacientes para ele escolhidos aleatoriamente passarão a receber o tratamento-padrão, e a análise dirá que os dois tratamentos são iguais. Como Richard Peto deixou claro em sua proposta, esse método de analisar os resultados de um estudo não pode ser usado para dizer que os tratamentos são equivalentes. Só pode ser usado se a análise achar que eles se *diferenciam* em seus efeitos.

A solução de Peto veio a chamar-se de método de "intenção de tratar". A justificativa para o nome e para seu uso em geral era a seguinte: se estamos interessados nos resultados gerais de uma política médica que recomenda o uso de um tratamento dado, o médico deve ter a liberdade de modificar o tratamento se achar que isso é conveniente. A análise de um estudo clínico, usando a solução de Peto, determinaria se é uma boa política pública recomendar um tratamento dado como tratamento inicial. A aplicação do método de análise de intenção de tratar foi considerada sensata para grandes estudos financiados pelo governo a fim de determinar boas políticas públicas.

Lamentavelmente, alguns cientistas têm tendência a usar métodos estatísticos sem saber ou compreender a matemática que está por trás deles; isso aparece frequentemente no universo da pesquisa clínica. Peto havia indicado as limitações de sua solução. Apesar disso, o método de intenção de tratar ficou sacramentado na doutrina médica em várias universidades e chegou a ser considerado o único método correto de análise estatística de um estudo clínico. Muitas experiências clínicas, especialmente aquelas sobre câncer, são planejadas para mostrar que um novo tratamento é ao menos tão bom quanto o padrão e apresenta menos efeitos colaterais. O objetivo de muitos estudos é mostrar a equivalência terapêutica. Como Peto assinalou, sua solução só pode ser usada para encontrar diferenças, e a falha em encontrar diferenças não significa que os tratamentos sejam equivalentes.

O problema repousa, até certo ponto, na rigidez da formulação de Neyman-Pearson. A redação-padrão, encontrada em livros didáticos elementares sobre estatística, tende a apresentar os testes de hipótese como procedimento de rotina. Muitos aspectos puramente arbitrários dos métodos são apresentados como imutáveis.

Embora muitos desses elementos arbitrários não sejam apropriados para a pesquisa clínica,[1] a necessidade que alguns cientistas médicos têm de usar métodos "corretos" consagrou uma versão extremamente rígida da formulação de Neyman-Pearson. Nada é aceitável, a não ser que o critério de corte do valor de p seja fixado de antemão e preservado pelo procedimento estatístico. Essa é uma das razões pelas quais Fisher se opôs à formulação de Neyman-Pearson. Ele não pensava que o uso de valores de p e testes de significância deveriam estar sujeitos a requisitos tão rigorosos. Era contrário, em particular, ao fato de Neyman fixar de antemão a probabilidade de um falso positivo e só atuar se o valor de p fosse inferior. Fisher sugeriu, em *Statistical Methods and Scientific Inference*, que a decisão final sobre qual valor tornaria p significativo deveria depender das circunstâncias. Usei a palavra *sugeriu* porque Fisher nunca esclarece o suficiente sobre como usaria os valores de p. Ele só apresenta exemplos.

A formulação de Cox

Em 1977, David R. Cox (de Box e Cox, do Capítulo 23) analisou os argumentos de Fisher e os estendeu. Para distinguir entre o uso que Fisher dava aos valores de p e a formulação de Neyman-Pearson, ele chamou o método de Fisher de "teste de significância", e o de Neyman-Pearson de "teste de hipótese". Na época em que Cox escreveu seu artigo, o cálculo da significância estatística (através dos valores p) se tinha transformado em um dos métodos mais amplamente usados na pesquisa científica. Até aqui, pensou Cox, o método provou-se útil na ciência. A despeito de todas essas críticas entre os estatísticos matemáticos, os testes de significância e os valores de p ainda são constantemente usados – apesar da causticante disputa entre Fisher e Neyman; apesar da insistência de estatísticos como W. Edwards Deming de que os testes de hipótese eram inúteis; apesar da ascensão da estatística bayesiana, que não tinha lugar para valores de p e significâncias. Cox perguntou: como os cientistas realmente utilizam esses testes? Como sabem se seus resultados são verdadeiros ou úteis? E descobriu que, na prática, os cientistas usam os testes de hipótese sobretudo para refinar suas visões da realidade, ao eliminar parâmetros desnecessários, ou para decidir entre dois diferentes modelos da realidade.

O enfoque de Box

George Box (a outra metade de Box e Cox) analisou o problema de uma perspectiva levemente diversa. Observou que a pesquisa científica consistia em mais de um único experimento. O cientista chega ao experimento com um grande corpo de conhecimentos anteriores ou pelo menos com expectativa anterior do que possa vir a ser o resultado. O estudo é planejado para refinar tal conhecimento, e o planejamento depende do tipo de refinamento buscado. Até esse ponto, Box e Cox dizem o mesmo. Para Box, esse experimento específico é parte de uma série de experimentos; os dados desse experimento são comparados com os de outros. O conhecimento prévio é então reconsiderado em termos do novo experimento e das novas análises de experimentos antigos. Os cientistas nunca cessam de voltar a estudos mais antigos para refinar sua interpretação em termos dos estudos mais recentes.

Como exemplo do enfoque de Box, consideremos o fabricante de papel que está usando uma das principais inovações de Box, as variações evolucionárias em operações (Evop, pelas iniciais em inglês). Com as Evop de Box, o fabricante faz experimentos na linha de produção. A umidade, a velocidade, o enxofre e a temperatura são modificados levemente de várias formas. A mudança resultante na resistência do papel não é grande. Ela pode não ser grande e ainda assim produzir um papel vendável. No entanto, essas leves diferenças, sujeitas à análise de variância de Fisher, podem ser usadas para propor outro experimento, no qual a resistência média através de todas as séries é levemente aumentada, e as novas séries são usadas para encontrar a direção de outro pequeno incremento na resistência. Os resultados de cada etapa nas Evop são comparados com estágios anteriores. Experimentos que parecem produzir resultados anômalos são repetidos. O procedimento continua para sempre – não existe uma solução "correta" final. No modelo de Box, a sequência de experimentos científicos seguida de exames e reexames dos dados não tem fim – não existe uma verdade científica final.

A visão de Deming

Deming e muitos outros estatísticos haviam rejeitado totalmente o uso de testes de hipótese. Eles insistiam na recomendação de que o trabalho de Fisher sobre métodos de estimação deveria formar a base da análise estatística: são os parâmetros da distribuição que devem ser estimados; não faz sentido produzir análises que lidam indiretamente com esses parâmetros através de valores de p e hipóteses arbitrárias. Esses estatísticos continuam a usar os intervalos de confiança de Neyman para medir a incerteza de suas conclusões; mas os testes de hipótese de Neyman-Pearson, afirmam eles, pertencem ao depósito de lixo

228 Uma senhora toma chá...

da história, com o método de momentos de Karl Pearson. É interessante notar que o próprio Neyman raramente usou valores de p e testes de hipótese em seus próprios artigos sobre aplicações.

Essa rejeição dos testes de hipótese e as reformulações de Box e Cox do conceito de teste de significância de Fisher podem lançar dúvidas sobre a solução de Richard Peto para o problema que ele encontrou em estudos clínicos sobre câncer. Mas o problema básico que ele enfrentou permanece. O que se faz quando o experimento é modificado permitindo que as consequências do tratamento alterem o tratamento? Abraham Wald mostrou como um tipo particular de modificação pode ser acomodado, levando à análise sequencial. No caso de Peto, os oncologistas não estavam seguindo os métodos sequenciais de Wald, mas sim inserindo tratamentos diferentes quando percebiam a necessidade disso.

Os estudos observacionais de Cochran

De certa forma, William Cochran, da Universidade Johns Hopkins, lidou com esse problema nos anos 1960. A cidade de Baltimore queria determinar se a habitação popular tinha algum efeito sobre as atitudes sociais e sobre o progresso das pessoas pobres. O grupo de estatística da Johns Hopkins foi contatado para estabelecer um experimento. Seguindo os métodos de Fisher, os estatísticos sugeriram que se tomasse um grupo de pessoas, quer se tivessem candidatado, quer não, a uma habitação popular, e fossem aleatoriamente designadas para receber casas populares ou não. Isso causou horror aos funcionários municipais: quando eram anunciadas vagas para casas populares, a prática era concedê-las aos primeiros que chegassem. Isso era apenas justo. Eles não podiam negar o direito às pessoas que corriam para ser as primeiras – principalmente baseando-se em aleatoriedade gerada por computação. No entanto, o grupo de estatística da Johns Hopkins assinalou que aqueles que corriam para ser os primeiros frequentemente eram os mais enérgicos e ambiciosos. Se isso fosse verdade, os moradores das casas populares apresentariam melhores resultados do que os outros – sem que a própria moradia tivesse qualquer efeito sobre isso.

A solução de Cochran foi declarar que eles não seriam capazes de usar um experimento científico planejado. Em lugar disso, ao acompanhar as famílias que iam para casas populares e outras que não o faziam, eles teriam um estudo observacional, no qual as famílias difeririam por vários fatores, como idade, nível educacional, religião e estabilidade familiar. Ele propôs métodos de análise estatísticos de tais estudos observacionais. Faria isso ajustando as medições produzidas por uma família dada para levar em conta esses diferentes fatores. Estabeleceria um modelo matemático no qual haveria um efeito atribuído à idade, um efeito para o fato de a família ser íntegra, um efeito para religião, e assim por diante. Uma vez que os parâmetros de todos esses efeitos tivessem sido estimados, as diferenças em efeitos remanescentes seriam usadas para determinar o resultado das casas populares.

Quando um estudo clínico anuncia que a diferença em efeito foi ajustada para a idade ou o sexo dos pacientes, isso significa que os pesquisadores aplicaram alguns dos métodos de Cochran para estimar o efeito subjacente do tratamento, levando em conta o efeito de falta de equilíbrio na indicação dos tratamentos para os pacientes. Quase todos os estudos sociológicos usam os métodos de Cochran. Seus autores podem não reconhecê-los como provenientes de William Cochran, e muitas das técnicas específicas frequentemente são anteriores a seu trabalho. Cochran as colocou sobre um fundamento teórico sólido, e seus artigos a respeito de estudos observacionais têm influenciado a medicina, a sociologia, a ciência política e a astronomia – áreas em que a indicação aleatória do "tratamento" é impossível ou não ética.

Os modelos de Rubin

Nos anos 1980 e 1990, Donald Rubin, da Universidade Harvard, propôs um enfoque diferente do problema de Peto. No modelo de Rubin, admite-se que cada paciente pode ter uma resposta possível para cada um dos tratamentos. Se houver dois tratamentos, cada paciente tem uma resposta potencial tanto para o tratamento A como para o B. Só podemos observar o paciente sob um desses tratamentos, aquele para o qual foi designado. Podemos estabelecer um modelo matemático no qual exista um símbolo na fórmula para cada uma dessas possíveis respostas. Rubin derivou condições sobre esse modelo matemático que são necessárias para estimar o que poderia ter acontecido se o paciente tivesse sido colocado sob o outro tratamento.

Os modelos de Rubin e os métodos de Cochran podem ser aplicados em análises estatísticas modernas porque eles fazem uso do computador para lidar com processamento pesado de números. Mesmo que tivessem sido propostos à época de Fisher, não seriam exequíveis. Impõem o uso do computador porque os modelos matemáticos são altamente complexos e elaborados. Muitas vezes exigem técnicas iterativas, nas quais o computador faz milhares ou mesmo milhões de estimativas, e a sequência de estimativas converge sobre a resposta final.

Esses métodos de Cochran e Rubin são altamente específicos ao modelo. Ou seja, eles não produzirão respostas corretas a não ser que os complexos modelos matemáticos que utilizam cheguem perto de descrever a realidade. Eles exigem que o analista conceba um modelo matemático que se igualará à realidade em todos ou na maioria de seus aspectos. Se a realidade não se igualar ao modelo, os resultados da análise não se sustentarão. Parte concomitante dos enfoques como estes de Cochran e Rubin tem sido o esforço para determinar o grau de robustez da conclusão. Investigações matemáticas atuais estão examinando quão longe a realidade pode estar do modelo antes que as conclusões não sejam mais verdadeiras. Antes de morrer, em 1980, Cochran estava examinando essas questões.

Os métodos de análise estatística podem ser pensados como se estivessem em um *continuum*, com métodos altamente limitados a modelos, como aqueles propostos por Cochran e Rubin em um extremo e, no outro, métodos não paramétricos que examinam os dados em termos dos tipos de padrões mais gerais. Assim como o computador tornou exequíveis os métodos altamente limitados a modelos, houve uma revolução da computação no outro extremo da modelagem estatística – esse extremo não paramétrico em que pouca ou nenhuma estrutura matemática é admitida e permite que os dados contem sua história, sem forçá-los a encaixar-se em modelos preconcebidos. Esses métodos, que usam nomes extravagantes como *bootstrap* ("alça de bota"), são o assunto do próximo capítulo.

28. O computador gira em torno de si mesmo

Guido Castelnuovo veio de uma orgulhosa família judia italiana capaz de rastrear seus ancestrais até a antiga Roma durante o tempo dos primeiros césares. Em 1915, como membro da Faculdade de Matemática da Universidade de Roma, Castelnuovo travava uma batalha solitária: queria introduzir cursos sobre probabilidade e a matemática de estudos atuariais no programa de pós-graduação. Naquele tempo, antes que Andrei Kolmogorov tivesse lançado os fundamentos da teoria probabilística, os matemáticos viam a probabilidade como uma coleção de métodos que faziam uso de complicadas técnicas de contagem. Era uma interessante coadjuvante da matemática, frequentemente ensinada como parte de um curso de álgebra, mas que dificilmente merecia consideração em um programa de pós-graduação, numa época em que as lindas e bruxuleantes abstrações da matemática pura eram codificadas. No tocante à matemática atuarial, isso era matemática aplicada da pior espécie, cálculos de duração de vida e frequências de acidentes computados com uma aritmética relativamente simples. Assim pensavam os outros membros da faculdade.

Além de seu trabalho pioneiro no campo abstrato da geometria algébrica, Castelnuovo tinha forte interesse nas aplicações da matemática, e persuadiu o restante da faculdade a permitir-lhe montar um curso sobre o tema. Como resultado de suas aulas nesse curso, ele publicou, em 1919, um dos primeiros livros didáticos sobre probabilidade com aplicações estatísticas, *Calcolo della probabilità e applicazioni*. O livro foi usado em cursos similares ministrados em outras universidades da Itália. Por volta de 1927, Castelnuovo tinha fundado a Escola de Estatística e Ciências Atuariais na Universidade de Roma, e durante os anos 1920 e 1930 houve vivo intercâmbio entre a crescente escola italiana de estatísticos envolvidos na pesquisa atuarial e um grupo similar da Suécia.

Em 1922, Benito Mussolini instituiu o fascismo na Itália e impôs rígidos controles à liberdade de expressão. Tanto alunos como professores das universidades eram examinados para excluir "inimigos de Estado". Não havia componentes raciais nessas exclusões, e o fato de Castelnuovo ser judeu não foi levado em consideração.[1] Ele continuou seu trabalho nos primeiros 11 anos do governo fascista. Em 1935, o pacto entre fascistas italianos e nazistas alemães levou à imposição de leis antissemitas na Itália, e Guido Castelnuovo, com 70 anos, foi demitido de seu cargo.

Isso não encerrou a carreira daquele homem incansável, que viveu até 1952. Com a chegada de leis raciais de inspiração nazista, muitos promissores estudantes de pós-graduação judeus também foram expulsos das universidades. Castelnuovo organizou cursos especiais em sua casa e nas casas de outros antigos professores judeus, para possibilitar que os pós-graduandos continuassem seus estudos. Além de escrever livros sobre a história da matemática, ele passou os últimos de seus 87 anos examinando as relações filosóficas entre determinismo e acaso, tentando interpretar o conceito de causa e efeito – tópicos que mencionamos em capítulos anteriores e que examinarei melhor no capítulo final deste livro.

A escola italiana de estatística, que surgiu dos esforços de Castelnuovo, tinha sólidos fundamentos matemáticos, mas usava problemas de aplicações reais como ponto de partida para a maioria das investigações. Um contemporâneo mais jovem de Castelnuovo, Corrado Gini, chefiava o Istituto Centrale di Statistica, em Roma, instituição privada organizada pelas companhias de seguros para promover a pesquisa atuarial. O animado interesse de Gini em todos os tipos de aplicação colocou-o em contato com a maioria dos jovens matemáticos italianos envolvidos na estatística matemática durante os anos 1930.

O lema de Glivenko-Cantelli

Um desses matemáticos era Francesco Paolo Cantelli (1875-1966), que quase se antecipou a Kolmogorov em estabelecer os fundamentos da teoria probabilística. Cantelli não estava tão interessado em investigar questões de fundamentos (lidando com perguntas como "qual o significado de probabilidade?"), e não mergulhou tão profundamente, como Kolmogorov, na teoria subjacente. Bastava-lhe derivar teoremas matemáticos fundamentais com base no tipo de cálculo de probabilidade disponível desde que Abraham de Moivre introduzira o cálculo nos cálculos de probabilidade, no século XVIII. Em 1916, Cantelli descobriu o que tem sido chamado de teorema fundamental da estatística matemática. Apesar de sua grande importância, leva o inapropriado nome de "lema de Glivenko-Cantelli".[2] Cantelli foi o primeiro a provar o teorema, e entendeu sua importância. Joseph Glivenko, aluno de Kolmogorov, ganhou crédito parcial por ter usado uma notação matemática então recentemente desenvolvida, conhecida como a "integral de Stieltjes", para generalizar o resultado, em artigo que publicou (em uma revista matemática italiana) em 1933. A notação de Glivenko é a mais frequentemente usada em livros didáticos modernos.

O lema de Glivenko-Cantelli é um desses resultados que parecem ser intuitivamente óbvios, mas só depois de terem sido descobertos. Se não se conhece nada sobre a distribuição de probabilidade subjacente que gerou um conjunto de dados, os próprios dados podem ser usados para construir uma distribuição não paramétrica. Essa é uma função matemática feia, cheia de descontinuidades e sem nenhum tipo de elegância. Mas, apesar de sua estrutura desajeitada, Cantelli foi capaz de mostrar que essa feia função de distribuição empírica fica cada vez mais próxima da função de distribuição verdadeira à medida que o número de observações aumenta.

A importância do lema de Glivenko-Cantelli foi imediatamente reconhecida, e nos 20 anos seguintes muitos teoremas importantes foram provados ao ser reduzidos a repetidas aplicações do lema. Trata-se de uma dessas ferramentas da pesquisa matemática que quase sempre podem ser usadas em uma demonstração. Para lançar mão do lema, os matemáticos, durante a primeira parte do século XX, tinham de produzir inteligentes manipulações de técnicas de contagem. A construção de uma função de distribuição empírica consiste em uma sequência de passos automáticos de simples aritmética. Sem truques inteligentes, o uso da função de distribuição empírica para estimar parâmetros de grandes amostras de dados precisaria de um computador mecânico fantástico, capaz de fazer milhões de operações por segundo. Não existia tal máquina nos anos 1950 ou nos 1960 e nem mesmo nos 1970. Nos anos 1980, os computadores alcançaram o nível em que isso era exequível. O lema de Glivenko-Cantelli tornou-se a base de uma nova técnica estatística que só poderia existir em um mundo de computadores de alta velocidade.

O *bootstrap* de Efron

Em 1982, Bradley Efron, da Universidade Stanford, inventou o *bootstrap*, baseado em duas simples aplicações do lema de Glivenko-Cantelli. As aplicações são conceitualmente simples, mas exigem uso extensivo do computador para calcular, recalcular e calcular outra vez. Uma análise de *bootstrap* típica, sobre um conjunto de dados moderadamente grande, pode levar vários minutos, mesmo com o mais poderoso computador.

Efron chamou esse procedimento de *bootstrap* ("alça da bota") porque era um caso em que os dados se puxavam por suas próprias alças, por assim dizer. Ele funciona porque o computador não se importa em fazer uma aritmética repetitiva: ele fará a mesma coisa inúmeras vezes seguidas sem nunca se queixar. Com o moderno chip baseado em transistores, ele o fará em alguns microssegundos. Existe alguma matemática complexa por trás do *bootstrap* de Efron. Seus artigos originais provam que esse método é equivalente aos métodos normais, se certas suposições são feitas sobre a verdadeira distribuição subjacente. As implicações desse método têm sido tão extensivas, que quase todo número de revistas de estatística matemática desde 1982 contém um ou mais artigos envolvendo *bootstrap*.

Reamostragem e outros métodos com uso intensivo do computador

Existem versões alternativas do *bootstrap* e métodos relacionados, todos agrupados sob o nome geral de reamostragem. De fato, Efron tinha demonstrado que muitos dos métodos estatísticos comuns de Fisher podem ser vistos como formas de reamostragem. Por seu lado, a reamostragem é parte de um espectro mais amplo de métodos estatísticos, aos quais nos referimos como aqueles "com uso intensivo do computador". Os métodos com uso intensivo do computador lançam mão da capacidade que o computador moderno tem de empenhar-se em vastas quantidades de cálculos, trabalhando os mesmos dados repetidamente.

Um desses procedimentos foi desenvolvido durante os anos 1960 por Joan Rosenblatt, no National Bureau of Standards, e por Emmanuel Parzen, na Universidade Agrícola e Mecânica do Texas, cada qual por sua conta. Os métodos são conhecidos como "estimativa de densidade de *kernel*".* A estimativa de densidade de *kernel*, por sua vez, levou à estimativa da regressão baseada na densidade de *kernel*. Esses métodos incluem dois parâmetros arbitrários, chamados de "*kernel*" e de "largura de banda". Logo depois que essas ideias apareceram, em 1967 (bem antes que houvesse computadores suficientemente

---

* Semente, grão. (N.T.)

poderosos para aproveitá-las ao máximo), John van Ryzin, da Universidade Columbia, usou o lema de Glivenko-Cantelli para determinar a configuração ótima desses parâmetros.

Enquanto os estatísticos matemáticos geravam teorias e escreviam em suas próprias revistas, a regressão baseada na densidade de *kernel* de Rosenblatt e Parzen foi descoberta independentemente pela comunidade de engenheiros. Entre os engenheiros de computação, é chamada de "aproximação difusa", que utiliza o que van Ryzin teria chamado de um "*kernel* não ótimo", e existe apenas uma escolha muito arbitrária, de largura de banda. A prática da engenharia não está baseada em procurar o melhor método teoricamente possível, mas o que funcionará. Enquanto os teóricos se preocupavam com uma abstrata otimização de critérios, os engenheiros, no mundo real, usavam aproximações difusas para produzir sistemas difusos com a utilização de computadores. Os sistemas difusos de engenharia são empregados em câmeras inteligentes, que ajustam automaticamente o foco e a íris. Também são usados em novos edifícios, para manter temperaturas constantes e confortáveis, o que pode variar de acordo com diferentes necessidades em diferentes cômodos.

O consultor privado em engenharia Bart Kosko é um dos mais prolíficos popularizadores dos sistemas difusos. Quando vejo a bibliografia de seus livros, encontro referências a matemáticos famosos do século XIX, como Gottfried Wilhelm von Leibniz, e ao estatístico matemático Norbert Wiener, que contribuiu para a teoria dos processos estocásticos e suas aplicações aos métodos de engenharia. Não encontro referências a Rosenblatt, Parzen, van Ryzin ou qualquer um dos últimos colaboradores da teoria da regressão baseada no *kernel*. Com quase exatamente os mesmos algoritmos de computação, os sistemas difusos e o método da regressão baseada na densidade de *kernel* parecem ter se desenvolvido de modo completamente independente um do outro.

O triunfo dos modelos estatísticos

Essa extensão dos métodos estatísticos, com uso intensivo do computador, à prática-padrão da engenharia é um exemplo de como a revolução estatística na ciência tornou-se tão ubíqua no final do século XX. Os estatísticos matemáticos já não são mais os únicos nem mesmo os mais importantes participantes de seu desenvolvimento. Muitas das boas teorias que apareceram em suas revistas nos últimos 70 anos são desconhecidas pelos cientistas e engenheiros que, mesmo assim, fazem uso delas. Os mais importantes teoremas são frequentemente redescobertos.[3]

Algumas vezes os teoremas básicos não são provados de novo, mas os usuários assumem que sejam verdadeiros porque parecem intuitivamente verdadeiros. Em alguns poucos casos, os usuários evocam teoremas que foram provados como falsos – também porque parecem intuitivamente verdadeiros. Isso porque os conceitos de distribuições de probabilidade tornaram-se tão cristalizados na educação científica moderna, que cientistas e engenheiros pensam em termos de distribuições. Há mais de 100 anos, Karl Pearson considerou que todas as observações surgem de distribuições de probabilidade, e que o objetivo da ciência é estimar os parâmetros dessas distribuições. Antes disso, o mundo da ciência acreditava que o Universo seguia leis, como as leis do movimento de Newton, e que qualquer variação aparente no que se observava devia-se a erros. Gradualmente, a visão de Pearson tornou-se predominante. Por conseguinte, qualquer pessoa treinada em métodos científicos no século XX aceita a visão pearsoniana como verdadeira. Ela está tão cristalizada nos métodos científicos modernos de análise de dados, que poucos se dão ao trabalho de enunciá-la. Muitos cientistas e engenheiros que trabalham usam essas técnicas sem sequer pensar sobre as implicações filosóficas dessa visão.

No entanto, enquanto se espalhava o conceito de que as distribuições de probabilidade são o que de fato a ciência investiga, filósofos e matemáticos descobriram sérios problemas fundamentais. Abordei superficialmente alguns deles nos capítulos precedentes. O próximo capítulo é a eles dedicado.

29. O ídolo com pés de barro

Em 1962, Thomas Kuhn, da Universidade de Chicago, publicou *The Structure of Scientific Revolutions*. O livro teve profunda influência na forma como a ciência é vista tanto por filósofos como pelos cientistas. Kuhn observou que a realidade é complicada demais e nunca pode ser completamente descrita por um modelo científico organizado. Sugeriu que a ciência tende a produzir um modelo da realidade que parece ajustar-se aos dados disponíveis e é útil para prever os resultados de novos experimentos. Já que nenhum modelo pode ser completamente verdadeiro, a acumulação de dados começa a demandar modificações do modelo, corrigindo-o para novas descobertas. O modelo torna-se cada vez mais complexo, com exceções especiais e extensões intuitivamente implausíveis. Por vezes, o modelo deixa de servir a um propósito útil. Nesse ponto, pensadores originais aparecerão com um modelo inteiramente diferente, criando uma revolução na ciência.

A revolução estatística foi um exemplo dessa troca de modelos. Na visão determinista da ciência do século XIX, a física newtoniana efetivamente descrevera o movimento de planetas, luas, asteroides e cometas – tudo com base em poucas leis bem definidas de movimento e gravidade. Algum sucesso foi obtido quando se criaram as leis da química, e a lei da seleção natural de Darwin apareceu para fornecer um começo útil no entendimento da evolução. Tentativas foram feitas até para estender a busca de leis científicas nos domínios da sociologia, ciência política e psicologia. Acreditava-se naquela época que o principal problema para encontrar essas leis estava na imprecisão das medições.

Matemáticos como Pierre Simon Laplace, no começo do século XIX, desenvolveram a ideia de que as medições astronômicas envolviam leves erros, possivelmente atribuíveis às condições atmosféricas ou à falibilidade humana dos observadores. Ele abriu a porta para a revolução estatística, ao propor que esses erros teriam uma distribuição de probabilidade. Para usar a visão de Thomas Kuhn, essa era uma modificação do universo mecânico que se tornara necessária pelos novos dados. O sábio belga do século XIX Lambert Adolphe Jacques Quételet antecipou a revolução estatística ao propor que as leis do comportamento humano eram probabilísticas em sua natureza. Ele não tinha o enfoque de múltiplos parâmetros de Karl Pearson e não conhecia a necessidade de métodos ótimos de estimação, e seus modelos eram excessivamente ingênuos.

Finalmente, o enfoque determinista sobre a ciência entrou em colapso porque as diferenças entre o que os modelos previam e o que era realmente observado aumentaram com as medições mais precisas. Em vez de eliminar os erros que Laplace julgava interferir na capacidade de observar o movimento real dos planetas, a precisão nas medições mostrou novas variações. Nesse ponto, a ciência estava pronta para Karl Pearson e suas distribuições com parâmetros.

Os capítulos precedentes deste livro mostraram como a revolução estatística de Pearson chegou para dominar toda a ciência moderna. Apesar do aparente determinismo da biologia molecular, em que se descobrem genes que fazem as células gerarem proteínas específicas, os dados reais dessa ciência estão cheios de aleatoriedade, e os genes são de fato parâmetros da distribuição desses resultados. Os efeitos das drogas modernas nas funções corporais – em que doses de 1mg ou 2mg causam mudanças profundas na pressão sanguínea ou nas neuroses psíquicas – parecem ser exatos. Mas os estudos farmacológicos que provam esses efeitos são planejados e analisados em termos de distribuições de probabilidade, e os efeitos são parâmetros dessas distribuições.

De modo similar, os métodos estatísticos da econometria são usados para modelar a atividade econômica de uma nação ou uma empresa. As partículas subatômicas que entendemos como elétrons e prótons são descritas na mecânica quântica como distribuições de probabilidade. Os sociólogos derivam somas ponderadas de médias tiradas de populações para descrever as interações entre os indivíduos – mas só em termos de distribuições de probabilidade. Em muitas dessas ciências, o uso de modelos estatísticos é parte tão importante de sua metodologia, que os parâmetros das distribuições são referidos como se fossem coisas reais, mensuráveis. A conglomeração incerta de medições que mudam e trocam de lugar, que são o ponto de partida dessas ciências, está submersa nos cálculos, e as conclusões são expressas em termos de parâmetros que nunca podem ser diretamente observados.

Os estatísticos perdem o controle

A revolução estatística está tão cristalizada na ciência moderna, que os estatísticos perderam o controle do processo. Os cálculos probabilísticos dos geneticistas modernos foram desenvolvidos independentemente da literatura na área da estatística matemática. A nova disciplina da ciência da informação surgiu da capacidade que o computador tem de acumular grandes quantidades de dados e da necessidade de encontrar algum sentido nas enormes bibliotecas de informação. Artigos nas novas revistas de ciência da informação raramente se referem ao trabalho de estatísticos matemáticos, e muitas das técnicas de análise examinadas anos atrás em *Biometrika* ou *Annals of Mathematical Statistics* estão sendo redescobertas. As aplicações dos modelos estatísticos a questões de política pública geraram uma nova disciplina denominada "análise de risco", e as novas revistas dessa área também tendem a ignorar os trabalhos dos estatísticos matemáticos.

As revistas científicas de quase todas as disciplinas agora exigem que as tabelas de resultados contenham alguma medida de incerteza estatística associada com as conclusões, e ensinam-se métodos padronizados de análise estatística nas universidades como parte dos cursos de graduação dessas ciências, habitualmente sem envolver os departamentos de estatística que possam existir nessas universidades.

Nos mais de 100 anos que se passaram desde a descoberta das distribuições assimétricas por Karl Pearson, a revolução estatística não só se estendeu a quase todas as ciências, como muitas de suas ideias se espalharam pela cultura em geral. Quando o âncora do telejornal anuncia que um estudo médico mostrou que o fumante passivo "tem o dobro do risco de morte" que os não fumantes, quase todo mundo pensa que sabe o que isso significa. Quando uma pesquisa de opinião pública é usada para declarar que 65% do público pensa que o presidente está fazendo um bom trabalho, mais ou menos 3%, a maioria de nós pensa que entende tanto os 65% como os 3%. Quando o homem do tempo prevê uma chance de 95% de chuva para amanhã, a maioria de nós sairá de casa com guarda-chuva.

A revolução estatística teve influência ainda sutil no pensamento e na cultura popular, mais do que apenas a forma como usamos probabilidades e proporções como se soubéssemos o que elas significam. Aceitamos as conclusões das investigações científicas com base em estimativas de parâmetros, mesmo que nenhuma das medições reais concorde exatamente com essas conclusões. Desejamos fazer políticas públicas e organizar nossos projetos pessoais usando médias de massas de dados. Supomos que reunir dados sobre mortes e nascimentos não é apenas um procedimento adequado, mas também necessário, e não temos receio de irritar os deuses contando as pessoas. No plano da linguagem, usamos as palavras *correlação* e *correlatas* como se significassem algo, como se soubéssemos seu significado.

Este livro foi uma tentativa de explicar para os não matemáticos um pouco dessa revolução. Tentei descrever as ideias essenciais sob a revolução, como chegaram a ser adotadas em diferentes áreas da ciência, e como finalmente dominaram quase toda a ciência. Tentei interpretar alguns dos modelos matemáticos com palavras e exemplos que podem ser entendidos sem ter de subir às alturas do simbolismo matemático abstrato.

A revolução estatística termina seu trajeto?

O mundo "lá fora" é uma massa excessivamente complexa de sensações, eventos e agitação. Como Thomas Kuhn, não acredito que a mente humana seja capaz de organizar uma estrutura de ideias que chegue perto de descrever como é realmente lá fora. Qualquer tentativa de fazer isso contém erros fundamentais. Afinal, esses erros se tornarão tão óbvios que o modelo científico deve ser continuamente modificado e por fim descartado em favor de um modelo mais sutil. Podemos esperar que a revolução estatística finalmente percorra seu trajeto e seja substituída por outra coisa.

É justo que eu termine este livro com alguma discussão sobre os problemas filosóficos que surgiram quando os métodos estatísticos foram estendidos a novas áreas da atividade humana. O que vem a seguir será uma aventura filosófica. O leitor pode questionar o que a filosofia tem a ver com a ciência e a vida real. Minha resposta é que a filosofia não é um obscuro exercício acadêmico feito por pessoas estranhas chamadas de filósofos. A filosofia examina as suposições subjacentes a nossas atividades e ideias culturais do dia a dia. Nossa visão de mundo, que aprendemos de nossa cultura, é governada por suposições sutis. Poucos de nós nos damos conta delas. O estudo da filosofia nos permite descobrir essas suposições e examinar sua validade.

Uma vez dei um curso no Departamento de Matemática do Connecticut College. O curso tinha um título formal, mas os membros do departamento se referiam a ele como "matemática para poetas". Estava planejado como curso de um semestre para apresentar as ideias essenciais da matemática a figuras importantes das artes liberais. No começo do semestre, apresentei aos estudantes

Ars Magna, de Girolamo Cardano, matemático italiano do século XVI. *Ars Magna* contém a primeira descrição publicada dos então emergentes métodos da álgebra. Ecoando seu volume, Cardano informa na introdução que essa álgebra não é nova. Ele não é um tonto ignorante, afirma, e está consciente de que, desde a queda do homem, o conhecimento vem decrescendo, e que Aristóteles sabia muito mais do que qualquer pessoa que vivesse na época de Cardano. Está consciente de que não pode haver conhecimento novo. Em sua ignorância, no entanto, foi incapaz de encontrar referência a uma ideia particular em Aristóteles, e assim apresenta a seus leitores essa ideia que parece nova. Ele está certo de que algum leitor com mais conhecimento localizará onde, entre os escritos dos antigos, essa ideia que parece nova pode na verdade ser encontrada.

Os alunos de meu curso – criados em um meio cultural que não só acredita que novas coisas podem ser encontradas, mas que, na realidade, encoraja a inovação – estavam estarrecidos. Que coisa estúpida para se escrever! Eu observei que no século XVI a visão de mundo dos europeus estava limitada por suposições filosóficas fundamentais. Uma parte importante da visão de mundo deles era a ideia da queda do homem e a subsequente deterioração contínua do mundo – na moral, no conhecimento, na indústria, em todas as coisas. Isso era dado por verdadeiro, tão verdadeiro que raramente chegava a ser enunciado.

Perguntei aos alunos que suposições subjacentes da visão de mundo deles poderiam parecer ridículas para os estudantes de 500 anos adiante. Eles não puderam pensar em nada.

Já que as ideias superficiais da revolução estatística se espalharam pela cultura moderna, visto que cada vez mais pessoas acreditam nas suas verdades sem pensar sobre suas suposições subjacentes, consideremos três problemas filosóficos da visão estatística do Universo:

1. Os modelos estatísticos podem ser usados para tomar decisões?
2. Qual o significado de probabilidade quando aplicada à vida real?
3. As pessoas realmente entendem a probabilidade?

Os modelos estatísticos podem ser usados para tomar decisões?

L. Jonathan Cohen, da Universidade Oxford, tem sido crítico incisivo do que chama de visão "pascaliana", pela qual designava o uso de distribuições estatísticas para descrever a realidade. Em seu livro de 1989, *An Introduction to the Philosophy of*

Induction and Probability, ele propõe o paradoxo da loteria, que atribui a Seymour Kyberg, da Universidade Wesleyana, em Middletown, Connecticut.

Suponhamos que aceitemos as ideias de testes de hipótese ou de significância. Concordamos que podemos decidir rejeitar uma hipótese sobre a realidade se a probabilidade associada a essa hipótese for muito pequena. Para sermos específicos, estabeleçamos 0,0001 como probabilidade muito pequena. Organizemos agora uma rifa com 10 mil bilhetes numerados. Consideremos a hipótese de que o bilhete número 1 ganhará a loteria. A probabilidade disso é 0,0001. Rejeitamos essa hipótese. Consideremos que o bilhete número 2 ganhará a loteria. Também podemos rejeitar essa hipótese. Podemos rejeitar hipóteses similares para qualquer bilhete numerado específico. Pelas leis da lógica, se *A* não é verdadeiro, e *B* não é verdadeiro, e *C* não é verdadeiro, então (*A* ou *B* ou *C*) não é verdadeiro. Isto é, pelas leis da lógica, se cada bilhete específico não deverá ganhar a loteria, então nenhum bilhete o fará.

Em livro anterior, *The Probable and the Provable*, L.J. Cohen propôs uma variante desse paradoxo embasada na prática legal comum. Na lei comum, um queixoso de um caso civil ganha se sua reclamação parecer verdadeira sobre a base da "preponderância" da evidência. Para os tribunais, isso significa que a probabilidade de a reclamação do queixoso ser verdadeira é superior a 50%. Cohen propõe o paradoxo dos penetras. Suponhamos que exista um concerto de rock em um teatro com mil assentos. O promotor vende entradas para 499 assentos, mas, quando o concerto começa, todos os mil assentos estão ocupados. Pela lei inglesa, o promotor do espetáculo tem direito de cobrar de cada uma das mil pessoas no concerto, já que a probabilidade de que qualquer um deles seja um penetra é de 50,1%. Assim, o promotor cobrará 1.499 entradas para uma sala que só tem capacidade para mil.

O que os dois paradoxos mostram é que as decisões baseadas em argumentos probabilísticos não são decisões lógicas. A lógica e os argumentos probabilísticos são incompatíveis. Fisher justificou o raciocínio indutivo na ciência apelando para testes de significância baseados em experimentos bem projetados. Os paradoxos de Cohen sugerem que tal raciocínio indutivo é ilógico. Jerry Cornfield justifica a descoberta de que o hábito de fumar causa câncer de pulmão apelando para um acúmulo de provas, em que estudos e mais estudos mostram resultados altamente improváveis, a não ser que assumamos que fumar é causa de câncer. É ilógico acreditar que fumar causa câncer?

Essa falta de ajuste entre a lógica e as decisões baseadas na estatística não é algo que possa ser responsabilizado pela descoberta de uma suposição falsa nos paradoxos de Cohen – ele propõe que os modelos probabilísticos sejam substituídos por uma versão sofisticada de lógica matemática conhecida como "lógica modal", mas penso que essa solução traz mais problemas do que soluções. Na lógica, existe clara diferença entre uma proposição verdadeira e uma falsa. A probabilidade, porém, apresenta a ideia de que algumas proposições são provavelmente verdadeiras ou quase. Essa pequena porção de incerteza resultante bloqueia nossa capacidade de aplicar a fria exatidão da implicação material ao lidar com causa e efeito. Uma das soluções propostas para esse problema na pesquisa médica é examinar cada estudo clínico como se fornecesse alguma informação sobre o efeito de um tratamento dado. O valor dessa informação pode ser determinado por uma análise estatística do estudo, mas também por sua qualidade. Essa medida extra, a qualidade do estudo, é usada para determinar quais estudos predominarão nas conclusões. O conceito de qualidade de um estudo é vago e não facilmente calculado. O paradoxo permanece ferindo a essência dos métodos estatísticos. Essa espiral de inconsistência exigirá uma nova revolução no século XXI?

Qual o significado de probabilidade quando aplicada à vida real?

Andrei Kolmogorov estabeleceu o significado matemático de probabilidade: é a medição de conjuntos em um espaço abstrato de eventos. Todas as propriedades matemáticas da probabilidade podem ser derivadas dessa definição. Quando queremos aplicar a probabilidade à vida real, precisamos identificar o espaço abstrato de eventos para o problema particular que temos em mãos. Quando a previsão do tempo informa que a probabilidade de chuva no dia seguinte é de 95%, que conjunto de eventos abstratos está sendo medido? É o conjunto de todas as pessoas que irão sair no dia seguinte, 95% das quais ficarão molhadas? É o conjunto de todos os possíveis momentos no tempo, em 95% dos quais me encontrarei molhado? É o conjunto de todos os pedaços de terra de $2,5\text{cm}^2$ de uma dada região, 95% dos quais ficarão molhados? Claro que não é nenhum desses. O que é, então?

Karl Pearson, antes de Kolmogorov, acreditava que as distribuições de probabilidade só eram observáveis ao se coletarem muitos dados. Já vimos os problemas relativos a esse enfoque.

William S. Gosset tentou descrever o espaço de eventos para um experimento projetado e afirmou que se tratava do conjunto de todos os possíveis resultados daquele experimento. Isso pode ser intelectualmente satisfatório, mas é inútil. É necessário descrever a distribuição de probabilidade dos resultados do experimento com suficiente exatidão para que possamos calcular as probabilidades necessárias à análise estatística. Como derivamos uma distribuição de probabilidade particular de uma vaga ideia do conjunto de todos os possíveis resultados?

Fisher primeiro concordou com Gosset, mas depois desenvolveu definição muito melhor. Em seus desenhos experimentais, os tratamentos são indicados a unidades de experimentação aleatoriamente. Se desejarmos comparar dois tratamentos para endurecer as artérias de ratos obesos, aleatoriamente indicamos o tratamento *A* para alguns ratos e o tratamento *B* para os outros. O estudo é feito e observamos os resultados. Suponhamos que ambos os tratamentos tenham igual efeito subjacente. Como os animais foram indicados para o tratamento aleatoriamente, qualquer outra indicação teria produzido resultado similar. As etiquetas de tratamento aleatórias são irrelevantes, podem ser trocadas entre os animais – desde que os tratamentos tenham igual efeito. Assim, para Fisher, o espaço de eventos é o conjunto de todas as possíveis indicações aleatórias que possam ter sido feitas. Esse é um conjunto finito de eventos, todos eles igualmente prováveis. É possível computar a distribuição probabilística do resultado sob a hipótese nula de que os tratamentos têm o mesmo efeito. Isso é chamado de "teste de permutação". Quando Fisher o propôs, a contagem de todas as indicações aleatórias possíveis era impraticável. Ele provou que suas fórmulas para a análise da variância forneciam boas aproximações para o correto teste de permutação.

Isso foi antes do computador de alta velocidade. Agora é possível fazer testes de permutação (o computador é incansável quando se trata de fazer simples aritmética), e as fórmulas de Fisher para análise de variância já não são necessárias. Nem o são muitos dos inteligentes teoremas da estatística matemática que foram provados ao longo dos anos. Todos os testes de significância podem ser rodados com testes de permutação no computador, desde que os dados resultem de um experimento controlado aleatório.

Quando um teste de significância é aplicado a dados observacionais, isso não é possível. Essa é a principal razão pela qual Fisher foi contrário aos estudos da relação entre cigarro e saúde. Os autores usavam testes estatísticos de significância para provar seu caso. Para Fisher, os testes de significância estatísticos são inapropriados, a não ser que sejam rodados em conjunção com experimentos randômicos. Casos de discriminação em tribunais norte-americanos são decididos rotineiramente sobre a base de testes estatísticos de significância. A Suprema Corte dos Estados Unidos decidiu que essa é uma forma aceitável de determinar se houve impacto disparatado atribuível à discriminação sexual ou racial. Fisher se teria oposto. Na última parte dos anos 1980, a Academia Nacional de Ciências dos Estados Unidos patrocinou um estudo sobre o uso de métodos estatísticos como evidência nos tribunais. Presidido por Stephen Fienberg, da Universidade Carnegie Mellon, e por Samuel Krislov, da Universidade de Minnesota, o comitê divulgou seu relatório em 1988. Muitos dos artigos incluídos naquele relatório criticavam o uso de testes de hipótese em casos de discriminação, com argumentos similares aos usados por Fisher quando se opôs à prova de que o fumo causava câncer. Se a Suprema Corte quer aprovar testes de significância em litígios, ela deveria identificar o espaço de eventos que gera as probabilidades.

Uma segunda solução para o problema de encontrar o espaço de eventos de Kolmogorov ocorre na teoria dos exames de amostragem. Quando queremos tomar uma amostra aleatória de uma população para determinar algo a seu respeito, identificamos exatamente a população de pessoas a ser examinada, estabelecemos um método de seleção e colhemos amostras aleatórias de acordo com esse método. Existe incerteza nas conclusões, e podemos aplicar métodos estatísticos para quantificar essa incerteza, que se deve ao fato de estarmos lidando com uma amostra da população. Os valores verdadeiros do universo examinado, tal como a verdadeira percentagem de norte-americanos votantes que aprovam as políticas presidenciais, são fixos. Eles apenas não são conhecidos. O espaço de eventos que nos permite usar métodos estatísticos é o conjunto de todas as possíveis amostras aleatórias que poderiam ter sido escolhidas. Outra vez, esse é um conjunto finito, e sua distribuição de probabilidade pode ser calculada. O significado da probabilidade na vida real está bem estabelecido para os exames de amostragem.

Ele não está bem estabelecido quando os métodos estatísticos são usados para estudos observacionais em astronomia, sociologia, epidemiologia, lei ou previsão do tempo. As disputas que surgem nessas áreas frequentemente se baseiam no fato de que diferentes modelos matemáticos darão origem a diferentes conclusões. Se não podemos identificar o espaço de eventos que gera as probabilidades calculadas, então um modelo não será mais válido que outro. Como foi demonstrado em muitos casos nos tribunais, dois especialistas estatísticos trabalhando com os mesmos dados podem produzir análises discordantes. Como os modelos estatísticos são usados cada vez mais nos estudos observacionais para ajudar nas decisões de caráter social, por parte do governo e por grupos de advogados, esse fracasso fundamental em derivar probabilidades sem ambiguidade lançará dúvida sobre a utilidade desses métodos.

As pessoas realmente entendem a probabilidade?

Uma solução para a questão do significado da probabilidade na vida real tem sido o conceito de "probabilidade pessoal". L.J. ("Jimmie") Savage, dos Estados Unidos, e Bruno de Finetti, da Itália, foram os primeiros a propor essa visão. A posição foi mais bem apresentada no livro de Savage, de 1954, *The Foundations of Statistics*. Nessa perspectiva, a probabilidade é conceito amplamente válido. As pessoas naturalmente governam suas vidas usando a probabilidade. Antes de assumir um risco, elas decidem intuitivamente sobre a probabilidade de possíveis resultados. Se a probabilidade de perigo, por exemplo, for muito grande, elas evitarão o risco. Para Savage e De Finetti, a probabilidade é conceito comum. Não precisa estar conectado com a probabilidade matemática de Kolmogorov. Tudo que precisamos é estabelecer regras gerais para tornar a probabilidade pessoal coerente. Para isso, basta-nos admitir que as pessoas não serão inconsistentes ao julgar a probabilidade de eventos. Savage derivou regras para a coerência interna, baseadas nessa suposição.

Sob o enfoque de Savage-De Finetti, a probabilidade pessoal é única de cada pessoa. É perfeitamente possível que uma pessoa decida que a probabilidade de chuva é de 95% e que outra decida que é de 72% – baseadas na observação dos mesmos dados. Usando o teorema de Bayes, Savage e De Finetti foram capazes de mostrar que duas pessoas com probabilidades pessoais coerentes convergirão para a mesma estimativa final da probabilidade se confrontadas com uma sequência igual de dados. Essa é uma conclusão satisfatória. As pessoas são diferentes, mas razoáveis, é o que parece dizer. Com dados suficientes, essas pessoas razoáveis concordarão no fim, mesmo que no começo tenham discordado.

John Maynard Keynes, em sua tese de doutorado, publicada em 1921, *A Treatise on Probability*, pensou na probabilidade pessoal como algo mais. Para ele, a probabilidade era a medição da incerteza que todas as pessoas com uma dada educação dentro de determinada cultura atribuiriam a uma situação específica. A probabilidade seria o resultado de nossa cultura, e não apenas de um sentimento interno, pessoal. Esse enfoque é difícil de sustentar se estamos tentando decidir entre uma probabilidade de 72% e uma de 68%. Um consenso cultural geral jamais alcançaria esse grau de precisão. Keynes mostrou que, para tomar decisões, raramente precisamos saber, se é que precisamos, a probabilidade numérica exata de algum evento. De hábito, é suficiente ser capaz de ordenar os eventos. De acordo com Keynes, as decisões podem ser tomadas sabendo-se que é mais provável que chova amanhã do que caia granizo, ou que é duas vezes mais provável que chova do que caia granizo. Ele mostra que aquela probabilidade pode ser uma ordenação parcial. Não é preciso comparar tudo com o restante. Podemos ignorar as relações de probabilidade entre eventos tais como: se os Yankees vão ganhar o campeonato e se vai chover amanhã.

Dessa forma, duas das soluções para o problema do significado da probabilidade repousam no desejo humano geral de quantificar a incerteza, ou pelo menos fazê-lo de maneira rudimentar. Em seu livro, Keynes elabora uma estrutura matemática formal para a ordenação parcial da probabilidade pessoal. Ele fez esse trabalho antes que Kolmogorov lançasse os fundamentos da probabilidade matemática, e não existe uma tentativa de unir suas fórmulas ao trabalho de Kolmogorov. Keynes dizia que sua definição de probabilidade era diferente do conjunto de fórmulas de contagem matemática que representavam a matemática da probabilidade em 1921. Para que as probabilidades de Keynes fossem utilizáveis, a pessoa que as evocasse ainda teria de cumprir os critérios de coerência de Savage.

Com isso, temos uma visão da probabilidade que poderia fornecer os fundamentos para a tomada de decisões com modelos estatísticos. Essa é a visão de que a probabilidade não está baseada em um espaço de eventos, mas que probabilidades, como números, são geradas com base nos sentimentos pessoais dos agentes envolvidos. Então, os psicólogos Daniel Kahneman e Amos Tversky, da Universidade Hebreia de Jerusalém, começaram suas investigações sobre a psicologia da probabilidade pessoal.

Durante os anos 1970 e 1980, Kahneman e Tversky investigaram a forma pela qual os indivíduos interpretam a probabilidade. Seu trabalho foi resumido no livro (coeditado por P. Slovic) *Judgement Under Uncertainty: Heuristics and Biases*. Eles apresentaram uma série de cenários probabilísticos a estudantes da faculdade, professores e cidadãos comuns. Não encontraram ninguém que preenchesse os critérios de coerência de Savage. Em lugar disso, descobriram que a maioria das pessoas não tinha a capacidade de manter nem uma visão consistente do que significavam diferentes probabilidades numéricas. O melhor que puderam observar foi que as pessoas tinham uma compreensão consistente do significado de 50:50 e de "quase certo". Pelo trabalho de Kahneman e Tversky, tivemos de concluir que o meteorologista que tenta distinguir entre 90% e 75% de probabilidade de chuva realmente não pode dizer a diferença. E nenhum dos ouvintes dessa previsão tem visão consistente do que essa diferença significa.

Em 1974, Tversky apresentou esses resultados em uma reunião da Royal Statistical Society. Na discussão que se seguiu, Patrick Suppes, da Universidade Stanford, propôs um simples modelo probabilístico que satisfazia os axiomas de Kolmogorov e também imitava o que Kahneman e Tversky tinham encontrado. Isso significa que as pessoas que usam esse modelo seriam coerentes em suas probabilidades pessoais. No modelo de Suppes, existem apenas cinco probabilidades:

Certamente verdadeiro
Mais provável que não
Tão provável quanto não
Menos provável que não
Certamente falso

Isso leva a uma teoria matemática pouco interessante. Apenas meia dúzia de teoremas podem ser derivados desse modelo, e suas provas são quase auto-evidentes. Se Kahneman e Tversky estão certos, a única versão útil da probabilidade pessoal não fornece nenhum proveito para as maravilhosas abstrações da matemática, e gera as versões mais limitadas de modelos estatísticos. Se o modelo de Suppes é, de fato, o único que se ajusta à probabilidade pessoal, muitas das técnicas de análise estatística, que são prática-padrão, são inúteis, já que só servem para produzir distinções abaixo do nível da percepção humana.

A probabilidade é realmente necessária?

A ideia básica por trás da revolução estatística é que as coisas reais da ciência são distribuições de números que podem ser descritas por parâmetros. É matematicamente conveniente introduzir esse conceito na teoria probabilística e lidar com distribuições de probabilidade. Ao considerar as distribuições de números como elementos da teoria matemática da probabilidade, é possível estabelecer critérios ótimos para estimar esses parâmetros e para lidar com os problemas matemáticos que surgem quando os dados são usados para descrever as distribuições. Como a probabilidade parece inerente ao conceito de distribuição, muito esforço tem sido despendido para fazer com que as pessoas entendam a probabilidade, tentando vincular a ideia matemática de probabilidade à vida real e usando as ferramentas da probabilidade condicional para interpretar os resultados de experimentos científicos e observações.

A ideia de distribuição pode existir fora da teoria da probabilidade. De fato, distribuições impróprias (que são impróprias porque não preenchem os requisitos de uma distribuição de probabilidade) já estão sendo usadas em mecânica quântica e em algumas técnicas bayesianas. O desenvolvimento da teoria das filas – situação em que o tempo médio entre novas chegadas à fila é igual ao tempo médio na fila para o serviço – leva a uma distribuição imprópria para a quantidade de tempo que alguém que entra na fila terá de esperar. Aqui está um caso no qual a aplicação da matemática da teoria da probabilidade a uma situação da vida real nos leva para fora do conjunto de distribuições probabilísticas.

O que acontecerá no século XXI?

O *insight* final de Kolmogorov foi descrever a probabilidade em termos das propriedades de sequências finitas de símbolos, em que a teoria da informação não é o resultado dos cálculos probabilísticos, mas a progenitora da própria probabilidade. Talvez alguém pegue a tocha onde ele a deixou e desenvolva uma nova teoria de distribuições na qual a própria natureza do computador digital será trazida para os fundamentos filosóficos.

Quem sabe onde haverá um outro R.A. Fisher trabalhando nos limites da ciência estabelecida, que logo irromperá em cena com *insights* e ideias nunca antes pensados? Talvez, em algum lugar no centro da China, outro Lucien Le Camp tenha nascido em uma família camponesa analfabeta; ou na África do Norte, outro George Box, que interrompeu sua educação formal no ensino médio, possa agora estar trabalhando como mecânico, explorando e aprendendo sozinho. Talvez outra Gertrude Cox logo abandone suas esperanças de ser missionária e fique intrigada com os desafios da ciência e da matemática; ou outro William S. Gosset esteja tentando achar um caminho para resolver o problema na fermentação da cerveja; ou outro Neyman ou Pitman esteja ensinando em algum obscuro colégio provincial da Índia e pensando coisas profundas. Quem sabe de onde virá a próxima grande descoberta?

Enquanto entramos no século XXI, a revolução estatística na ciência está de pé, triunfante. Ela venceu o determinismo em quase toda a ciência, salvo em alguns poucos cantos obscuros. Tornou-se tão amplamente empregada, que suas suposições subjacentes tornaram-se parte da cultura popular no mundo ocidental. Ela está de pé, triunfante, sobre pés de barro. Em algum lugar, nos cantos escondidos do futuro, outra revolução científica está à espera para destroná-la, e os homens e as mulheres que irão criar essa revolução já podem estar vivendo entre nós.

Epílogo

Ao escrever este livro, dividi os homens e mulheres que contribuíram para o desenvolvimento do campo da estatística em dois grupos: os que mencionei e os que não mencionei. O primeiro grupo pode objetar que descrevi apenas uma pequena parte de seu trabalho. O segundo pode alegar que nada mencionei sobre o deles. O respeito pelos sentimentos de ambos os grupos pede que eu explique meus métodos de escolha sobre o que mencionar e o que excluir.

O primeiro grupo de omissões se deve ao fato de que a ciência moderna tornou-se extensa demais para que qualquer pessoa conheça todas as suas ramificações. Por conseguinte, existem áreas de pesquisa nas quais os métodos estatísticos vêm sendo usados, mas das quais eu tenho, na melhor das hipóteses, poucas notícias. No começo dos anos 1970, fiz uma pesquisa na bibliografia da disciplina sobre o uso de computadores em diagnósticos médicos. Encontrei três tradições independentes. No interior de cada uma delas, todos os pesquisadores faziam referências cruzadas e publicavam nas mesmas revistas. Não havia indicação alguma de que qualquer desses cientistas, em cada um desses grupos, tivesse o mais leve conhecimento do trabalho realizado pelos outros. Isso ocorria no universo relativamente pequeno da medicina. No raio de ação maior da ciência em geral, existem provavelmente grupos usando métodos estatísticos e publicando em revistas de que jamais ouvi falar. Meu conhecimento da revolução estatística resulta de minha leitura sobre a corrente principal da estatística matemática. Cientistas que não leem nem contribuem para as revistas que eu leio – como os engenheiros que desenvolvem a teoria dos conjuntos difusos – podem estar fazendo um trabalho notável, mas, se não publicam na tradição científico-matemática de que tenho conhecimento, não os posso incluir.

Existem omissões até de materiais que conheço. Não me propus a escrever uma história abrangente do desenvolvimento da metodologia estatística. Como este livro é dirigido a leitores com pouco ou nenhum treino matemático, tive de escolher exemplos que pudesse explicar com palavras, sem uso de símbolos matemáticos. Isso limitou ainda mais a escolha de indivíduos cujo trabalho eu pudesse descrever. Também quis manter um sentido de conexão ao longo do livro. Se tivesse podido utilizar a notação matemática, teria mostrado as relações entre uma grande coleção de temas. Mas, sem essa notação, o texto teria facilmente degenerado em uma coleção de ideias que não parecem ter conexão. Era preciso um caminho por temas organizados de alguma forma, e o que escolhi, ao longo das imensas complicações da estatística do século XX, pode não ser o que outros escolheriam. Uma vez eleito, ele me forçou a ignorar muitos aspectos da estatística de muito interesse para mim.

O fato de ter excluído alguém não significa que o trabalho dessa pessoa não seja importante, ou que assim eu o considere. Significa apenas que não pude achar um modo de incluir o trabalho neste livro, à proporção que sua estrutura se desenvolvia.

Espero que alguns leitores aqui se inspirem para examinar mais seriamente a revolução estatística. Tenho expectativas de que algum leitor possa se interessar em estudar o assunto e integrar-se ao universo da pesquisa estatística. Na bibliografia, destaquei um pequeno número de livros e artigos que me parecem acessíveis para os não matemáticos. Nesses trabalhos, outros estatísticos tentaram explicar o que os atrai na matéria. Os leitores que queiram examinar a revolução estatística mais amplamente vão querer ler alguns deles.

Reconheço os esforços do pessoal da W.H. Freeman, relevantes para eu produzir a versão final revista do livro. Agradeço a Don Gecewicz o minucioso trabalho de verificação de fatos e edição; a Eleanor Wedge e Vivien Weiss o copidesque final (e mais verificações de fatos); a Patrick Farace, que viu o valor potencial do livro; e a Victoria Tomaselli, Bill Page, Karen Barr, Meg Kutha e Julia DeRosa pelos componentes artísticos e de produção desse esforço.

Linha do tempo

ano	evento	pessoa
1857	Nascimento de Karl Pearson	K. Pearson
1865	Nascimento de Guido Castelnuovo	G. Castelnuovo
1866	Trabalho de Gregor Mendel sobre endogamia das plantas	G. Mendel
1875	Nascimento de Francesco Paolo Cantelli	F.P. Cantelli
1876	Nascimento de William Sealy Gosset	W.S.Gosset ("Student")
1886	Nascimento de Paul Lévy	P. Lévy
1890	Nascimento de Ronald Aylmer Fisher	R.A. Fisher
1893	Nascimento de Chandra Mahalanobis	P.C. Malahanobis
1893	Nascimento de Harald Cramér	H. Cramér
1894	Nascimento de Jerzy Neyman	J. Neyman
1895	Descoberta das distribuições assimétricas	K. Pearson
1895	Nascimento de Egon S. Pearson	E.S. Pearson
1899	Nascimento de Chester Bliss	C. Bliss
1900	Nascimento de Gertrude M. Cox	G.M. Cox
1900	Redescoberta do trabalho de Gregor Mendel	W. Bateson
1902	Primeira edição de *Biometrika*	F. Galton, K. Pearson, R. Weldon
1903	Nascimento de Andrei Nikolaevich Kolmogorov	A.N. Kolmogorov
1906	Nascimento de Samuel S. Wilks	S.S. Wilks
1908	"The Probable Error of the Mean" (O teste t de Student)	W.S. Gosset
1909	Nascimento de Florence Nightingale David	F.N. David

ano	evento	pessoa
1911	Morte de sir Francis Galton	F. Galton
1911	*The Grammar of Science*	K. Pearson
1912	Nascimento de Jerome Cornfield	J. Cornfield
1912	Primeira publicação de R.A. Fisher	R.A. Fisher
1915	A distribuição do coeficiente de correlação	R.A. Fisher
1915	Nascimento de John Tukey	J. Tukey
1916	O lema de Glivenko-Cantelli aparece pela primeira vez	F.P. Cantelli
1917	Nascimento de L.J. ("Jimmie") Savage	L.J. Savage
1919	Publicação do *Calcolo della probabilità...*	G. Castelnuovo
1919	Fisher na Estação Experimental de Rothamsted	R.A. Fisher
1920	Primeiro dos artigos sobre a integração de Lebesgue	H. Lebesgue
1921	Tratado sobre a probabilidade	J.M. Keynes
1921	"Estudos sobre variação de safras I"	R.A. Fisher
1923	"Estudos sobre variação de safras II"	R.A. Fisher
1924	"Estudos sobre variação de safras III"	R.A. Fisher
1924	"A eliminação do defeito mental", primeiro artigo de Fisher sobre eugenia	R.A. Fisher
1925	Primeira edição do *Statistical Methods for Research Workers*	R.A. Fisher
1925	A Teoria da Estimação Estatística (Estimação M-L)	R.A. Fisher
1926	Primeiro artigo sobre desenho experimental em agricultura	R.A. Fisher
1927	"Estudos sobre variação de safras IV"	R.A. Fisher
1928	Primeiro dos artigos de Neyman-Pearson sobre testes de hipótese	J. Neyman, E.S. Pearson
1928	As três assíntotas do extremo	L.H.C. Tippett, R.A. Fisher
1928	"Estudos sobre variação de safras VI"	R.A. Fisher
1930	Primeira edição dos *Annals of Mathematical Statistics*	H. Carver
1930	*The Genetical Theory of Natural Selection*	R.A. Fisher
1931	Fundação do Instituto Indiano de Estatística	P.C. Mahalanobis
1933	Axiomatização da probabilidade	A.N. Kolmogorov
1933	Primeira edição da *Sankhya*	P.C. Mahalanobis

ano	evento	pessoa
1933	Conclusão do trabalho sobre análise de probit	C. Bliss
1933	Samuel S. Wilks chega a Princeton	S.S. Wilks
1934	Intervalos de confiança de Neyman	J. Neyman
1934	Prova do teorema central do limite	P. Lévy, J. Lindeberg
1934	Chester Bliss no Instituto para Proteção das Plantas de Leningrado	C. Bliss
1935	Primeiro desenvolvimento da teoria da acumulada	P. Lévy
1935	Publicação do *The Design of Experiments*	R.A. Fisher
1936	Morte de Karl Pearson	K. Pearson
1937	Censo de checagem enumerativo para o desemprego nos Estados Unidos usando amostragem aleatória	M. Hansen, F. Stephan
1937	Morte de William Sealy Gosset	W.S. Gosset ("Student")
1938	Statistical Tables for Biological, Agricultural and Medic Research	R.A. Fisher, F. Yates
1940	Livro didático *Statistical Methods*	G.W. Snedecor
1941	Morte de Henri Lebesgue	H. Lebesgue
1945	Redação do trabalho de Fisher em *Mathematical Methods of Statistics*	H. Cramér
1945	Primeira publicação de Wilcoxon sobre testes não paramétricos	F. Wilcoxon
1947	Primeiro surgimento da teoria de estimação sequencial no domínio público	A. Wald
1947	Formulação de Mann-Whitney dos testes não paramétricos	H.G. Mann, D.R. Whitney
1948	Trabalho de Pitman sobre inferência estatística não paramétrica	E.J.G. Pitman
1949	Trabalho de Cochran sobre estudos observacionais	W.G. Cochran
1950	Publicação do livro de Cochran e Cox sobre desenho experimental	W.G. Cochran, G.M. Cox
1952	Morte de Guido Castelnuovo	G. Castelnuovo
1957	Polêmicas de Fisher sobre os supostos perigos de fumar cigarros	R.A. Fisher
1958	Publicação de *Statistics of Extremes*	E.J. Gumbel
1959	Box utiliza a palavra "robustez"	G.E.P. Box
1959	Formulação definitiva dos testes de hipótese	E.L. Lehmann
1960	*Combinatorial Chance*	F.N. David, D.E. Burton
1962	Formulação da teoria da probabilidade pessoal de Savage-De Finetti	L.J. Savage, B. de Finetti
1962	O último artigo de Fisher trata de diferenças de sexo em genética	R.A. Fisher

ano	evento	pessoa
1962	Morte de Ronald Aylmer Fisher	R.A. Fisher
1964	Morte de Samuel S. Wilks	S.S. Wilks
1964	"An analysis of transformations"	G.E.P. Box, D.R. Cox
1966	Morte de Francesco Paolo Cantelli	F.P. Cantelli
1967	Formulação de Hájek dos testes de categoria	J. Hájek
1969	Estudo nacional sobre o halotano (incluindo um trabalho sobre modelos log-lineares)	Y.M.M. Bishop e outros
1970	Primeira publicação de Nancy Mann sobre a teoria da confiabilidade e a distribuição de Weibull	N. Mann
1970	*Games, Gods and Gambling*	F.N. David
1971	Morte de Paul Lévy	P. Lévy
1971	Morte de L.J. ("Jimmie") Savage	L.J. Savage
1972	Estudo da estimação de robustez de Princeton (Estudo da robustez de Princeton)	D.F. Andrews, P.J. Bickel, F.R. Hampel, P.J. Huber, W.H. Rogers, J.W. Tukey
1972	Morte de Prasanta Chandra Mahalanobis	P.C. Mahalanobis
1975	Stella Cunliffe é eleita presidente da Royal Statistical Society	S.V. Cunliffe
1976	"Science and Statistics", uma visão das utilizações dos testes de significância	G.E.P. Box
1977	Formulação de Cox dos testes de significância	D.R. Cox
1977	Publicação do *Exploratory Data Analysis*	J. Tukey
1978	Morte de Gertrude Cox	G.M. Cox
1979	Morte de Chester Bliss	C. Bliss
1979	Morte de Jerome Cornfield	J. Cornfield
1979	Janet Norwood é nomeada comissária do Bureau of Labor Statistics	J. Norwood
1980	Morte de Egon S. Pearson	E.S. Pearson
1981	Morte de Jerzy Neyman	J. Neyman
1982	Formulação moderna da teoria do caos	R. Abraham, C. Shaw
1983	Estudos mostrando a natureza limitada da probabilidade pessoal	A. Tversky, D. Kahneman
1985	Morte de Harald Cramér	H. Cramér
1987	Morte de Andrei Nikolaevich Kolmogorov	A.N. Kolmogorov

ano	evento	pessoa
1987	Aplicação da regressão baseada no *kernel* para o foco das câmeras ("sistemas difusos")	T. Yamakawa
1989	Crítica de L.J. Cohen aos modelos e métodos estatísticos	L.J. Cohen
1990	*Spline Models for Observational Data*	G. Wahba
1992	Desenvolvimento completo do enfoque da acumulada aos estudos médicos	O. Aalen, E. Anderson, R. Gill
1995	Morte de Florence Nightingale David	F.N. David
1997	Extensão dos métodos de Cochran à análise sequencial	C. Jennison, B.W. Turnbull
1999	O algoritmo EM adaptado a um problema envolvendo o modelo de acumulada de Aalen-Anderson-Gill	R.A. Betensky, J.C. Lindsey, L.M. Ryan
2000	Morte de John Tukey	J. Tukey

Notas

2. As distribuições assimétricas, p.24-35

1. Às vezes é chamada de distribuição gaussiana, em homenagem ao homem que se acreditava ter sido o primeiro a formulá-la, Carl Friedrich Gauss; mas foi um matemático anterior a ele, Abraham de Moivre, quem primeiro escreveu a fórmula para a distribuição. Existem boas razões para acreditar que Daniel Bernoulli encontrou a fórmula antes disso. Tudo isso é exemplo do que Stephen Stigler, um historiador contemporâneo da ciência, chama de lei da misonomia: nenhuma coisa em matemática leva o nome da pessoa que a descobriu.

2. Depois da restauração da monarquia, seguindo-se à ditadura de Cromwell, uma trégua entre as duas facções na guerra civil da Inglaterra impedia que os novos governantes perseguissem qualquer descendente vivo de Cromwell. No entanto, a trégua nada dizia a respeito dos mortos. Assim, o corpo de Cromwell e de dois juízes que tinham ordenado a execução de Charles I foram desenterrados e julgados pelo crime de regicídio. Foram condenados, e suas cabeças foram cortadas e colocadas em lanças sobre a Abadia de Westminster. As três cabeças foram deixadas ali por anos, e por fim desapareceram. Uma cabeça, supostamente a de Cromwell, apareceu em um "museu" em Londres. Foi essa cabeça que Pearson examinou. Ele concluiu que era de fato a cabeça de Oliver Cromwell.

3. Querido senhor Gosset, p.36-42

1. Obedecendo à lei da misonomia de Stigler, a distribuição Poisson leva o nome do matemático dos séculos XVIII e XIX Simeón Denis Poisson, mas ela foi descrita antes por um dos Bernoulli.

2. Esse é um exemplo do que pode ser considerado um corolário da lei de misonomia de Stigler. Gosset usou a letra "z" para indicar essa razão. Alguns anos mais tarde, escritores de livros didáticos desenvolveram a tradição de referir-se a variáveis normalmente distribuídas com a letra "z", e começaram a usar a letra "t" para a razão do Student.

3. É prática nas universidades britânicas como Cambridge que cada estudante tenha um membro da faculdade como tutor, que guia o aluno através do apropriado trabalho de curso.

4. Revolver um monte de estrume, p.43-8

1. A misonomia se estende além da matemática. Na Inglaterra, as mais exclusivas escolas secundárias particulares, como Harrow, são chamadas de "escolas públicas".

2. Gregor Mendel foi um monge centro-europeu (cujo primeiro nome real era Johann – mais misonomia) que na década de 1860 publicou uma série de artigos descrevendo experimentos na cultura de ervilhas. Seu trabalho caiu na obscuridade, já que não se adaptava ao padrão geral de texto botânico que se publicava então. Foi redescoberto por um grupo de biólogos na Universidade de Cambridge, sob a liderança de William Bateson, que ali estabeleceu um departamento de genética. Uma das muitas controvérsias que Karl Pearson parecia apreciar consistia em seu desdém pelo trabalho desses geneticistas, que examinavam mudanças discretas e diminutas em organismos vivos, enquanto Pearson estava interessado em grandes e contínuas modificações de parâmetros como a verdadeira natureza da evolução. Um dos primeiros artigos de Fisher mostrava que as fórmulas de Pearson podiam ser derivadas das mudanças discretas e minúsculas de Bateson. Os comentários de Pearson ao ver isso foram de que era óbvio, e que Fisher deveria mandar o artigo para Bateson, a fim de mostrar-lhe a verdade. Os comentários de Bateson foram que Fisher devia mandá-lo a Pearson, para mostrar-lhe a verdade. Finalmente, Fisher sucedeu Bateson como chefe do Departamento de Genética em Cambridge.

6. "O dilúvio de 100 anos", p.58-63

1. Depois de sua morte, em 1966, os artigos de Gumbel foram entregues ao Instituto Leo Baeck de Nova York, que recentemente lançou oito rolos de microfilme a respeito de suas atividades contra os nazistas, organizadas sob o nome de *The Emil J. Gumbel Collection, Political Papers of an Anti-Nazi Scholar in Weimar and Exile* (*Coleção Emil J. Gumbel, Artigos políticos de um acadêmico antinazista em Weimar e no exílio.*) [N.T.]

7. Fischer triunfante, p.64-72

1. Nos anos 1950, C.R. Rao, da Índia, e David Blackwell, que lecionava na Universidade Howard, mostraram que se as condições de regularidade de Fisher não se mantêm, ainda assim é possível construir uma estatística bem eficiente a partir do MLE. Os dois homens, trabalhando independentemente, produziram o mesmo teorema e assim, como exceção à lei da misonomia de Stigler, o teorema de Rao-Blackwell homenageia seus verdadeiros descobridores.

8. A dose letal, p.73-9

1. A lei de misonomia de Stigler tem um papel na análise de probit. Bliss aparentemente foi o primeiro a propor esse método de análise. No entanto, o método requeria um cálculo iterativo de dois estágios e interpolação em uma tabela complicada. Em

1953, Frank Wilcoxon, da American Cyanamid, apresentou uma série de gráficos que capacitava o usuário a computar o probit apenas apoiando uma régua através de um conjunto de linhas marcadas. Isso foi publicado em um artigo de J.T. Litchfield e Wilcoxon. Para provar que essa solução gráfica fornecia a resposta correta, os autores incluíram um apêndice no qual repetiam as fórmulas propostas por Bliss e Fisher. Em algum instante no final dos anos 1960, um farmacologista desconhecido deu aquele artigo para um programador desconhecido, que usou o apêndice para escrever um programa de computação que operava a análise de probit (através da solução iterativa de Bliss). A documentação daquele programa usou o artigo de Litchfield e Wilcoxon como referência. Outros programas de computação de análise de probit logo começaram a aparecer em outras companhias e em departamentos de farmacologia acadêmicos, todos derivados desse programa original e todos usando o artigo de Litchfield e Wilcoxon como referência na documentação. Afinal, a análise de probit operada por esses programas começou a aparecer na literatura farmacológica e toxicológica, e o artigo de Litchfield e Wilcoxon foi usado nas referências como a "fonte" da análise de probit. Assim, no *Science Citation Index*, que tabula todas as referências usadas nos artigos científicos mais publicados, esse artigo de Litchfield e Wilcoxon tornou-se um dos mais frequentemente citados na história – não porque Litchfield e Wilcoxon tivessem feito algo tão grande, mas porque a análise de probit de Bliss provou ser muito útil.

10. Teste da adequação do ajuste, p.89-98

1. As descrições da teoria do caos usadas aqui são tiradas do livro de Brian Davies *Exploring Chaos: Teory and Experiment* (Reading, MA: Perseus Books, 1999).

11. Testes de hipótese, p.99-106

1. Nesse capítulo, eu atribuo as ideias matemáticas essenciais a Neyman. Isso porque ele foi responsável pela formulação final revista e pelo cuidadoso desenvolvimento matemático por trás dela. No entanto, a correspondência entre Egon Pearson e William Sealy Gosset, que começou seis meses antes que Pearson se encontrasse com Neyman, indica que Pearson já pensava sobre hipóteses alternativas e diferentes tipos de erros, e que Gosset pode ter sugerido pela primeira vez a ideia. Apesar do fato de o desenvolvimento inicial ter sido dele, Pearson reconheceu que Neyman forneceu os fundamentos matemáticos para suas próprias "ideias soltas".

2. Existe um tipo de misonomia com relação a Keynes. A maioria das pessoas pensa nele como economista, o fundador da escola keynesiana de economia, lidando com os modos pelos quais a manipulação governamental da política monetária pode influenciar o curso da economia. No entanto, Keynes fez doutorado em filosofia. Sua tese, publicada em 1921 como *A Treatise on Probability*, é um importante marco no desenvolvimento dos fundamentos filosóficos por trás do uso das estatísticas matemáticas. Nos capítulos posteriores teremos ocasião de citar Keynes. Citamos o Keynes probabilista, e não o economista.

12. O golpe da confiança, p.107-12

1. A epidemiologia é campo aliado da estatística no qual modelos estatísticos são usados para examinar padrões de saúde humana. Em sua forma mais simples, a epidemiologia fornece tabulações de estatísticas vitais, com estimativas simples dos parâmetros de suas distribuições. Nas formas mais complicadas, a epidemiologia faz uso de teorias avançadas da estatística para examinar e prever o curso de doenças epidêmicas.

13. A heresia bayesiana, p.113-20

1. A lei da misonomia de Stigler floresce em plenitude com esse nome. Bayes estava longe de ser a primeira pessoa a notar a simetria da probabilidade condicional. Os Bernoulli pareciam estar cientes disso. De Moivre fez referência a ela. No entanto, apenas Bayes leva o crédito (ou, dada a relutância dele em publicar, podemos dizer que Bayes leva a culpa).

2. Na verdade, apenas Madison reclamou a autoria dos artigos e assim o fez em resposta à publicação de uma relação de trabalhos pretensamente escritos por Hamilton e publicados por seus amigos três anos após sua morte.

16. Abolir os parâmetros, p.137-43

1. Lembremos que Student era o pseudônimo de William S. Gosset, que desenvolveu os primeiros testes estatísticos em amostras pequenas.

2. Na verdade, como outra comparação da lei de misonomia de Stigler, Wilcoxon não foi o primeiro a sugerir métodos não paramétricos. Um trabalho de Karl Pearson, de 1914, parece sugerir algumas dessas ideias. No entanto, o enfoque não paramétrico não foi totalmente compreendido como drástica revolução até o trabalho de Wilcoxon na área.

17. Quando a parte é melhor que o todo, p.144-52

1. Nos Estados Unidos, busca-se contar todas as pessoas, em um dia determinado, para o censo decenal. No entanto, investigações do censo de 1970 e daqueles que se seguiram mostraram que uma contagem completa tenderia a deixar de lado muitas pessoas, e a contar outras duas vezes. Além disso, as pessoas não contadas são habitualmente de grupos socioeconômicos específicos; assim, não se pode assumir que sejam "similares" aos cidadãos computados. Também podemos dizer, mesmo nos Estados Unidos, que ninguém nunca saberá exatamente quantas pessoas existem em um dia determinado.

2. No final dos anos 1960, assisti a uma sessão na qual Louis Bean era o orador. Ele descreveu esses primeiros anos, quando ele e Gallup começaram a usar pesquisas para orientar candidatos políticos. Gallup começou a publicar uma coluna em um jornal de circulação nacional, a Gallup Poll (Pesquisa Gallup). Bean continuou a fazer pesquisas particulares, mas avisou a Gallup que poderia assinar sua própria coluna, e que a chamaria de Galloping Bean Poll (Pesquisa do Feijão Galopante).

18. Fumar causa câncer, p.153-63

1. Observem a natureza abstrata disso. "V", é claro, significa "verdadeiro" e "F" significa "falso". Ao usar símbolos aparentemente sem significado, os matemáticos são capazes de pensar em variações sobre as ideias. Suponhamos, por exemplo, que propomos três valores de verdade: "V", "F" e "T" ("talvez"). O que isso significa para a matemática? O uso de símbolos puramente abstratos levou a fascinantes complexidades na lógica simbólica, e o assunto permaneceu área ativa da pesquisa matemática nos últimos 90 anos.

2. No caso de Marder *v*. G.D. Searle, que passou pelos tribunais federais nos anos 1980, a queixosa reclamava que sua doença resultara do uso de DIU. Como prova, a queixosa apresentou evidência epidemiológica mostrando aparente aumento na frequência de inflamação da pélvis entre mulheres que usaram DIU. O acusado apresentou uma análise estatística que computou 95% de limites de confiança sobre o risco relativo (a probabilidade de contrair a doença com o DIU dividida pela probabilidade de contrair a doença sem ele). Os limites de confiança variavam de 0,6 até 3. O júri chegou a um impasse. O juiz decidiu em favor do acusado, declarando: "É particularmente importante assegurar que uma inferência de causa esteja baseada sobre uma probabilidade de causa pelo menos razoável." Existe aqui uma suposição não declarada de que a probabilidade pode ser definida como probabilidade pessoal. Ainda que a opinião tente distinguir entre "causa" e "correlação estatística", a confusão que isso implica, e que também ocorre nas decisões dos tribunais superiores, aponta para a inconsistência básica envolvida no conceito de causa e efeito que Russell discutiu 50 anos antes.

3. Os coautores foram: William Haenszel, do National Cancer Institute (NCI); E. Cutler Hammond, da American Cancer Society; Abraham Lilienfeld, da School of Hygiene and Public Health, Universidade Johns Hopkins; Michael Shimkin, do NCI; e Ernst Wynder, do Sloan-Kettering Institute. No entanto, o artigo foi proposto e organizado por Cornfield. Em particular, ele escreveu as seções que examinam e refutam os argumentos de Fisher.

4. Apesar do fato de Fisher ter escolhido atacar em especial o trabalho de Hill e Doll, ambos eram famosos por estender os métodos de Fisher à pesquisa médica. Praticamente sozinho, Hill convenceu a comunidade médica inglesa de que informações úteis só poderiam ser obtidas a partir de estudos que seguissem os princípios do desenho experimental de Fisher. O nome de Richard Doll, que mais tarde se tornaria professor régio de Medicina da Oxford University, é sinônimo da conversão da pesquisa clínica moderna aos modelos estatísticos.

19. Se você quiser a melhor pessoa..., p.164-72

1. Henry Carver (1890-1977) foi pioneiro solitário no desenvolvimento da estatística matemática como respeitável questão acadêmica. De 1921 a 1941, foi orientador de tese de dez doutorandos na Universidade de Michigan, e a todos foi atribuído algum tópico da estatística matemática. Em 1930, ele fundou a revista *Annals of Mathematical Statistics*, e em 1938 ajudou a fundar o Institute of Mathematical Statistics, centro de

estudos que patrocinava a revista *Annals*. O desenvolvimento de *Annals*, até chegar a ser uma revista altamente considerada, está descrito no Capítulo 20.

20. Apenas um peão de fazenda do Texas, p.173-80

1. Havia outro membro no instituto, chamado Albert Einstein; mas era físico, e, embora suas realizações fossem um pouco mais complexas do que "varrer as ruas", como dizia Moore, seu trabalho era bastante impregnado de aplicações na "vida real".

2. Hoje, quase todos os departamentos de controle de qualidade na indústria utilizam os gráficos de Shewhart para acompanhar as variações na produção. O nome Shewhart é exemplo parcial da lei da misonomia de Stigler. A verdadeira formulação matemática do gráfico de Shewhart parece ter sido proposta pela primeira vez por Gosset (Student), e pode até ser vista em um livro didático antigo de George Udny Yule. Mas Walter Shewhart mostrou como aplicar essa técnica ao controle de qualidade e a popularizou como metodologia efetiva.

3. No começo dos anos 1980, o rápido desenvolvimento da teoria estatística forçou a revista *Annals* a se bifurcar em *Annals of Statistics* e *Annals of Probability*.

4. Logo depois da Segunda Guerra Mundial, *Journal of the Royal Statistical Association* foi transformada em três revistas, intituladas *JRSS Series A*, *JRSS Series B* e *JRSS Series C*. A *Series C* se chamava *Applied Statistics*. A Royal Statistical Society tenta manter a *Series A* para lidar com questões gerais que afetam os negócios e o governo. É na *Series B* que se pode encontrar a estatística matemática, com todas as suas abstrações. Tem sido uma luta manter a *Applied Statistics* aplicada, e cada edição tem artigos cujas "aplicações" são bastante rebuscadas e parecem estar ali apenas para justificar o desenvolvimento de outra joia da linda e abstrata matemática.

21. Um gênio na família, p.181-8

1. A Haberdasher's Aske's School é uma das sete escolas fundadas pela Companhia Haberdasher's, antiga empresa de aluguel de cavalos e carruagens. Robert Aske, ex-proprietário da companhia Haberdasher's, morreu em 1689, deixando recursos (até hoje gerenciados pela companhia) para a fundação de uma escola para 20 filhos de pobres *haberdashers* (camiseiros); hoje, é uma escola muito bem-sucedida para 1.300 garotos. A conexão com a Companhia Haberdasher's é feita por intermédio do corpo administrativo, metade do qual, incluindo o presidente, era composto por membros da companhia.

2. Existe um elemento perverso nos títulos dos textos matemáticos. Os mais difíceis são habitualmente intitulados *Introdução à...* ou *A teoria elementar de...* O livro de Feller é duplamente difícil, já que é uma "introdução" e tem apenas o volume I.

22. O Picasso da estatística, p.189-94

1. A notação matemática, consistindo em um arranjo de letras, tanto romanas como gregas, com linhas tortuosas e sobrescritos e subscritos, é um aspecto da matemática que

intimida o não matemático (e frequentemente também alguns matemáticos). Na realidade é um meio conveniente de relatar ideias complexas em espaço compacto. O "truque", ao ler um artigo matemático, é reconhecer que cada símbolo tem um significado, conhecer o significado quando ele é apresentado, mas então acreditar de boa-fé que você "entende" o significado, e prestar atenção à forma como o símbolo é manipulado. A essência da elegância matemática é produzir uma notação de símbolos organizada de maneira tão simples o bastante que o leitor compreende as relações de imediato. Esse é o tipo de elegância que encontramos nos artigos de Jerzy Neyman. Minha tese de doutorado, temo, estava longe de ser elegante. Eu usava a notação para me assegurar de que todos os possíveis aspectos do modelo matemático estivessem incluídos. Meus subscritos tinham subscritos e meus sobrescritos tinham subscritos, e, em alguns casos, os subscritos tinham argumentos variáveis. Eu fiquei atônito quando John Tukey foi capaz de reproduzir essa complicada confusão de símbolos em sua cabeça, tendo visto o teorema pela primeira vez naquela tarde. (Apesar da confusão da minha notação, Tukey me ofereceu um emprego. Mas eu tinha três filhos e um a caminho, e aceitei outro trabalho mais bem-remunerado em outro lugar.)

2. Bell escreveu vários livros populares sobre matemática durante os anos 1940 e 1950. Seu *Men of Mathematics* ainda é a referência biográfica clássica para os grandes matemáticos dos séculos XVIII e XIX. *Numerology*, do qual essa citação foi tirada, lida com numerologia, à qual foi apresentado, diz ele, pela faxineira que trabalhava em sua casa.

3. Exemplo clássico disso é a lei de Bode: a observação empírica de que existe uma relação linear entre o logaritmo da distância do Sol e o número de planetas de nosso sistema solar. Na verdade, Netuno foi encontrado porque os astrônomos aplicaram a lei de Bode para prever a órbita aproximada de outro planeta, e nessa órbita descobriram Netuno. Até que as sondas espaciais enviadas a Júpiter e Saturno descobrissem muitas luas menores próximas aos planetas, os únicos satélites observados de Júpiter pareciam seguir a lei de Bode. Será ela uma coincidência randômica? Ou nos dirá algo profundo e ainda não entendido sobre as relações entre os planetas e o Sol?

23. Lidando com a contaminação, p.195-202

1. Existe frequente confusão entre o significado comum das palavras e o significado matemático específico quando essas palavras aparecem em uma análise estatística. Quando comecei a trabalhar na indústria farmacêutica, uma de minhas análises incluía uma tabela tradicional de resultados, na qual uma linha se referia à incerteza produzida por pequenas flutuações aleatórias nos dados. Essa linha é chamada, na tabela tradicional, de "erro". Um dos executivos seniores recusou-se a mandar o relatório para a U.S. Food and Drug Administration. "Como podemos admitir um erro em nossos dados?", ele perguntou, referindo-se aos extensivos esforços que haviam sido feitos para termos certeza de que os dados clínicos estavam corretos. Argumentei que esse era o nome tradicional para aquela linha, mas ele insistiu para que eu encontrasse outra forma de descrevê-lo, pois não mandaria um relatório ao FDA admitindo erro. Entrei em contato com H.F. Smith, na Universidade de Connecticut, e expliquei meu problema. Ele sugeriu que eu

chamasse a linha de "residual", observando que em alguns artigos ela era referida como erro residual. Mencionei isso para outros estatísticos que trabalhavam na indústria, e eles começaram a usar essa forma, que acabou sendo a terminologia-padrão na maioria da literatura médica. Parece que ninguém, pelo menos nos Estados Unidos, admitirá que cometeu um erro.

2. Em um estudo de Monte Carlo, medições individuais são geradas utilizando números aleatórios para imitar o evento verdadeiro que possa ocorrer. Isso é feito muitos milhares de vezes, e as medições passam por uma análise estatística para determinar os efeitos de métodos estatísticos específicos sobre a situação imitada. O nome vem do famoso cassino de Mônaco.

24. O homem que refez a indústria, p.203-9

1. A fábrica Hawthorne deu seu nome ao fenômeno conhecido como "efeito Hawthorne". Uma tentativa foi feita para medir a diferença entre dois métodos de gerência durante os anos 1930, na fábrica Hawthorne. A tentativa falhou porque os trabalhadores melhoraram imensamente seus esforços com os dois métodos. Isso aconteceu porque eles sabiam que estavam sendo observados cuidadosamente. Desde então, o termo "efeito Hawthorne" tem sido usado para descrever a melhoria em uma situação que ocorre apenas porque um experimento está sendo feito. Típico disso é o fato de que grandes ensaios clínicos, comparando novos tratamentos com tratamentos tradicionais, habitualmente mostram uma melhora na saúde do paciente, mais do que seria esperada do tratamento tradicional baseado na experiência passada. Isso torna mais difícil detectar a diferença entre o tratamento tradicional e o novo.

27. A intenção de tratar, p.223-30

1. Em 1963, Francis Anscombe, da Universidade Yale, propôs um enfoque inteiramente diferente e que estaria mais de acordo com as necessidades médicas. A formulação de Neyman-Pearson preserva a proporção de vezes em que o analista estará equivocado. Anscombe perguntou o que a probabilidade de erro a longo prazo de um analista estatístico tinha a ver com decidir se um tratamento médico era eficaz. Em vez disso, Anscombe sugeriu que um número finito de pacientes fosse tratado. Um pequeno número deles será tratado em um ensaio clínico. O restante receberá o tratamento que o ensaio clínico decida ser "o melhor". Se usarmos um número muito pequeno no estudo, a decisão de qual tratamento é melhor poderá estar errada, e, assim, o restante dos pacientes receberá tratamento errado. Se usarmos pacientes em demasia no estudo, então todos os pacientes do estudo que recebem outros tratamentos (não "o melhor") terão recebido o tratamento errado. Anscombe propôs que o critério de análise deveria ser minimizar o número total de pacientes (tanto os do ensaio como os que forem tratados depois) que recebem o pior tratamento.

Notas 265

28. O computador gira em torno de si mesmo, p.231-6

1. Em sua forma inicial, o fascismo italiano era fortemente pró-família. Por causa disso, só aos homens casados era permitido ocupar postos no governo. Isso incluía posições nas faculdades e universidades. Em 1939, o brilhante Bruno de Finetti venceu um concurso nacional para o cargo de professor titular de matemática na Universidade de Trieste, mas não lhe foi permitido assumir o cargo porque, naquele momento, ainda era solteiro.

2. Durante o século XVIII, a matemática formal dos *Elementos* de Euclides foi traduzida, e livros didáticos de geometria e os padrões de dedução lógica foram codificados. Sob essa codificação, a palavra teorema era usada para descrever uma conclusão específica para o problema em mãos. Para provar alguns teoremas, frequentemente era necessário provar resultados intermediários que poderiam ser usados nesse teorema final, mas que também estariam disponíveis para provar outros teoremas. Tal resultado era chamado de lema.

3. Minha tese de doutorado utilizou uma classe de distribuições conhecida, pelo menos entre os estatísticos, como "distribuições de Poisson compostas". Enquanto trabalhava na tese, tive de examinar a literatura, e encontrei a mesma distribuição em economia, pesquisa operacional, engenharia elétrica e sociologia. Em alguns lugares era chamada de "Poisson gaguejante", em outros, de "Poisson binomial". Em um artigo, era a "distribuição dos ônibus da Quinta Avenida".

Referências bibliográficas

Livros e artigos acessíveis aos leitores sem treinamento matemático

BOEN, James R. e Douglas Zahn, *The Human Side of Statistical Consulting*, Belmont, Lifetime Learning Publications,1994. Boen e Zahn uniram suas experiências combinadas como consultores estatísticos de cientistas em universidades (Boen) e indústrias (Zahn). O livro foi escrito para estatísticos que ingressavam na profissão, mas trata sobretudo das relações psicológicas entre cientistas que colaboram entre si. As visões e os exemplos usados transmitem ao leitor a sensação muito real do que é o trabalho de um consultor estatístico.

Box, George E.P., "Science and Statistics", *Journal of the American Statistical Association*, n.71, p.791. É uma palestra de George Box, na qual ele explana sua própria filosofia de experimentação e inferência científica. A maior parte do material é acessível a leitores sem treinamento matemático.

Box, Joan Fisher, *R.A. Fisher, the Life of a Scientist*, Nova York, John Wiley & Sons, 1978. Joan Fisher Box é a filha de R.A. Fisher. Nessa excelente biografia de seu pai, ela explica a natureza e a importância de muitas das pesquisas que ele realizou. Também oferece uma visão dele como indivíduo, incluindo reminiscências pessoais. Não atenua os aspectos menos admiráveis do comportamento dele (como o tempo em que abandonou sua família), mas mostra um entendimento de seus motivos e ideias.

DEMING, W. Edwards, *Out of the Crisis*, Cambridge, Massachusetts, Massachusetts Institute of Technology, Center for Advanced Engineering Study. Cuidadosa tentativa escrita de Deming para influenciar o gerenciamento das companhias norte-americanas. Sem usar notação matemática, ele explica importantes ideias, como definição operacional e fontes de variância, e dá exemplos de situações em diferentes indústrias. Sobretudo, o livro é uma extensão desse notável homem, que escreve exatamente como fala. Ele não esconde sua crítica ao gerenciamento ou ao que considera serem muitos aspectos tontos das práticas de gerências americanas, tanto na indústria como no governo.

EFRON, Bradley, "The Art of Learning from Experience", *Science*, n.225, p.156, 1984. Esse pequeno artigo explica o desenvolvimento do *bootstrap* e outras formas de

Referências bibliográficas 267

reamostragem com uso intensivo do computador, e foi escrito pelo homem que inventou *bootstrap*.

FISHER, R.A., *Statistical Methods and Scientific Inference*, Edimburgo, Oliver e Boyd, 1956. Apesar de conter algumas derivações matemáticas em seus últimos capítulos, esse livro foi a primeira tentativa de Fisher para explicar com palavras cuidadosamente escolhidas o que queria dizer com inferência científica. É sua resposta a um trabalho de Jerzy Neyman. Muito do material desse livro apareceu em artigos anteriores; nele, entretanto, o gênio que lançou os fundamentos da estatística matemática moderna resume suas visões sobre o significado de tudo aquilo.

HOOKE, R., *How to Tell the Liars From the Statisticians*, Nova York, Marcel Dekker, 1983. De tempos em tempos, os estatísticos, perturbados pelo uso incorreto dos métodos estatísticos em revistas populares, tentaram explicar os conceitos e procedimentos da boa prática estatística aos não estatísticos. Lamentavelmente, tenho observado que esses livros são quase sempre lidos por estatísticos e ignorados pelas pessoas a quem estavam dirigidos. O de Hooke é um dos melhores desses livros.

KOTZ, Samuel, "Statistical Terminology – Russian vs. English – in the Light of the Development of Statistics in the U.S.S.R.", *American Statistician*, n.19, p.22. Kotz foi um dos primeiros estatísticos de língua inglesa a examinar o trabalho da escola russa. Ele aprendeu russo para transformar-se em importante tradutor daquele trabalho. Nesse artigo, ele descreve as peculiaridades das palavras russas e como são usadas nos artigos matemáticos. O artigo também contém detalhada descrição do destino da metodologia estatística ante a ortodoxia comunista.

MANN, Nancy R., *The Keys to Excellence – The Story of the Deming Philosophy*, Los Angeles, Califórnia, Preswick Books, 1987. Nancy Mann era chefe dos grupos de serviços matemáticos de várias firmas industriais da Costa Oeste, tornou-se membro da faculdade da Universidade da Califórnia em Los Angeles e hoje dirige uma pequena firma de consultoria. Suas contribuições ao desenvolvimento da estatística matemática incluem alguns métodos extremamente inteligentes de estimar os parâmetros de uma complexa classe de distribuições usada para testar a vida útil dos equipamentos. Ela teve muito contato com W. Edwards Deming, de quem foi boa amiga. Nesse livro ela explica o trabalho e os métodos de Deming para os não matemáticos.

PEARSON, Karl, *The Grammar of Science*, Meridian Library, Nova York/Meridian Library Edition, 1911 (1957). Apesar de alguns dos exemplos que Pearson usou serem hoje obsoletos, tendo sido suplantados por novas descobertas científicas, os insights e as porções de bem escrita filosofia fazem da leitura desse livro um prazer quase 100 anos depois e dão ao leitor um excelente exemplo do estilo de escrever e pensar de Pearson.

RAO, C.R., *Statistics and Truth: Putting Chance to Work*, Fairland, International Co-Operative Publishing House, 1989. C. Radhakrishna Rao é um dos mais honoráveis membros da profissão estatística. Em seu país natal, foi nomeado Professor Emérito Nehru e recebeu títulos honorários de doutor de várias universidades indianas. Tendo recebido a Medalha Wilks da American Statistical Association, foi nomeado membro de cada uma das quatro mais importantes sociedades estatísticas. Muitos de seus trabalhos publicados envolvem derivações extremamente complexas em multidimensões, mas esse livro é o resultado de uma série de palestras populares que ele fez na Índia. Apresenta seus cuidadosamente elaborados conceitos de valor, objetivo e as ideias filosóficas por trás da modelagem estatística.

TANUR, Judith M. (org.), *Statistics: A Guide to the Unknown*, São Francisco, Holden-Day, Inc., 1972. Durante os últimos 20 anos, a American Statistical Association manteve um programa voltado para estudantes do curso secundário e universitários não graduados. Comitês da associação têm preparado materiais didáticos, e a associação patrocinou vídeos, muitos dos quais apareceram na televisão aberta. Esse livro é decorrência de um grupo de estudos de caso, em que os métodos estatísticos foram aplicados a importantes problemas sociais ou médicos. Os estudos de caso são escritos por estatísticos que deles participaram, mas visando à leitura e ao entretenimento de estudantes do curso secundário com pouca ou nenhuma formação matemática. Há 45 ensaios nesse livro, cada um com aproximadamente dez páginas. Entre os autores estão alguns que mencionei em meu livro. Algumas das questões tratadas são: podem as pessoas adiar sua morte? Um aumento no número de policiais faz decrescer a incidência de crimes? Outros tópicos incluem a discussão de eleições próximas, uma breve descrição da análise dos artigos *Federalistas*, como são avaliados os novos produtos alimentícios, o índice de preços ao consumidor, a previsão do futuro aumento da população, experimentos de semear nuvens, e a pontaria do fogo antiaéreo.

TUKEY, John W., *Exploratory Data Analysis*, Reading, Addison-Wesley Publishing Company,1977. Esse é o livro didático que Tukey escreveu para os estudantes de estatística do primeiro ano na Universidade Princeton. Ele não assume nenhum conhecimento anterior – nem mesmo a álgebra do secundário. E enfoca o raciocínio estatístico do ponto de vista de uma pessoa diante de um conjunto de dados.

Antologias de estatísticos eminentes

Box, George E.P., *The Collected Works of George E.P. Box*, Belmont, Wadsworth Publishing Company, 1985.

COCHRAN, W.G., *Contribution to Statistics*, Nova York, John Wiley & Sons, 1982.

FIENBERG, S.E., D.C. Hoaglin, W.H. Kruskal e J.M. Tanur (orgs.), *A Statistic Model: Frederick Mosteller's Contributions to Statistics, Science, and Public Policy*, Nova York, Springer-Verlag, 1990.

FISHER, R.A., *Collected papers of R.A. Fisher*, J.H. Bennett (org.), Adelaide, The University of Adelaide, 1971.

___, *Contributions to Mathematical Statistics*, Nova York, John Wiley & Sons, 1950.

GOSSET, William Sealy, *"Student" Collected Papers*, E.S. Pearson e John Wishart (orgs.), Cambridge, Cambridge University Press,1942.

NEYMAN, Jerzy, *A Selection of Early Statistical Papers of J. Neyman*, Berkeley, University of California Press, 1967.

NEYMAN, J. e J. Kiefer, *Proceedings of the Berkeley Conference in Honor of Jerzy Neyman and Jack Kiefer*, Lucien M. Le Camp e R.A. Losen (orgs.), Monterey, Wadsworth Advanced Books, 1985.

Referências bibliográficas 269

Savage, L.J., *The Writings of Leonard Jimmie Savage – A Memorial Selection*, Washington, D.C., The American Statistical Association and the Institute of Mathematical Statistics,1981.

Tukey, J.W., *The Collected Works of John W. Tukey*, W.S. Cleveland (org.), Belmont, Wadsworth Advanced Books, 1984.

Obituários, reminiscências e entrevistas publicadas

Alexander, Kenneth S., "A Conversation with Ted Harris", *Statistical Science*, n.11, p.150, 1996.

Anderson, R.L., "William Gemmell Cochran, 1909-1980: A Personal Tribute", *Biometrics*, n.36, p.574, 1980.

Anderson, T.W., "R.A. Fisher and Multivariate Analysis", *Statistical Science*, n.11, p.20, 1996.

"Andrei Nikolaevich Kolmogorov: 1903-1987", *IMS Bulletin*, n.16, p.324.

Anscombe, Francis J. (mediador), "Frederick Mosteller and John W. Tukey: A Conversation", *Statistical Science*, n.3, p.136, 1988.

Armitage, Peter, "The Biometric Society – 50 Years", *Biometric Society Newsletter*, n.3, 1997.

___, "A Tribute to Austin Bradford Hill", *Journal of the Royal Statistical Society, Series A*, n.140, p.127, 1977.

Banks, David, "A Conversation with I.J. Good", *Statistical Science*, n.1, p.1, 1996.

Barnard, G.A. e V.P. Godambe, "Memorial Article, Allan Birnbaum, 1923-1976", *The Annals of Statistics*, n.10, p.1.033, 1982.

Blom, Gunnar, "Harald Cramér, 1893-1985", *Annals of Statistics*, n.15, p.1.335, 1987.

Boardman, Thomas J., "The Statistician who Changed the World: W. Edwards Deming, 1900-1993", *American Statistician*, n.48, p.179, 1994.

Cameron, J.M. e J.R. Rosenblatt, "Churchill Eisenhart, 1913-1994", *IMS Bulletin*, n.24, p.4, 1995.

"Chester Ittner Bliss, 1899-1979", *Biometrics*, n.35, p.715, 1979.

Craig, Cecil C., "Harry C. Carver, 1890-1977", *Annals of Statistics*, n.6, p.1, 1978.

Cunliffe, Stella, "Interaction" (discurso da presidente proferido ante a Royal Statistical Society, quarta-feira, 12 nov 1975), *Journal of the Royal Statistical Society, Series A*, n.139, p.1, 1976.

Daniel, C. e E.L. Lehmann, "Henry Scheffé, 1907-1977", *Annals of Statistics*, n.7, p. 1.149, 1979.

Darnell, Adrian C. ,"Harold Hotelling, 1895-1973", *Statistical Science* , n.3, p.57, 1988.

David, Herbert A., "Egon S. Pearson, 1895-1980", *American Statistician*, n.35, p.94, 1981.

Degroot, Morris H., "A Conversation with George Box", *Statistical Science*, n.2, p.239, 1987.

___, "A Conversation with David Blackwell", *Statistical Science* , n.1, p.40, 1986.

___, "A Conversation with Erich L. Lehmann", *Statistical Science*, n.1, p.243, 1986.

___, "A Conversation with Persi Diaconis", *Statistical Science*, n.1, p.319, 1986.

DEMING, W. Edwards, "P.C. Mahalanobis (1893-1972)", *American Statistician*, n.26, p.49, 1972.

DPAC, Vaclav, "Jaraslav Hájek, 1926-1974", *Annals of Statistics*, n.3, p.1.031, 1975.

FIENBERG, Stephen E., "A Conversation with Janet L. Norwood", *Statistical Science*, n.9, p.574, 1994.

FRANKEL, Martin e Benjamin King, "A Conversation with Leslie Kish", *Statistical Science*, n.11, p.65, 1996.

GALTON, Francis, F.R.S., "Men of Science, their Nature and their Nurture" (Relatório da palestra de 27 fev 1874, na Royal Institutions), *Nature*, 5 mar 1874, p.344-5, *IMS Bulletin*, n.17, p.280, 1988.

GANI, J. (org.), *The Making of Statisticians*, Nova York, Springer-Verlag, 1982.

GEISSER, Seymour, "Opera Selecta Boxi", *Statistical Science*, n.1, p.106.

GLADYS I., "Palmer, 1895-1967", *American Statistician*, n.21, p.35, 1967.

GREENHOUSE, Samuel W. e Max Halperin, "Jerome Cornfield, 1912-1979", *American Statistician*, n.34, p.106, 1980.

GRENANDER, Ulf (org.), *Probability and Statistics: The Harald Cramér Volume*, Estocolmo, Almqvist and Wiksell.

HANSEN, Morris H. "Some History and Reminiscences on Survey Sampling", *Statistical Science*, n.2, p.180, 1987.

HEYDE, Chris, "A Conversation with Joe Gani", *Statistical Science*, n.10, p.214, 1995.

Jerome Cornfield publicações, *Biometrics Supplement*, p.47, 1982.

____, "Jerry Cornfield, 1912-1979", *Biometrics*, n.36, p.357, 1980.

Kendall, David G., "Kolmogorov as I Remember Him", *Statistical Science*, n.6, p.303, 1991.

____, "Ronald Aylmer Fisher", *Studies in the History of Statistics and Probability*, E.S. Pearson e M. Kendall (orgs.), Londres, Hafner Publishing Company, p.439.

KUEBLER, Roy R., "Raj Chandra Bose: 1901-1987", *IMS Bulletin*, n.17, p.50, 1988.

LAIRD, Nan M., "A Conversation with F.N. David", *Statistical Science*, n.4, p.235, 1989.

LE CAM, L., "The Central Limit Theorem around 1935", *Statistical Science*, n.1, p.78, 1986.

LEDBETTER, Ross, "Stamatis Cambanis, 1943-1995", *IMS Bulletin*, n.24, p.231, 1995.

LEHMANN, Eric L., "Testing Statistical Hypotheses: The Story of a Book", *Statistical Science*, n.12, p.48, 1997.

LINDLEY, D.V., "L.J. Savage – His Work in Probability and Statistics", *Annals of Statistics*, n.8, p.1, 1980.

LOEVE, Michel, "Paul Lévy, 1886-1971", *Annals of Probability*, n.1, p.1, 1973.

MAHALANOBIS, P.C., "Professor Ronald Aylmer Fisher, Early Days", *Sankhya*, n.4, p.265, 1938.

MONROE, Robert J., "Gertrude Mary Cox, 1900-1978", *American Statistician*, n.34, p.48, 1980.

MUKHOPADHYAY, Mitis, "A Conversation with Sujit Kumar Mitra", *Statistical Science*, n.12, p.61, 1997.

NELDER, John, "Frank Yates: 1902-1994", *IMS Bulletin*, n.23, p.529, 1994.

NEYMAN, Jerzy, "Egon S. Pearson (August, 11, 1895-June, 12, 1980), An Appreciation", *Annals of Statistics*, n.9, p.1, 1981.

OLKIN, Ingram, "A Conversation with Maurice Bartlett", *Statistical Science*, n.4, p.151, 1989.

___, "A Conversation with Morris Hansen", *Statistical Science*, n.2, p.162, 1987.

ORD, Keith, "In Memoriam, Maurice George Kendall, 1907-1983", *American Statistician*, n.38, p.36, 1984.

PEARSON, E.S., *The Neyman-Pearson Story: 1926-34*, Research Papers in Statistics, Londres, University College.

___, "Studies in the History of Probability and Statistics: Some Early Correspondence between W.S. Gosset, R.A. Fisher and Karl Pearson, with Notes and Comments", *Biometrika*, n.55, p.445, 1968.

RADE, Lennart, "A Conversation with Harald Bergstrom", *Statistical Science*, n.12, p.53, 1997.

RAO, C. Radhakrishna, "Prasanta Chandra Mahalanobis (June, 29, 1893-June, 28, 1972)", *IMS Bulletin*, n.22, p.593, 1993.

"The Reverend Thomas Bayes, F.R.S., 1701-1761", *IMS Bulletin*, n.17, p.276, 1988.

SAMUEL-CAHN, Ester, "A Conversation with Esther Seiden", *Statistical Science*, n.7, p.339, 1992.

SHIRYAEV, A.N., "Everything about Kolmogorov Was Unusual", *Statistical Science*, n.6, p.313, 1991.

SMITH, Adrian, "A Conversation with Dennis Lindley", *Statistical Science*, n.10, p.305, 1995.

SMITH, Walter L., "Harold Hotelling, 1895-1973", *Annals of Statistics*, n.6, p.1.173, 1978.

STEPHAN, R.R., J.W. Tukey, F. Mosteller, A.M. Mood, M.H. Hansen, L.E. Simon e W.J. Dixon, "Samuel S. Wilks", *Journal of the American Statistical Association*, n.60, p.939, 1965.

STIGLER, Stephen M., "Francis Galton's Account of the Invention of Correlation", *Statistical Science*, n.4, p.73, 1989.

STINNETT, Sandra et al., "Women in Statistics: Sesquicentennial Activities", *American Statistician*, n.44, p.74, 1990.

STRAF, Miron e Ingram Olkin, "A Conversation with Margaret Martin", *Statistical Science*, n.9, p.127, 1994.

SWITZER, Paul, "A Conversation with Herbert Solomon", *Statistical Science*, n.7, p.388, 1992.

TAYLOR, G.I., "Memories of Von Karman", *SIAM Review*, n.15, p.447, 1973.

TAYLOR, Wallis, "Lancelot Hogben, F.R.S. (1895-1975)", *Journal of the Royal Statistical Society, Series A*, n.2, p.261, 1977.

TEICHROEW, Daniel, "A History of Distribution Sampling Prior to the Era of the Computer and its Relevance to Simulation", *Journal of the American Statistical Association*, n.60, p.27, 1965.

WATSON, G.S., "William Gemmell Cochran, 1909-1980", *Annals of Statistic*, n.10, p.1, 1982.

WHITNEY, Ransom, carta pessoal ao autor na qual conta a gênese do teste de Mann-Whitney.

"William Edwards Deming. 1900-1993", Alexandria, American Statistical Association [Panfleto de apoio ao Fundo William Edwards Deming].

ZABELL, Sandy, "A Conversation with William Kruskal", *Statistical Science*, n.9, p.285, 1994.

___, "R.A. Fisher and the History of Inverse Probability", *Statistical Science*, n.4, p.247, 1989.

Outros livros e artigos dos quais usei material para este livro

ANDREWS, D.F., P.J. Bickel, F.R. Hampel, P.J. Huber, W.H. Rogers e J.W. Tukey, *Robust Estimates of Location: Survey and Advances*, Princeton, Princeton University Press, 1972.

BARLOW, R.E., D.J. Bartholomew, J.M. Bremner e H.D. Brunk, *Statistical Inference Under Order Restrictions: The Theory and Application of Isotonic Regression*, Nova York, John Wiley & Sons, 1972.

BOSECKER, R.R., F.A. Vogel, R.D. Tortora e G.A. Hanuschak, *The History of Survey Methods in Agriculture (1863-1989)*, Washington, D.C., U.S. Department of Agriculture, National Agricultural Statistics Service, 1989.

BOX, G.E.P. e G.C. Tiao, *Bayesian Inference and Statistical Analysis*, Reading, Addison-Wesley.

BRESLOW, N.E., "Statistics in Epidemiology: The Case-Control Study", *Journal of the American Statistical Association*, n.91, p.14, 1996.

COCHRAN, William G. e Gertrude M. Cox, *Experimental Designs*, Nova York, John Wiley & Sons, 1950.

COHEN, L. Jonathan, *An Introduction to the Philosophy of Induction and Probability*, Oxford, Clarendon Press, 1989.

___, *The Probable and the Provable*, Oxford, Clarendon Press, 1977.

CORNFIELD, J., W. Haenszel, E.C. Hammond, A.M. Lilienfeld, M.B. Shimkin e E.L. Wynder, "Smoking and Lung Cancer: Recent Evidence and a Discussion of Some Questions", *Journal of the National Cancer Institute*, n.22, p.173, 1959.

DAVID, F.N. e N.L. Johnson, "The Effect of Non-Normality on the Power Function of the F-Test in the Analysis of Variance", *Biometrika*, n.38, p.43, 1951.

DAVIES, Brian, *Exploring Chaos – Theory and Experiment*, Reading, Perseu Books, 1999.

DAVIS, Philip I., "Are there Coincidences in Mathematics?", *American Mathematical Monthly*, n.88, p.311, 1980.

DEMING, W. Edwards, "Selected Topics for the Theoretical Statistician: Invited Talk Presented at the Princeton Meeting of the Metropolitan Section of the American Society for Quality Control", 17 nov 1974, 1974.

DOLL, Richard e Austin Bradford Hill, "Mortality in Relation to Smoking: Ten Years' Observations of British Doctors", *British Medical Journal*, n.1, p.1.399, 1964.

DOOB, J.L., *Stochastic Processes*, Nova York, John Wiley & Sons, 1953.

DORN, Harold F., "Some Problems Arising in Prospective and Retrospective Studies of the Ethiology of Disease", *New England Journal of Medicine*, n.261, p.571, 1959.

EFRON, Bradley, "Does an Observed Sequence of Numbers Follow a Simple Rule? (Another Look at Bode's Law)", *Journal of the American Statistical Association*, n.66, p.552, 1971.

ELDERTON, William Palin e Norman Lloyd Johnson, *Systems of Frequency Curves*, Londres, Cambridge University Press, 1969.

FEINSTEIN, Alvan R., "Epidemiologic Analyses of Causation: The Unlearned Lessons of Randomized Trials", *Journal of Clinical Epidemiology*, n.42, p.481, 1989.

FIENBERG, Stephen, *The Evolving Role of Statistical Assesments as Evidence in the Court*, Nova York, Springer-Verlag, 1989.

FISHER, R.A., *The Design of Experiments*, edições subsequentes 1937-66 (também foi traduzido para italiano, japonês e espanhol), Edimburgo, Oliver and Boyd, 1935.

___, *The Genetical Theory of Natural Selection*, Oxford, University Press, 1930.

___, *Statistical Methods for Research Workers*, edições subsequentes 1928-70 (também foi traduzido para francês, alemão, italiano, japonês, espanhol e russo), Edimburgo, Oliver and Boyd, 1925.

FITCH, F.B., *Symbolic Logic: An Introduction*, Nova York, The Ronald Press Company, 1952.

GREENBERG, B.G., "Problems of Statistical Inference in Health with Special Reference to the Cigarette Smoking and Lung Cancer Controversy", *Journal of the American Statistical Association*, n.64, p.739, 1969.

GUMBEL, E.J., *Statistics of Extremes*, Nova York, Columbia University Press, 1958.

KEYNES, J.M., *A Treatise on Probability*, Nova York, Harper and Row (1962), 1920.

KOSKO, B., *Fuzzy Thinking: The New Science of Fuzzy Logic*, Nova York, Hyperion, 1993.

KUHN, T., *The Structure of Scientific Revolutions*, Chicago, University of Chicago Press, 1962.

MENDEL, Gregor, *Gregor Mendel's Experiments on Plant Hybrids: A Guided Study*, Alain F. Corcos e Floyd V. Monaghan (orgs.), New Brunswick, Rutgers University Press, 1993.

PEARSON, Karl, "On Jewish-Gentile Relationships", *Biometrika*, n.220, p.32, 1935.

SALSBURG, D.S., *The Use of Restricted Significance Tests in Clinical Trials*, Nova York, Springer-Verlag, 1992.

SAVAGE, L.J., *The Foundations of Statistics*, Nova York, John Wiley & Sons, 1954.

Índice remissivo

A Treatise on Probability, John Maynard
  Keynes, 103
Aalen, Odd, 221-2, 223
Academia Nacional de Ciências dos Estados
  Unidos, 245
acumulada:
    adaptação de Aalen aos estudos clínicos,
    221-2, 223
    definida por Lévy, 220-1
adequação do ajuste, 91-3, 95-7, 99-100
agonistas beta-adrenérgicos, 218-9
aleatoriedade:
    fracasso nos ensaios clínicos sobre
    câncer, 223, 224
    proposta por Fisher, 53-5
Aleksandrov, Pavel, 124
algoritmo EM:
    em modelos hierárquicos, 117-78
    introdução do, 71
    uso com distribuição normal, 81
algoritmos iterativos:
    ao computar MLE, 68
    como modelos matemáticos
    complicados, 229
    nos gráficos de Poincaré, 90
American Cancer Association, 154
American Cyanamid, 137-8
amostra aleatória:
    contribuições de Cornfield, 149-50
    em levantamentos por amostragem, 146
amostra de oportunidade, 144
amostra por julgamento, 145-6
*An Introduction to the Philosophy of Induction
  and Probability*, L.J. Cohen, 241-2

análise de covariância:
    estudos observacionais de Cochran, 227-9
    proposta por Fisher, 54-5
análise de entrada-saída, 150-1
análise de probit, 74-6
análise de risco, 239
análise de variância:
    na formulação de pesquisa científica de
    Cox, 226-7
    na versão de controle de qualidade de
    Deming, 206-7
    nos espaços altamente dimensionados,
    164
    problemas descobertos por Wilcoxon, 137
    proposta por Fisher, 54-5
análise exploratória de dados, 193-4
análise funcional, 219-20
análise sequencial, 176-7
Anderson, Erik, 222
Anderson, Richard, 176
Anderson, Theodore W., 175
Annals of Mathematical Statistics
    aumentando a abstração dos artigos na,
    178
    artigo não paramétrico de Pitman na,
    140
    estatísticas bayesianas na, 115-6
    fundada por Carver, 174-5
    ignorada pelos cientistas da informação,
    239
    Wilks como editor da, 175-6
Annals of Statistics, *ver Annals of
  Mathematical Statistics*
Anscombe, Francis, 225

274

Índice remissivo · 275

aproximação difusa, 234-5
arqueologia, 136
Ars Magna, Girolamo Cardano, 240-1
artigo sobre transformações, de Box e Cox,
  201-2
asneiras, 196
Astray, Millan, general falangista, 83-4
astronomia, 29-30, 99, 229

Bahadur, Raj Raghu (R.R.), 101, 142-3
Barnard College, 146
Barton, D.E., colaboração com F.N. David,
  135
Bayes, reverendo Thomas, 120
Bean, Louis, 149
Bedford College for Women, Londres, 132
Bell Telephone Laboratories, 176, 189, 191,
  192, 207, 208
Bell, Eric Temple, 192
Bell, Julia, medições de soldados albaneses,
  32
Belle, Agnes, (esposa de W. Edwards
  Deming), 208
Bellman, Richard, 188
Bentham, Jeremy, 132
Bergen-Belsen, campo de concentração, 211
Berkson, Joseph, 153, 160
Bernoulli, os, 29, 115-6
Bieberbach, Ludwig, 86
Bingham, Hiram IV, cônsul norte-americano
  em Marselha, 62
biologia molecular, 108, 238
Biométrics, 138, 179
Biometrika Trust, estabelecido por Galton,
  30-1
Biometrika:
  aumentando a abstração dos artigos na,
    178
  descoberta da, 30-3
  Egon Pearson como editor da, 65-6
  Egon Pearson evita a, 132-3
  estatísticas bayesianas na, 115-6
  ignorada por cientistas da informação,
    239
  Karl Pearson como editor da, 31-3
  publicações de Student na, 37-8, 39
  trabalhos de estatísticos russos
    publicados na, 128-9
  uso de amostras de oportunidade, 144
Bishop, Yvonne, 171-2

Blackett, Peter, 87
Blackwell, David, 105
Bliss, Chester:
  experiências na Rússia stalinista, 76-9
  inventa a análise de probit, 74-7
blitz alemã sobre Londres, 134-5
bloqueadores de canal de cálcio, 219
bootstrap, 234
Bose, Raj Chandra (R.C.), 145
Box, George:
  colaboração com David Cox, 201-2
  contribuições de séries de tempo de, 127,
    198-9
  descrição da pesquisa científica, 227-8
  e o EVOP, 227
  educação inicial de, 196-7
  emprega a palavra *robusto*, 199-200
  estudos de graduação de, 198-9
  na Imperial Chemicals Industry (ICI),
    198-9
  trabalho de projeto de experimentos de,
    197, 198
  nos Estados Unidos, 199-200
  experiências na Segunda Guerra Mundial
    de, 197-9
Box, Joan Fisher, 199
British Home Office, 214-6
Bureau de Estatística do Trabalho dos
  Estados Unidos, 148, 149, 167-71, 210
Bureau de Orçamento dos Estados Unidos,
  116, 168
Bureau do Censo dos Estados Unidos, 145,
  147, 148, 152, 167
Bureau Nacional de Padrões dos Estados
  Unidos, 207, 234
Bureau of Labor Statistics, ver U.S. Bureau of
  Labor Statistics,
busca de projeção, 187-8

Calcolo della probabilità e applicazioni, de
  Guido Castelnuovo, 231-2
camada de ozônio, destruição da, 108
Câmara de Comércio dos Estados Unidos, 147
campos de pessoas deslocadas depois da
  Segunda Guerra Mundial, 211
campos sigma, 179
Cantelli, Francesco Paolo, 232-3
Cardano, Girolamo, 240-1
Carroll, Mavis, 210
Carver, Henry, 167, 174

casas populares em Baltimore, 228-9
casos da lei de discriminação, 244-5
Castelnuovo, Guido:
    afetado pelas leis raciais nazistas, 231-2
    início da carreira de, 231-2
    últimos anos de, 232
    trabalho estatístico de, 231-2
causa e efeito, 153-63
causas ambientais em controle de qualidade, 206
causas especiais no controle de qualidade, 206-7
censo de desemprego de 1937, 148
censo de população da Índia, 145
Census Bureau, *ver* U.S. Census Bureau,
Census of Manufacturing, 151
Centro Nacional de Estatísticas de Saúde, 167-8, 210
cesta básica familiar como parte do IPC (Índice de Preços ao Consumidor), 169
Chernoff, Herman, 139
ciência ambiental, 149
ciência da informação, 239
ciência política, 229, 237
City College of New York (CCNY), 147-8, 186-7
Clínica Mayo, 153
Cochran, William:
    colaboração com Gertrude Cox, 197-8
    estudos observacionais por, 228-30
coeficiente de correlação, 27, 132
Cohen, L. Johnathan (L.J.), 241-3
combinatória, 135, 137
computadores digitais, *ver* computadores
computadores:
    capacidade para armazenar grandes quantidades de informação, 191-2
    e a busca da projeção, 187
    e a estimativa e regressão de densidade kernel, 235
    e a necessidade de transformadas rápidas de Fourier (FFT), 185
    e algoritmos iterativos, 71-2, 229
    e análises multidimensionais, 187
    e funções de distribuição empíricas, 233
    e modelos matemáticos complicados, 229-30
    e testes de permutação, 244-5
    fracasso dos departamentos de matemática, 179-80

Harvard University Mark I, 15
mulheres trabalhadoras de laboratório como, 166
o *bootstrap* de Efron e reamostragem em, 233-4
uso em análises bayesianas hierárquicas e empíricas, 184-5
uso em análise de risco e ciência da informação, 239
versão inicial vista por F.N. David, 134-5
condições de Lindeberg-Lévy, 84-5, 139
Connecticut College, Nova Londres, 240
consistência (das estimativas), 67-8, 107
constante gravitacional, 27-8, 89
Contributions to Mathematical Statistics por R.A. Fisher, 149-50, 151, 152
controle de qualidade, *ver também* Deming, W. Edwards, 203, 206, 207, 214
Cornfield, Jerome (Jerry):
    análise de insumo-produto com Leontief, 150-2
    contradiz Fisher sobre estudos sobre fumo e saúde, 153-63, 242
    educação de, 147-8
    Estudo Framingham por, 149-50
    estudos de controle por, 149
    no Bureau of Labour Statistics, 50
    no trigésimo aniversário do Indian Statistical Institute, 151-2
Courant, Richard, 86
Cox, David R.:
    colaboração com George Box, 226-7
    como editor da *Biometrika*, 201-2
    e a análise dos testes de significância, 104
Cox, Gertrude:
    colaboração com Cochran, 165
    na Universidade do Estado da Carolina do Norte, 167
    na Universidade de Iowa, 145, 164-5, 173
Cramér, Harald, redação do trabalho de Fisher, 47
criminologia, 214-5
criptoanálise, 183-4
Cromwell, Oliver, crânio de, 33
Cunliffe, Stella:
    como presidente da Royal Statistic Society, 210
    educação de, 210-1
    experiências na Segunda Guerra Mundial de, 211

na Guinness Brewing Company, 211-2
no British Home Office, 214-6
curtose, definição de, 29
curva em forma de sino, *ver* distribuição normal,

dados discrepantes, *ver também* distribuições contaminadas,
Danish Bacon Company, 211
Darwin, Charles, 24, 30-2, 34-5, 237
David, Florence Nightingale (F.N.):
   cargos acadêmicos, 135-6
   comparada a Gertrude Cox, 165-6
   como assistente de Karl Pearson, 132-5
   condições de vida quando estudante, 144-5
   escreve *Combinatorial Chance*, 135
   escreve Games, Gods and Gambling, 136
   trabalho durante a guerra de, 134-5
   vida e educação de, 131-2
De Finetti, Bruno:
   afetado pelas leis pró-família fascistas, 232
   e a probabilidade pessoal, 112, 118-20, 246
De Moivre, Abraham, 81, 220
Dedrick, Cal, 148
defeito zero, 205
definição frequentista de probabilidade:
   aplicada aos intervalos de confiança, 111-2
   definição de, 103-4
Deming, W. Edwards:
   crítica dos testes de hipótese, 104, 209, 227-8
   educação de, 209
   mensagem à gerência, 204-8
   personalidade de, 207-8
   seminários por, 204, 205, 208-9
   trabalho no Japão, 203-4
Departamento de Agricultura dos Estados Unidos, 203, 208
Departamento de Trabalho dos Estados Unidos, 147
desenho de experimentos, *ver* desenho experimental
desenho experimental:
   contribuições de Box, 198
   definição de, 19-22
   desenvolvido como teoria abstrata, 178

e Deming no Departamento de Agricultura, 208
e estudos clínicos com intenção de curar, 233-5
livro didático de Cochran e Cox sobre, 165-6, 197
desvio padrão:
   definição de, 29
   papel na distribuição normal, 80-1
determinismo na ciência,
   ciência do século XIX, 238-9
   teoria do caos, 89-91
Dia da Estatística no Japão, 204
Diaconis, Persi:
   educação na CCNY e em Harvard, 186
   e métodos com uso intensivo do computador na Universidade Stanford, 187-8
   vida como mágico viajante, 185-6
distribuição de extremos:
   o trabalho de Gumbel em, 60-3
   o trabalho de Nancy Mann em, 171
   o trabalho de Tippett em, 58-60
distribuição de Poisson, 37
distribuição de Weibull, 171
distribuição gaussiana, *ver* distribuição normal,
distribuição normal, ou curva em forma de sino:
   e o teorema central do limite, 80-3, 84-5
   e os intervalos de confiança, 109-11
   misonomia em relação à origem de, 29
distribuições assimétricas, 29-31
distribuições contagiosas, 97-8
distribuições contaminadas, 199-201
   média como estimação ruim para, 201
distribuições de Poisson compostas, 235-6
distribuições estatísticas *ver também* distribuições assimétricas:
   aplicações com uso intensivo de computador em, 191-2, 244-5
   distribuição de Weibull, 171
   distribuição do erro de Laplace, 29
   distribuição dos extremos, 58-61, 62, 171
   distribuição normal, 80-8
   distribuições contaminadas, 200-1
   distribuições contagiosas de Neyman, 96-8
   distribuições de Poisson compostas, 235-6

função de distribuição empírica, 233
modelos log-lineares, 172
independência estatística, 126
trabalho de Karl Pearson sobre, 27-31
uso de Gosset da distribuição de Poisson, 36-8
distribuições fiduciais, 110
diuréticos, 219
Doll, sir Richard, 157-9
Dorn, Harold F. (H.F.), 159
Dudeney, Herbert E., quebra-cabeças matemáticos, 185

École Normale Supérieure, 220
École Polytechnique, 220
econometria, 202, 213, 238
Educational Acts de 1876 e 1880, efeitos dos, 52-3
Educational Testing Service, Princeton, 175
efeitos do colesterol sobre a doença do coração, 150
eficiência (das estimativas), 67, 107-8
Efron, Bradley:
    bootstrap e reamostragem, 233-4
    e a robustez do *t* de Student, 40, 199
Egorova, Anna Dmitrievna (esposa de Kolmogorov), 124
Eisenhart, Churchill, 24, 66
Eisenhart, Luther, 175
engenharia social, 215-6
epidemia de Aids, 107-9, 127-8
epidemiologia:
    controvérsia sobre cigarro e saúde, 153-63
    crítica de Fisher aos testes de significância, 162-3
    definição de, 107
    estudos de controle, 114-5, 149, 158
    estudos do Agente Laranja, 160-1
    grupos de doenças, 192-3
equilíbrio, 119
erro residual, 196
erros, 27-8, 196
Escola de Estatística e Ciências Atuariais, Universidade de Roma, 231
Estação Agrícola Experimental de Rothamsted, 20-2, 48
estação de criptoanálise de Bletchley Park, 183, 184-5
estatística soviética:
    Administração Estatística Central, 128, 130

e terror stalinista, 128-9
Vestnik Statistiki, 128-30
estatísticas atuariais, 132, 231-2
estatísticas bayesianas:
    modelos hierárquicos de Bayes, 116-8, 183-4
    o Bayes empírico, 183-4
    o fator de Bayes, 120
    o teorema de Bayes, 114-5
    probabilidade inversa, 112, 115-6
    sem necessidade de valores de p, 226
    probabilidade pessoal, 118-20
    probabilidades anteriores e posteriores, 119-20
    uso na *Biometrika*, na *Annals of Statistics*, 116
    uso de distribuições impróprias, 248-9
estatísticas de distribuição livre, *ver* testes não paramétricos
estatísticas multidimensionais, 219
Estatísticas U, 85
estilo literário em matemática, 97
estimador máximo de verossimilhança (MLE):
    definido por Fisher, 68-9
    e Jerzy Neyman e Egon Pearson, 133
    e métodos iterativos, 69-70
    em modelos hierárquicos, 117-8
estimador, definido por Fisher, 66
estimativa de ponto, 107-8
estimativa e regressão da densidade de kernel, 234-5
estimativa por intervalo:
    definição de, 107-8
    intervalo bayesiano, 112
    intervalo de confiança, 109
    intervalo fiducial, 111
    uso por Deming, 227
Estudo de Robustez de Princeton, 195, 200-1
estudo do halotano, 171-2
Estudo Framingham, 149-50
estudos clínicos de intenção de tratar, 223-6
estudos de controle de caso, 114-5, 149, 158
estudos do Agente Laranja, 160-1
estudos observacionais, 228-9
estudos retrospectivos, 157-8
estudos sobre o câncer, 223-5
"Estudos sobre variação de safras", artigos de R.A. Fisher, 49-57

Euclides, 173, 174
evolução, teorias da, 34-5
expedição de Dmitri Mendeleev, 124

fábrica Hawthorne da Western Electric, 208
falangistas, 82-4
falência congestiva do coração, 218-9, 221-2
farmacologia, 196, 213
Feinstein, Alvan, 158
Feller, William, 84, 186
Fienberg, Stephen, 245
Fisher, sir Ronald Aylmer (R.A.):
    análise de variância, 52
    análise dos dados de Rothamsted, 21
    Bliss como ajudante de, 76-8
    como conferencista, 133
    como influência sobre Box, 198
    Contributions to Mathematical Statistics
      (Wiley), 50
    conversas populares na BBC, 57
    crítica da interpretação frequentista dos
      valores de p, 103-4, 226
    e a análise de séries de tempo, 51, 126
    e a pesquisa genética, 45
    e a probabilidade na "vida real," 243-4
    e a teoria da estimação, 65-8, 227
    e a regressão geral à média, 51
    e as distribuições fiduciais, 110-1
    e "Estudos sobre variação da colheita,"
      49-57, 126
    e o interesse na eugenia, 45-6
    e o raciocínio indutivo, 162, 242
    e os experimentos aleatórios controlados,
      53-5
    e os testes de significância (justificados
      somente em um experimento
      aleatório), 162-3
    e os valores de p, 93-4
    e *Statistical Methods for Research Workers*,
      47, 126
    e *The Design of Experiments*, 19, 22
    em conflito com Karl Pearson, 44-5
    Mahalanobis como aluno de, 145
    métodos comparados ao *bootstrap* de
      Efron, 233-4
    morte em 1962, 152
    na controvérsia sobre cigarro e saúde,
      153-63
    na Estação Experimental de Rothamsted,
      20-2

    no Departamento de Eugenia do
      University College, 65
    no trigésimo aniversário do Instituto
      Indiano de Estatística, 152
    primeiros anos de, 43-8
    publicação na *Biometrika*, 42
    reconhecimento da Royal Statistical
      Society, 64-6
    trabalho genético denunciado na Rússia
      Soviética, 130
Fix, Evelyn, 106
fluxo de fluidos turbulentos, 124-5
função de distribuição empírica, 233
função de probabilidade, *ver* estimador
    máximo de probabilidade (MLE),
função erro, 13-4, 28

Gaddum, sir John, 196, 198
Gallup, George, 148
Galton, sir Francis:
    e a regressão à média, 25-7
    e o coeficiente de correlação, 27
    influência sobre Karl Pearson, 25-6
    no Laboratório Biométrico, 25-6
Games, Gods and Gambling, de F.N. David,
    135
Gardner, Martin, colunista, 185
Gehan, Edmund, 224
geometria algébrica, 231-2
Geppert, Harald, 87
gestão da qualidade total (GQT), 205-6
Gill, Richard, 222
Gini, Corrado, 232
Glivenko, Joseph, 233
Gödel, Kurt, 124, 175
Goldberg, Judith, 210
Good, I. Jack:
    e Bayes hierárquico e empírico, 184-5
    e o significado dos padrões aleatórios,
      185
    educação básica de, 181-3
    entrevista com David Banks, 182
    no Virginia Polytechnic Institute, 185
    trabalho em Bletchley Park, 181
Goodack, Moses (pai de I.J. Good), 181
Gossett, William Sealy:
    antecipou os gráficos de Shewhart, 176
    conselho a F.N. David, 132-3
    correspondência com Egon Pearson, 99
    e a probabilidade na "vida real," 243-4

e o "erro provável da média," ou os testes *t*, 39-40

mediador entre Karl Pearson e R.A. Fisher, 40-1

na Guinness Brewing Company, 36-7, 211

publica na *Biometrika* como Student, 38

gráfico em forma de pizza, inventado por Florence Nightingale, 131

gráficos de caixa, 193

gráficos de Poincaré, 91

gráficos de tronco e folhas, 193

Graham, Frank, 166-7

Grande Depressão, 146, 211

graus de liberdade:
  nos testes de ajuste, 91
  propostos por Fisher, 55-6

Guerra Civil Espanhola, 83-4, 210, 206

Guinness Brewing Company, 36-8, 212-5

Gumbel, Emil J.:
  atividades antinazistas de, 61-3, 84
  e o livro didático *Statistics of Extremes*, 62
  trabalho sobre a distribuição dos extremos, 60-1

Haberdasher's Aske's School, 182

Hájek, Jaroslav, 139-40

Hammond, E. Cuttler, 158-9

Hansen, Morris:
  artigos e livro de Hansen e Hurwitz, 149
  educação de, 147
  no trigésimo aniversário do Instituto Indiano de Estatística, 151-2
  trabalho com Dedrick e Stephan, 148

Hartley, Herman, 84

Harvey,William, circulação do sangue, 19, 29

hidrodinâmica, 141-2

hidropisia, 219

Hill, A. Bradford, 157-9

hiperparâmetros em modelos hierárquicos, 117-8

hipótese alternativa, 100-2

hipótese nula, 110, 216

histograma, 193

Hoeffding, Wassily:
  e as estatísticas U, 85
  vida em Berlim durante a guerra, 86-7

Horn, David, 158-9

Horvitz, Ralph, 158-9

Hospital M.C. Anderson, 224

Hotelling, Harold, encontro com Gosset, 38

Hurwitz, William, 149

Imperial Chemicals Industry (ICI), 198-9

implicação material, *ver também* causa e efeito,

impressões digitais, 25-6

Índice de Citações Científicas, 164, 165

índice de fertilidade, 20

Índice de Preços ao Consumidor (IPC), 151-2, 169-71

Instituto de Estudos Avançados, Princeton, 174-5

Instituto Estatístico Indiano, 143-6, 151-2

Instituto Nacional do Câncer (NCI), 154

Instituto W. Edwards Deming, 209

Institutos Nacionais de Saúde, 149

integral de Stieltjes, 233

intervalos de confiança, 109-12, 227-8

inversão de matriz, 150-1

Ishikawa, Ichiro, 203-4

Istituto Centrale di Statistica, Roma, 232

Japanese Union of Scientists and Engineers (Juse), 203-4

jogo padrão, 119-20

Journal of the Royal Statistical Society:
  e Cunliffe, 210-7
  Fisher triunfante, 64-6
  primeira publicação de Fisher na, 55
  publicações de Pitman na, 140
  publica o artigo de Box e Cox sobre transformações, 201
  recusa as contribuições de Fisher, 44-5
  se divide em três revistas, 178
  trabalho de Kahneman e Tversky apresentado na, 247-8

Judgement Under Uncertainty: Heuristics and Biases, organizado por Daniel Kahneman, Amos Tversky e P. Slovic, 247

juta, análise de qualidade da, 144

Kahneman, Daniel, 247

Katherine Gibbs Secretarial Schools, 146

Kendall, David, 123

Kepler, Johannes, 24, 195

Keynes, John Maynard:
  crítica da definição frequentista de probabilidade, 102-3
  e a probabilidade condicional, 114

e a probabilidade pessoal, 118-20, 246-7
escreve *A Treatise on Probability*, 103
Khintchine, Alexander Ya., 130
Khrushchev, Nikita, 130
Kolmogorov, Andrei Nikolaevich (A.N.):
    e a *Grande Enciclopédia Soviética*, 124
    e o fluxo de fluidos turbulentos, 124
    e os fundamentos da teoria da
      probabilidade, 152-6, 178-9, 220-1,
      232
    e os processos estocásticos (séries de
      tempo), 126-8
    e os métodos não paramétricos, 138-9
    história da vida de, 121-9
Kolmogorova, Mariya Y. (mãe de A.N.
    Kolmogorov), 121
Kosko, Bart, 235
Krislov, Samuel, 245
Kuhn, Thomas, 237-8, 240
Kyberg, Seymour, 242

Laboratório Biométrico Galton, *ver*
    Laboratório Biométrico,
Laboratório Biométrico:
    descoberta do, 25-6
    e Egon Pearson, 65
    e Gosset, 37-8
    e Karl Pearson, 30-1
    e Tippett, 58-60
Laird, Nan, 71
Laplace, Pierre Simon:
    e a distribuição do erro, 29, 237
    e o método dos quadrados mínimos,
      80-1
latência da doença, 107
LD-50 (dose letal de 50%), 75
Lebesgue, Henri, 95, 125, 283
LeCam, Lucien, 105
Lefshetz, Solomon, 175
Lehmann, Erich, 105
lei de Bode, 263
Leibniz, Gottfried Wilhelm von, 235
leis dos grandes números:
    denunciada na Rússia Soviética, 129
    usada para definir probabilidade, 103
Leningrad Plant Institute, 78-9
Leontief, Wassily, 150-1
levantamentos por amostragem:
    e a probabilidade na "vida real," 244-6
    pesquisas de opinião pública, 108-9

por Deming, 193
por Mahalanobis, 145
por Neyman, 147-8
U.S. Census Bureau, utilizado no New
    Deal, 146-9
Lévy, Paul:
    e a matemática teórica, 219-21
    e a teoria da acumulada, 220-1
    e as leis dos grandes números, 128
    e o teorema central do limite, 84-5
    educação de, 219-20
lewisita, experimentos para encontrar o
    antídoto para, 197-8
Lindeberg, Jarl Waldemar, 84-5
Linquist, Everett, 174
lógica aristotélica, 155
lógica simbólica, 155-6, 173
London School of Economics, 211
Lorenz, Edward, trabalho sobre a teoria do
    caos, 89
Lycée Saint Louis, 220
Lysenko, Trofim D., 130

MacArthur, general Douglas, 203
Madow, William, 149
Mahalanobis, Prasanta Chandra (P.C.):
    e a teoria do levantamento por
      amostragem, 145-6
    estudos em Londres, 144-5
    funda o Instituto Indiano de Estatística,
      145-6, 152
    Nehru como influência sobre, 152
maldição da dimensionalidade, 188
Mann, Henry B., 138
Mann, Nancy, 171
máquina de calcular Brunsviga, 132-3
marcação de números, 193, 194
Marder versus G.D. Searle, caso legal
    envolvendo causa e efeito,
Markov, A.A., 134
Martin, Margaret, 146
Massachusetts Institute of Technology
    (MIT), 123
mecânica quântica, 36, 43, 248
média:
    definição de, 29
    estimativas por intervalo da, 110-1
    latência da doença, 81
    papel na distribuição normal, 107-8
medições de qualidade de vida, 219-20

Mendel, Gregor:
   crítica de Fisher a, 20
   experimentos com ervilhas de, 20, 192
Mercado Comum Europeu, 169
método dos quadrados mínimos, 80
métodos bayesianos empíricos, 184-5
métodos de Monte Carlo, 39, 200
métodos estatísticos de robustez, 195, 199, 230
Michelson, Albert, 20
Milionária, a calculadora mecânica de R.A. Fisher, 51
Ministério da Alimentação do Reino Unido, 211
Ministério de Segurança Interna do Reino Unido, 134
modelo matemático, 21-2, 229
modelos hierárquicos, 116-8, 184-5
modelos log-lineares, 172
Mood, Alexander, 176
Moore, R.I., 173-4
Mosteller, Frederick, 40, 116-8, 176
Mussolini, Benito:
   interferência na pesquisa matemática, 82
   leis afetando professores solteiros ou judeus, 231-2

não viés:
   definido por Fisher, 67-8
   desentendimento do público pelo, 68
   e a epidemia de Aids, 107
nazistas:
   atividades antinazistas de Gumbel, 60-2
   blitz de Londres, 134-5
   campos de concentração, 211-2
   Guerra Civil Espanhola, 211-2
   interferência na pesquisa matemática, 231
   leis raciais italianas, 211-2
   refugiados na London School of Economics, 82
Nehru, Jawaharlal, influência sobre Mahalanobis, 152
New Deal, 146-50
Neyman, Jerzy:
   colaboração com Egon Pearson, 96-7
   e a probabilidade inversa, 115-6
   e influência nos levantamentos do New Deal, 146-7, 148
   e os intervalos de confiança, 109-12

educação básica de, 94-5
encorajamento às mulheres, 166
estilo matemático de, 96-8
na controvérsia sobre cigarro e câncer, 153, 159
no trigésimo aniversário do Instituto Indiano de Estatística, 152
primeiros contatos com F.N. David, 132-3
relações com Lebesgue, 95
Nielsen Media Research, 145-6
Nightingale, Florence, 131-2
Noether, Emmy, 84
Norwood, Bernard, 168
Norwood, Janet:
   como comissionada do Bureau of Labor Statistics, 168, 169
   educação de, 168-9
   no Bureau of Labor Statistics, 168, 169-71
Norwood, Paula, 210

o lema de Glivenko-Cantelli, 232-3, 234
o teste de qui quadrado de Pearson, 91-3
Olshen, Richard, 222
Out of the Crisis, de W. Edwards Deming, 207

palavras sem conteúdo em análise textual, 116-8
papa João Paulo II, 124
papéis federalistas, autoria disputada dos, 116-8
parâmetros:
   como aleatórios na estatística bayesiana, 115
   contribuições de Kolmogorov para, 127
   e a distribuição normal, 29
   e hiperparâmetros, 117-8, 184
   e índices econômicos, 170
   e testes não paramétricos, 137-43
   ênfase dada por Deming, 228
   nas distribuições assimétricas de Karl Pearson, 29, 235, 239
   nas séries de tempo, 126
Parzen, Emmanuel, 235
Pearson, Egon S.:
   colaboração com Neyman, 96-7
   com F.N. David, 133, 135-6
   como editor da *Biometrika*, 133
   no trigésimo aniversário do Instituto Indiano de Estatística, 151-2
Pearson, Karl:
   algumas ideias revividas por Tukey, 192-4

antipatia pela função de verossimilhança de Fisher, 132-3
assume o Laboratório Biométrico, 30
como conferencista, 58-9
crítica de Fisher na *Biometrika*, 41
descrição de Tippett de, 58-9
e a probabilidade na "vida real," 243-4
e as distribuições assimétricas, 29-30, 239
e os testes de adequação de ajuste, 91-2, 99
e *The Grammar of Science*, 25
escreve "On Jewish-Gentile Relationships", 33
F.N. David como assistente de, 132-4
ideias utilizadas em trabalho com uso intensivo do computador, 91, 99-100
influenciado por Galton, 192, 235-6
Mahalanobis como aluno de, 144
primeiros anos de, 25
trabalho sobre as séries de tempo, 127-78
pesquisa agrícola, 20-2, 48, 49-57, 126, 201-2, 212
pesquisa clínica, 137, 218-9, 223-6
pesquisa da população atual, 152
pesquisa operacional, 87-8, 213
pesquisas de opinião pública, 108
Peto, Richard, 223
Pfizer Central Research, 97
Picasso, Pablo, 190-1
Pitman, Edwin James George (E.J.G.), 140-3
placebo, 223-4
poder (dos testes de significância), 100
Political Murder, de Emil J. Gumbel, 61
postulados de Koch, 156
Prêmio Deming (no Japão), 204
Presidency College, Calcutá, 144
probabilidade anterior e posterior, 119-20
probabilidade condicional, 114-5
probabilidade inversa, *ver* estatísticas bayesianas
probabilidade pessoal:
    bayesiana, 118-20
    entendendo a probabilidade, 245-8
    jogo padrão, 119-20
    probabilidades anteriores e posteriores, 119-20
probabilidade:
    axiomatização por Kolmogorov, 243-6
    definição frequentista de, 102-5
    e intervalos de confiança, 114
    e Lévy, 220-1

e os campos sigma, 179
equilíbrio, 119
probabilidade condicional, 125-6, 220, 232, 243
probabilidade pessoal, 118-20, 246-8
relação com os valores de *p*, 102-3
significado na "vida real." 101-2, 111, 127, 243-6
um espaço abstrato de "eventos," 127
problemas filosóficos, 240-8
procedimentos de aceitação, 103-4
processos estocásticos, *ver* séries de tempo
psicologia, 93, 234
Puri, Madan, 145

Quételet, Lambert Adolphe Jacques, 237, 238
química e engenharia química, 137, 213, 238
raciocínio indutivo, 162, 242

raizgrama, 193
Rao, C. Radhakrishna (C.R.), 145
reamostra, 234
Recorde, Robert, 70
Rede de Televisão NBC, 203
regra da posição falsa, 69-71
regressão à média:
    definida por Galton, 26-8
    generalizada por Fisher, 51-3
Romanovsky, Viktor, 129
Rosenblatt, Joan, 234
Roy, S.N., 144-5
Royal Statistical Society, *ver* Journal of the Royal Statistical Society
Rubin, Donald, 229-30
Russell, Bertrand,154-5
Russell, sir John, chefe da Estação Rothamsted, 48

salários, distribuição de, 138
Sample Survey Methods and Theory de Hansen, Hurwitz, Madow, 149
Savage, I. Richard, 111, 118-250, 245-6
Savage, L.J. ("Jimmie"):
    e a probabilidade pessoal, 139
    trabalho com R.R. Bahadur, 101
Scott, Elizabeth, 106
Sem, Pranab K (P.K.), 145
séries de tempo:
    investigadas primeiramente por Fisher, 51-2

trabalho de Kolmogorov sobre processos estocásticos, 122, 126-7, 178
Shewhart, Walter, 176, 207
Shiryaev, Albert N., 121
simetria, definição de, 29
síndrome de Reye, 114-5
Sloan-Kettering Institute, 153
Slutsky, Evgeny, 129
Smirnov, N.V., 129, 139
Smith, David, 69
Smith, H. Fairfield:
  apresenta ao autor os estudos de Fisher sobre a variação das colheitas, 49
  e a história da senhora que prova o chá, 17
  encontros do autor com, 17-9
Snedecor, George:
  conversas com Graham, 166-7
  e o livro didático *Statistical Methods*, 164-5
  na Universidade do Estado de Iowa, 164
Sociedade Biométrica:
  artigo de Wilcoxon é publicado, 137-8
  encontros de primavera da ENAR, 73-4
sociologia, 214, 215, 227, 228, 237
sondas espaciais a Marte e Júpiter, 192
Spring Swallows, primeira publicação de Kolmogorov na, 121-2
Stálin, Joseph:
  Bliss durante o terror stalinista, 76-9
  defendendo Trofim Lysenko, 130
  efeito destrutivo sobre a estatística, 128-30
  efeitos sobre Kolmogorov, 122-4
  interferência com a pesquisa matemática, 82-3
Star Spangled Banner, reescrita por Deming, 208
Statistical Methods for Research Workers:
  como influência sobre Bliss, 73-4
  como influência sobre Box, 197
  de Fisher, 46-7
  e as séries de tempo, 126
  e os valores de p, 93-4
  melhorados por Snedecor, 165
Statistical Research Group-Princeton (SRG-P), 176-7
Statistical Research Group-Princeton, Junior (SRG-Pjr), 176-7
Statistical Research Memoirs, revista de Egon Pearson, 132-3

Statistics in Medicine, 179
Stephan, Fred, 148
Stigler, Stephen, definição de misonomia, 29
Student, *ver* Gosset, William Sealy
Suppes, Patrick, 247
Suprema Corte dos Estados Unidos, 244

talidomida, 114-5
teorema central do limite, 80-3, 84-5, 220
teoria da decisão estatística, 84-5
teoria da decisão, *ver* teoria estatística da decisão
teoria da estimativa (de Fisher), 66-8, 227
teoria da medição, 125
teoria das filas, 248-9
teoria do caos:
  definição da, 89-90
  e falta de testes de ajuste, 90-1
testes de hipótese restritos, 101
testes de hipótese, *ver* testes de significância
testes de permutação, 243-4
testes de significância:
  contribuições de Pitman aos, 141-2
  crítica de Deming aos, 104, 208-9
  definição dos, 91-2, 99, 106
  e hipóteses alternativas, 100-3
  e os valores de p de Fisher, 93
  em ensaios clínicos sobre câncer, 223-6
  enfoque de Box sobre, 227-8
  formulação de David Cox dos, 226-7
  fracasso com as distribuições contaminadas, 195-6
  hipótese nula, 100-1
  o paradoxo de Kyberg concernente aos, 241-2
  o teste t de Student, 38-41
  poder dos, 100
  testes restritos, 101
  uso da palavra "significantivo", 93
testes não paramétricos:
  e métodos de uso intensivo do computador, 230
  por Bahadur-Savage, 142-3
  por Chernoff-Savage, 139
  por Hájek, 139
  por Kolmogorov-Smirnov, 138-9
  por Mann-Whitney, 138
  por Pitman, 140-3
  por Wilcoxon, 137-40
The Foundations of Statistics por L.J. Savage, 246

The Grammar of Science de Karl Pearson, 25
The Probable and the Provable, de L.J. Cohen, 242
The Structure of Scientific Revolutions de Thomas Kuhn, 237-8
Tippett, L.H.C.:
    contatos com Fisher, 60
    descrição de Karl Pearson, 58-60
    distribuição dos extremos, 58-60, 171
Tobacco Institute, 154
topologia de conjunto de pontos, 190
toxicologia, 75-6
transformada rápida de Fourier (FFT), 191
Tukey, John:
    aforismos e cunhagem de palavras por, 190, 191, 193
    camada de ozônio, destruição da, 108-9
    comentários sobre o *t* de Student, 40
    e a metamatemática, lema de Tukey, 189, 190
    e a transformada rápida de Fourier, 191
    e análise exploratória de dados, 192-3
    e o Estudo sobre a Robustez de Princeton, 195-6
    educação de, 189-90
    em Princeton, 189, 190
    nos Laboratóios Bell Telephone, 189, 191-2
    recrutado por Wilks, 175-6
    trabalho durante a guerra de, 190
Tversky, Amos, 247

Unamuno, Miguel de, filósofo espanhol, 83
Universidade A&M do Texas, 235
Universidade Brown, 190
Universidade Carnegie Mellon, 245
Universidade da Califórnia, Berkeley, 105, 136
Universidade da Califórnia, Riverside, 136
Universidade da Carolina do Norte:
    estabelecimento de departamentos de estatística na, 167
    Hoeffding na, 86
    Savage dá conferência na, 119
Universidade da Tasmânia, 140, 141
Universidade de Aarhus, 222
Universidade de Cambridge University, 17, 19, 23, 36, 41, 43, 50, 141, 183, 185, 198
Universidade de Chicago, 101, 237
Universidade de Columbia, 60, 62, 84, 150, 174, 177, 235

Universidade de Connecticut, 18, 97
Universidade de Iowa, 164, 173-4
Universidade de Kentucky, 164
Universidade de Kharkov, 95
Universidade de Manchester, 184
Universidade de Melbourne, 140
Universidade de Michigan, 167, 174
Universidade de Minnesota, 245
Universidade de Oslo, 221
Universidade de Roma, 231
Universidade de Salamanca, 83
Universidade de Utrecht, 222
Universidade de Varsóvia, 96
Universidade de Washington, 222
Universidade de Wisconsin, 171
Universidade de Wyoming, 208
Universidade do Colorado, 208
Universidade do Estado da Carolina do Norte, 167
Universidade do Estado de Iowa, 164-6
Universidade do Estado, em Moscou, 122, 124
Universidade Duke, 167
Universidade Harvard:
    Diaconis na, 186
    o algoritmo EM de Laird e Ware, 71
    o computador de relé Mark I, 151
    Rubin na, 229-30
    Wei na, 222
Universidade Hebreia, 247
Universidade Howard, 105
Universidade John Hopkins, 228
Universidade Oxford, 241
Universidade Princeton, 150, 166, 174-7, 186, 1893, 190, 199, 200
Universidade Rutgers, 168
Universidade Stanford, 247
Universidade Tufts, 201-2
Universidade Wesleyana, 242
Universidade Yale, 74, 208, 225
University College, Londres:
    associação de F.N. David com o, 132-4
    Box no, 198, 201
    fundação do, 131
    Tippett com Karl Pearson no, 58
usina atômica de Three Mile Island, 120

valores de *p*:
    apresentados por Fisher, 93-4
    como probabilidade condicional, 114

em controle de qualidade, 207
em estudos clínicos, 225-6
enfoque de David Cox sobre, 226
papel nos testes de hipótese, 99, 102, 223, 225
relacionamento com a probabilidade, 102
van Ryzin, John, 235
variação evolucionária em operações (EVOP), 227
Veneza, a República e seus doges, 113-4
Venn, John, 103
Vernon, Dia (mentor de Persi Diaconis), 185-6
Vestnik Statistiki, 129-30
viés de publicação, 161-2
viés, *ver* sem viés
Virginia Polytechnic Institute, 185
visor de alcance ótico, 156-7
von Karman, Theodore, 124
von Mises, Richard, 84, 86

Wahba, Grace, 171
Wald, Abraham:
    e a análise sequencial, 227
    e a teoria da decisão estatística, 105, 178
    fuga dos nazistas, 84
Wallace, David, 116-7
Ware, James, 81, 118
Wedderburn, Joseph H.M., 175
Wei, Lee-Jen, 222
Weldon, Raphael:
    fundação de *Biometrika*, 30-2

morte prematura de, 33
    trabalho com caranguejos da enseada, 34
Weyl, Hermann, 175
Whitehead, Alfred North, 155
Whitney, D. Ransom, 139
Wiener, Norbert, 123, 126, 130, 235
Wilcoxon, Frank:
    descobre os testes não paramétricos, 137-9
    na American Cyanamid, 137, 140
    na Universidade Estadual da Flórida, 140
    trabalho com J.T. Litchfield sobre probit, 78
Wilks, Samuel S:
    como editor da *Annals of Mathematical Statistics*, 175
    e a análise sequencial, 177
    educação básica de, 173-4
    em Princeton, 175-8
    esforços de guerra de, 176
    recruta Tukey para a estatística, 175, 190
Winsor, Charles, 176

Yakovlevna, Vera (tia de A.N. Kolmogorov), 122
Youden, Frank, 207
Yule, George Udny, 176

Zarkovic, Serge S. (S.S.), 129
Zeno, Rainieri, doge de Veneza, 113

1ª EDIÇÃO [2009] 13 reimpressões

ESTA OBRA FOI COMPOSTA POR LETRA E IMAGEM
EM HELVETICA E MINION E IMPRESSA EM OFSETE PELA
GRÁFICA BARTIRA SOBRE PAPEL ALTA ALVURA DA SUZANO S.A.
PARA A EDITORA SCHWARCZ EM AGOSTO DE 2024

A marca FSC® é a garantia de que a madeira utilizada na fabricação do papel deste livro provém de florestas que foram gerenciadas de maneira ambientalmente correta, socialmente justa e economicamente viável, além de outras fontes de origem controlada.